Aus dem Programm
Umwelttechnik

vieweg

Klaus-Peter Müller

Umweltschutz in der metallverarbeitenden Industrie

Mit 246 Bildern und 36 Tabellen

http://www.vieweg.de

Druck und buchbinderische Verarbeitung: Hubert & Co., Göttingen
Gedruckt auf säurefreiem Papier
Printed in Germany

ISBN 3-528-06920-1

Vorwort

Um in dichtbesiedelten Ländern, wie den Ländern Europas, eine industrielle Produktion aufrechterhalten zu können, ist es notwendig, die Umwelt durch Schutzmaßnahmen vor negativen Einflüssen der Produktion zu schützen. Die Schutzmaßnahmen dürfen dabei jedoch nicht zur Verteuerung der erzeugten Produkte führen, weil sonst der globale Konkurrenzkampf nicht bestanden werden kann. Eine intakte Umwelt für arbeitslose Menschen kann nicht das Ziel des Umweltschutzes sein. Das Ziel eines Unternehmens sollte daher die Veränderung der Produktionsverfahren unter gleichzeitiger Verbesserung der Wirtschaftlichkeit sein, weil auch nur dadurch ein Anreiz zur Einführung umweltfreundlicher Technologien gegeben werden kann.

Der Gesetzgeber trägt diesem dadurch Rechnung, daß er durch gesetzgeberische Maßnahmen die Industrie zur Verbesserung der Ökologie bei gleichzeitiger Verbesserung der Ökonomie der industriellen Verfahren anhält. Das seit kurzer Zeit eingeführte Kreislauf-Wirtschafts- und Abfallgesetz hält die Unternehmen dazu an, über eine Verringerung seiner Abfälle nachzudenken und Konzepte für die Zukunft zu erarbeiten.

Nicht jedes Unternehmen ist jedoch in der Lage, die Vielzahl der Möglichkeiten zu überschauen, die zum Verbessern des Umweltschutzes, zur Verringerung des Abfallanfalls und zur Verbesserung der Ökonomie eingesetzt werden können. Auch gibt es keine branchenspezifische staatliche Beratungsstelle, die von den Unternehmen mit herangezogen werden können, um die Forderung des Kreislauf-Wirtschaftsgesetzes nach Erstellung einer vorausschauenden Abfallbilanz mit der Perspektive der Abfallverminderung erfüllen zu können. Das Buch hat daher zum Ziel, insbesondere mittelständischen Unternehmen vorzustellen, was zur Verbesserung des Umweltschutzes und des In-Process-Recyclings angeboten wird und bekannt ist. Im vorliegenden Buch stellt der Autor zunächst die bislang bekannten Technologien für den innerbetrieblichen Umweltschutz in der metallverarbeitenden Industrie vor. Er zeigt anhand von Beispielen, wie das Zusammenspiel einzelner Technologie einen sinnvollen Umweltschutz unter wirtschaftlich erträglichen Kosten gestaltet. Er gibt ferner Hinweise auf Möglichkeiten zur Verbesserung der Wirtschaftlichkeit von Produktionsverfahren unter gleichzeitiger Erhöhung der Effektivität des Umweltschutzes durch In-Process-Recycling. Ökologisch produzieren heißt auch ökonomisch produzieren. Der Autor ist nach langjähriger erfolgreicher Industrietätigkeit seit 10 Jahren Professor für Oberflächentechnik und Umweltschutz an der Märkischen Fachhochschule in Iserlohn tätig. Probleme des Umweltschutzes sind ihm durch seine Zusammenarbeit mit einer aus Sicht des Umweltschützers immer problematischen Industrie, der Oberflächentechnik, täglich Brot.

Das Buch ergänzt das vom Autor 1995 veröffentlichte mit dem Titel „Praktische Oberflächentechnik" und beinhaltet dem Ziel entsprechend viele Angaben und Beispiele für die Anwendung moderner Technik, vernachlässigt dabei aber gewollt eine umfangreichere Auseinandersetzung mit einschlägigen Gesetzen und Vorschriften, worüber es eine Vielzahl an Schriften berufener Autoren gibt. Es befaßt sich auch nicht mit Verfahren zur Abfallbeseitigung, sondern endet fachlich am Werkstor eines Betriebes.

Das Buch wendet sich auch an Studenten metallverarbeitender Berufe, der Fertigungs- und der Produktionstechnik, die in Ihrem Berufsleben stets mit der Forderung nach Verbesserung von Ökologie und Ökonomie konfrontiert werden.

Iserlohn, im August 1998

Klaus-Peter Müller

Inhaltsverzeichnis

1 Gesetze und Verordnungen

Jede Tätigkeit im industriellen Bereich ist mit Umweltbelastungen verbunden. Vor etwa 3 Jahrzehnten lernte die westliche Industriegesellschaft, daß Umweltbelastungen für eine dicht besiedelte Landschaft und darüber hinaus auch für die ganze Menschheit auf Dauer zur tödlichen Gefahr werden können. Umweltbelastungen treten im industriellen Bereich im wesentlichen in folgenden Bereichen auf:

– Abgase und Staub in der Luft
– Schlamm und Giftstoffe im Abwasser
– Giftstoffe im Grundwasser
– Umweltschädigung durch Lärm
– Umweltschädigung durch elektromagnetische Strahlen

Zur Umweltbelastung zählen ferner der unnötige Verbrauch der Ressourcen durch Vergeudung im Rohstoff- und Energiebereich. Unnötiger Verbrauch der Ressourcen kann nicht Thema dieses Buches sein, weil dann ein Buch über alle in der Industrie erzeugten Artikel geschrieben werden müßte. Thema aber sind die Umweltbelastungen in der metallverarbeitenden Industrie.

Die Erkenntnis über Schädigungen durch Umweltbelastungen hat auch ihren politischen Niederschlag gefunden, das heißt, es sind eine nicht enden wollende Flut von Gesetzen, Verordnungen, Richtlinien etc. entstanden, die kaum auf dem neuesten Stand gehalten werden können. Gesetze, Verordnungen, Richtlinien, Normen etc. werden daher nicht vollständig angeführt und kommentiert, sondern nur insoweit aufgelistet, daß der Leser in die richtige Richtung geführt wird, um sich kompetenten Rat bei den zuständigen Behörden einzuholen. Die Zusammenarbeit mit den zuständigen Behörden und Aufsichtsorganen ist ein sehr wesentlicher Punkt des Umweltschutzes. Nicht mit dem Kopf durch die Wand, sondern in Kooperation mit den Behörden läßt sich kostensparend wirksamer Umweltschutz entwickeln.

In den folgenden Kapiteln werden daher zunächst die wichtigsten zu beachtenden Texte behandelt. Dann werden die technischen Möglichkeiten zu einer oftmals auch die Ökonomie eines Verfahrens positiv beeinflussenden Maßnahme aufgezeigt, um zuletzt dann an Hand von Anwendungsbeispielen Anregung zur Einführung einer geeigneten Maßnahmenkombination in den Betrieb zu geben. Die technische Einflußnahme eines Betriebes endet am Werkstor, so daß die danach folgenden Verfahren wie Deponie, Kompostierung, Müllverbrennung etc. nicht mehr Gegenstand dieses Buches sind.

Die Einbindung des Umweltschutzrechts in die Gesetzgebung zeigt Bild 1-1. Die wichtigsten zum Umweltrecht gehörenden Gesetze und Verordnungen etc. sind:

– Zur Problematik Chemie und Umwelt:

  das Chemikaliengesetz (ChemG) vom 27.9.94

  Dieses Gesetz ist im allgemeinen für einen metallverarbeitenden Betrieb ohne Belang, für den Hersteller von Chemikalien zur Metallbearbeitung aber zu beachten.

– Zur Problematik Reinhaltung der Luft:

  das Bundes-Immissionsschutzgesetz (BImSchG) vom 27.9.94

  die Verordnung über genehmigungsbedürftige Anlagen (4.BImSchV) vom 26.3.93

  die Verordnung über Immissions- und Störfallbeauftragte (5.BImSchV) vom 30.7.93

–   Zur Problematik Gewässerschutz:

   das Wasserhaushaltsgesetz (WHG) vom 27.6.94

–   Zur Problematik der Abfallwirtschaft:

   das Abfallgesetz (AbfG) vom 27.6.94

   das Abfallverbringungsgesetz (AbfVerbrG) vom 30.9.94

   das Kreislaufwirtschafts- und Abfallgesetz (KrW-/AbfG) vom 27.9.94

   die allgemeine Abfallsverwaltungsvorschrift über Anforderungen zum Schutz des Grundwassers bei der Lagerung und Ablagerung von Abfällen vom 31.1.90

   die zweite allgemeine Verwaltungsvorschrift zum Abfallgesetz (TA Abfall)

Teil 1: Besonders überwachungsbedürftige Abfälle vom 29.6.93

   die Technische Anleitung Sonderabfall (TA Sonderabfall) vom 23.5.91

–   Zur Problematik des Schutzes vor Lärm und Erschütterungen:

   Technische Anleitung zum Schutz gegen Lärm (TA Lärm) vom 26.7.68

–   Zu beachten sind ferner

   das Umweltstatistikgesetz (UStatG) vom 21.9.94

   das Umweltinformationsgesetz (UIG) vom 8.7.94

   das Umwelthaftungsgesetz (UmweltsHG) vom 10.12.90

   das Umweltverträglichkeitsprüfungsgesetz (UVPG) vom 31.11.94

   die Verordnung Nr. 1836/93 des Rates über die freiwillige Beteiligung gewerblicher Unternehmen an einem Gemeinschaftssystem für das Umweltmanagement und die Umweltbetriebsprüfung (Öko-Auditverordnung) vom 29.6.93

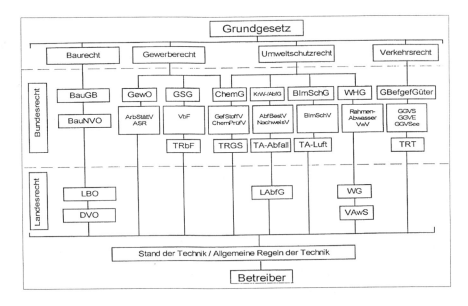

Bild 1-1: Hierarchie bedeutender Gesetze, Verordnungen und Regeln [150]

2 Schadstoffe in der Luft

2.1 Das Bundes-Immissionsschutzgesetz (BImSchG)

Das Gesetz unterscheidet Immissionen von Emissionen. Unter Immissionen werden im Gesetz alle schädlichen Umwelteinwirkungen aus dem industriellen, gewerblichen, häuslichen oder dem Verkehrsbereich verstanden. Unter Emissionen werden die Luftverunreinigungen verstanden, die von einer Anlage ausgehen. Emissionen sind es also, die innerbetrieblich durch gezielte Maßnahmen beeinflußt werden können. Das Gesetz gilt unter anderem für die Errichtung und den Betrieb von Anlagen, Brenn- und Treibstoffen und für alle Belange des Verkehrswesens. Es enthält Vorschriften für die Luftreinhaltungsstrategien, die Berücksichtigung des Immissionsschutzes bei allen Planungsmaßnahmen sowie Vorschriften über den Betriebsbeauftragten für Immissionsschutz und den Störfallbeauftragten. Darüber hinaus bezieht das Gesetz den allgemeinen Gefahrenschutz im Bereich genehmigungsbedürftiger Anlagen mit ein. Grundprinzip des Gesetzes sind das Verursacherprinzip und das Vorsorgeprinzip, wonach dem Entstehen schädlicher Umwelteinwirkungen vorgebeugt werden muß.

Das Gesetz enthält ferner Vorschriften über Genehmigungsverfahren, wobei die für einzelne Betriebsarten notwendigen Genehmigungsverfahren im 4. BImSchV in Form eines Katalogs festgelegt sind. Auf ein Genehmigungsverfahren besteht grundsätzlich ein Rechtsanspruch, wenn die Erfüllung der Pflichten aus dem BImSchG sichergestellt ist, die Belange des Arbeitsschutzes gewährleistet und alle anderen öffentlich-rechtlichen, darauf anzuwendenden Vorschriften eingehalten worden sind. Seit Inkrafttreten der Novelle zum 9. BImSchV vom 1.7.92 sind nunmehr immissionsschutzrechtliche Genehmigungsverfahren mit einer Umweltverträglichkeitsprüfung zu verbinden. Den Ablauf eines Genehmigungsverfahrens zeigt Bild 2-1.

Neben dem Umweltrecht des Bundes gibt es noch ein Umweltrecht der Länder, in dem die Anpassung an länderspezifische Gegebenheiten meist in Form von Verwaltungsvorschriften festgelegt wird. Hiernach muß gefragt werden, wenn man ein Genehmigungsverfahren einleiten will.

Die meisten Anlagen der metallverarbeitenden Industrie sind genehmigungspflichtige Anlagen. Das gilt zum Beispiel für das Beschichten von Stahlteilen mit Schmelztauchschichten (Feuerverzinken, -verbleien, -verzinnen) mit Ausnahme von Anlagen nach dem Sendzimierverfahren, für Anlagen zum Sprengplattieren bei Einsatz von > 10 kg Sprengmittel je Schuß, für Anlagen mit maschinell angetriebenen Hämmern mit mehr als 1 KJ Schlagenergie je Hammer, für Anlagen zur Herstellung warm gefertigter Rohre, für Anlagen und Nebenanlagen zum Lackieren mit lösemittelhaltigen Lacken bei mehr als 250 kg Lösemittelabgabe/h und ebenso für Druckanlagen mit mehr als 250 kg/ Lösemittelabgabe, und so läßt sich die Liste fast beliebig erweitern. Ein vereinfachtes Genehmigungsverfahren ist bei kleineren Anlagen oder bei Anlagen mit minderer Gefährdung für die Umwelt möglich wie zum Beispiel für Anlagen zur Behandlung von Metallen mit Salz- oder Flußsäuren (Ausnahme Chromatierung), maschinelle Strahlanlagen, Anlagen zur Herstellung von Schrauben etc. Die Vorschriften des BImSchG gelten auch bei nicht genehmigungsbedürftigen Anlagen.

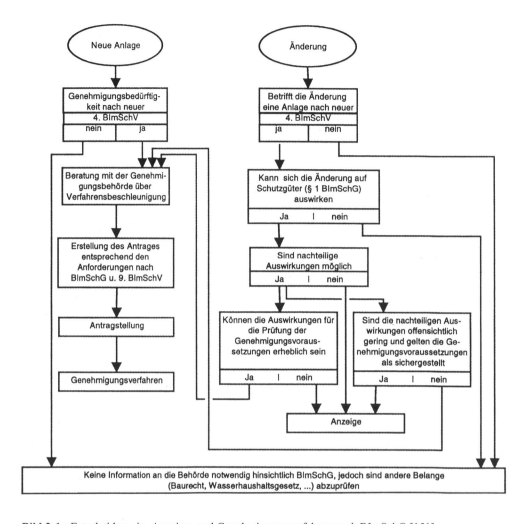

Bild 2-1: Entscheidung im Anzeige- und Genehmigungsverfahren nach BImSchG [151]

Im BImSchG werden für einzelne emittierte Stoffe Grenzwerte angegeben und in einem Anhang aufgelistet. Dieser Anhang, die Technische Anleitung Luft, (TA Luft), ist jener Part aus
dem BImSchG, den jeder Betriebsleiter im Schrank haben sollte. Bei nicht genehmigungsbedürftigen Anlagen muß die Emission an solchen Stoffen, die in diesem Katalog aufgeführt
werden, vom Betreiber selbst oder von einer damit beauftragten Institution gemessen werden.
Bei genehmigungsbedürftigen Anlagen ist der Betreiber verpflichtet, periodisch alle 2 Jahre
eine Emissionserklärung abzugeben, in der Art, Menge, zeitliche und räumliche Verteilung der
Luftverunreinigung erfaßt werden. Bei Anlagen, von denen nur geringsfügige Luftverunreinigungen ausgehen, ist dies nicht erforderlich. Serienmäßig hergestellte Teile von Betriebsstätten
dürfen nur eingeführt werden, wenn sie eine Bauartenzulassung besitzen.

Emissionen und Immissionen werden stets in Masseeinheiten pro Volumen im Normzustand
bei 0 °C und 1013 hPa angegeben. Weitere Angaben, die bei Genehmigungsverfahren offen-
gelegt werden müssen, sind der Emissionsgrad und der Emissionsfaktor. Als Emissionsgrad

wird das Verhältnis zwischen der im Abgas emittierten Masse eines Schadstoffs zu der im Einsatzstoff zugeführten Masse dieses Schadstoffs in Prozent angegeben. Das Verhältnis der Masse der emittierten Schadstoffe zur Masse der erzeugten Stoffe wird als Emissionsfaktor bezeichnet. Die Emissionswerte sind Grundlage für die Emissionsbegrenzung, die im Genehmigungsbescheid festgelegt werden. Zusätzlich wird auch der Massenstrom eines Schadstoffs begrenzt, der in Masseteile/h angegeben wird.

Erfaßt werden auch Geruchsbelästigungen. Geruch wird durch den olfaktometrisch gemessenen Geruchsschwellenwert und eine Geruchskennzahl, die als Vielfaches des Schwellenwertes angegeben wird, charakterisiert.

2.2 Staub als Abluftproblem

Feste Schwebstoffteilchen, Staub, sind für die menschliche Gesundheit besonders dann gefährlich, wenn die Partikelgröße einen Durchmesser von etwa 5 µm unterschreitet und von der menschlichen Körperflüssigkeit nicht aufgelöst wird. Außerdem spielt der Habitus, die äußere Kornform der Partikel, eine Rolle. Man unterteilt die einatembaren Stäube in solche, die im Nasen-, Rachen- oder Kehlkopfbereich deponiert und durch Schnauben und Husten leicht ausgeschieden werden, und feinere Stäube. Feinere Stäube gelangen in den Bronchialraum und werden durch Tätigkeit der Flimmerhärchen in den Rachenraum getrieben und dort eliminiert. Man nennt diesen Staubanteil den Tracheo-Bronchialstaub. Feinststaub gelangt bis in die Lungenbläschen und wird dort abgelagert. Dieser als Alveolarstaub bezeichnete Anteil kann nur durch Auflösen durch die Körperflüssigkeit aus der Lunge entfernt werden. Um in den Alveolarbereich zu gelangen, genügt es, daß der Habitus des Einzelpartikels lanzettähnlich ist, damit auch größere Partikel in die Lungenbläschen gelangen können. Faserartiger Staub wie Asbest zählt dazu. Faserstoffe sind eindimensional große Partikel, die zu permanentem Angriff der Körperabwehr reizen, wodurch es auch zur Schädigung der Lungenbläschen selbst kommen kann. Silikose und Asbestose sind die daraus resultierenden Folgekrankheiten. Bild 2-2 zeigt die Unterteilung des atembaren Staubes nach arbeitsmedizinischen Gesichtspunkten.

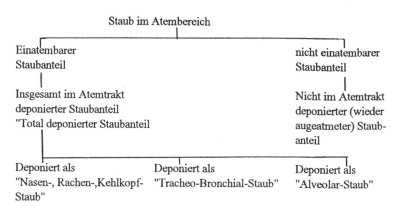

Bild 2-2: Unterteilung des Staubes im Atembereich nach arbeitsmedizinischen Kriterien

Für eine Reihe von Stäuben sind Emissionsgrenzwerte festgelegt worden. Für metallverarbeitende Betriebe sind folgende Grenzwerte von Bedeutung:

Staub Klasse I: Cadmium.

   Massenstrom < 1 g/h, Emissionsgrenzwert 0,2 mg/m^3

Stäube Gefahrenklasse II: Cobalt, Nickel.

   Massenstrom < 5 g/h, Emissionsgrenzwert 1 mg/m^3

Stäube Klasse III: Antimon, Blei, Chrom, Kupfer, Mangan, Vanadium, Zinn.

   Massenstrom < 25 g/h, Emissionsgrenzwert 5 mg/h

2.3 Entstaubungsverfahren

Der in einen Trennapparat (Abscheider) eintretende Rohgasstrom wird charakterisiert durch den Volumenstrom V_g, die Staubkonzentration C_A, den Staubmassenstrom m_A, und die Korngrößenverteilung $q_A(x_p)$. Im Abscheider werden dem Rohgasstrom der Staubmassenstrom m_G mit der Korngrößenverteilung $q_G(x_p)$ entnommen. Im Reingasstrom mit dem Volumenstrom V_g verbleibt eine Reststaubkonzentration C_F entsprechend dem Reststaubmassenstrom m_F mit der Korngrößenverteilung $q_F(x_p)$.

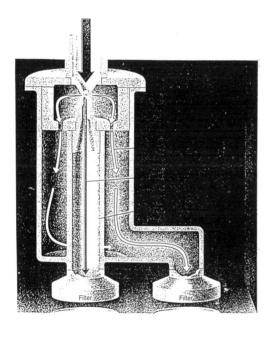

Bild 2-3:
Der Partikelimpaktor

Während man in früheren Jahren ausschließlich das Ziel verfolgte, den Gesamtausstoß an Staub zu mindern, wird heute auch die Korngrößenverteilung im Reststaub beurteilt. Weil gerade die feinsten Staubpartikel nur schwierig abzuscheiden sind, besteht der durch einen Abscheider durchgelassene Staub überwiegend aus Feinststaub und beeinträchtigt trotz geringen Gesamtgehaltes die menschliche Gesundheit negativ.

Zur Beschreibung der Korngrößenverteilung genügt es, wenn man zwei oder drei Meßpunkte über die Korngröße besitzt, und diese im Korngrößenverteilungsnetz nach Rosin-Rammler-Sperling-Bennet (RRSB) aufträgt (Bild 2-4). Bei groben Stäuben kann dies durch eine Siebanalyse erfolgen, bei feineren Stäuben werden andere Methoden wie z.B. ein Partikelimpaktor (Bild 2-2) oder Laser-Verfahren eingesetzt.

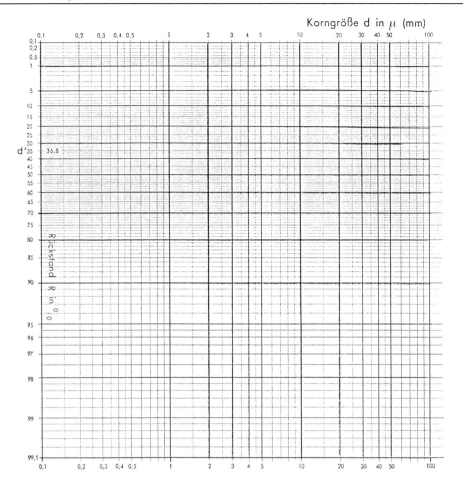

Bild 2-4: Das Körnungsnetz nach Rosin-Rammler-Sperling-Bennet

Außer dem Gesamtabscheidegrad T_{ges} ermittelt man auch den Fraktionenabscheidegrad $T(x_p)$ für einen mittleren Teilchendurchmesser x_p im Teilchengrößenintervall Δx_p.

Der Gesamtabscheidegrad berechnet sich aus den Masseströmen des Staubes oder aus den Staubkonzentrationen entsprechend Gleichung (2.1):

$$T_{ges} = \frac{m_G}{m_A} = 1 - \frac{C_F}{C_A} \tag{2.1}$$

Der Fraktionenabscheidegrad ergibt sich analog zu

$$T(x_p) = \frac{\Delta m_G}{\Delta m_A} \tag{2.2}$$

Zur Staubabscheidung kommen in der Technik vier prinzipiell verschiedene Abscheider zum Einsatz:

Massenkraftabscheider
Filternde Abscheider
Elektrische Abscheider
Naßabscheider

2.3.1 Massenkraftabscheider

Massenkraftabscheider sind alle Abscheider, in denen durch zur Masse proportionale Kräfte wie Schwerkraft, Zentrifugalkraft oder Trägheitskraft eine Abtrennung der Partikel aus dem Gasstrom vorgenommen wird. Wenn in einem Strömungskanal die Strömungsgeschwindigkeit kleiner als die Sinkgeschwindigkeit eines Partikels wird, sinkt das Partikel unter Einfluß der Schwerkraft zu Boden und wird abgeschieden. Die auf das Partikel mit dem Durchmesser x_p einwirkenden Kräfte sind die Widerstandskraft der kontinuierlichen Phase S, also des Gases, und der Auftrieb G des Partikels. Es gilt nach Newton

$$S = \frac{\zeta \cdot F \cdot \gamma_2 \cdot w_0^2}{2 \cdot g} \tag{2.3}$$

$$G = \frac{x_p^3 (\gamma_1 - \gamma_2)\pi}{6} \tag{2.4}$$

worin   F   die Querschnittsfläche des Partikel (m^2)

        g   die Fallbeschleunigung in ($m \cdot s^{-2}$)

        γ_2 die Reindichte der Luft

        γ_1 die Reindichte des Partikels

        x_p der Partikeldurchmesser in (m)

        ζ ein Widerstandskoeffizient

bedeuten. Bei konstanter Sinkgeschwindigkeit w_0 ($m \cdot s^{-1}$) gilt

$$S = G \tag{2.5}$$

Die Sinkgeschwindigkeit eines Partikels berechnet sich durch Einsetzen von (2.3) und (2.4) in (2.5)

$$w_0 = \sqrt{\frac{4 \cdot g \cdot x_p \cdot (\gamma_1 - \gamma_2)}{3 \cdot \zeta \cdot \gamma_2}} \tag{2.6}$$

Für den Widerstandskoeffizienten werden in der Literatur [2] folgende Werte in Abhängigkeit von der Größe der Reynoldszahl angegeben:

$R_e < 0,2$	$\zeta = \dfrac{24}{R_e}$
$0,2 < R_e < 500$	$\zeta = \dfrac{18,5}{R_e^{0,6}}$
$500 < R_e < 15\,000$	$\zeta = 0,44$

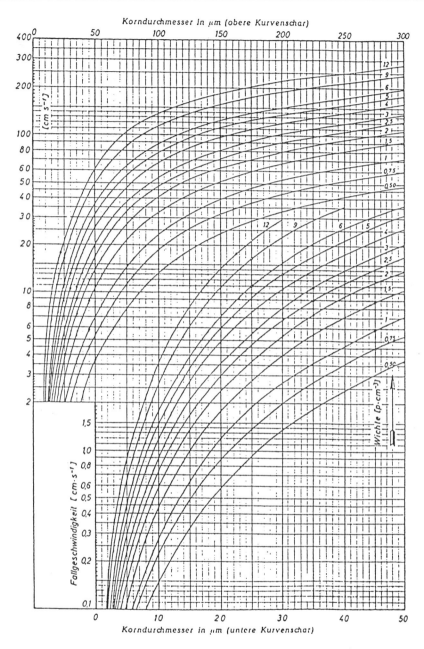

Bild 2-5: Sinkgeschwindigkeit von Staubpartikeln in Abhängigkeit von Größe und Dichte

Bild 2-5 zeigt die Abhängigkeit der Sinkgeschwindigkeit von Staubpartikeln von der Korngröße und der Reindichte der Partikel in Luft unter Normalbedingungen.

Normalerweise wird man jedoch nicht darauf warten, daß ein Staubpartikel sich allein durch
die Schwerkraft absetzt. Technisch werden erheblich höhere Abscheidegeschwindigkeiten
verlangt, so daß man Trägheits- und Fliehkräfte zur Unterstützung der Abscheideleistung mit
einsetzt. Zwingt man einen staubbeladenen Gasstrom, der mit nennenswerter Strömungsge-

schwindigkeit durch ein Rohr strömt, zur Richtungsänderung, so können zwar die leichten Gasmoleküle dieser Richtungsänderung leicht folgen, die trägeren Staubpartikel dagegen treffen auf die Wandung und verlieren an Geschwindigkeit. Gleichzeitig erweitert man den Strömungskanal, so daß die Strömungsgeschwindigkeit des Gasstroms kleiner wird. Abscheider, deren Wirkung also auf einer Kombination verschiedener Massekräfte beruht, nennt man Zyklone. In der häufigsten Ausführung strömt man einen Zyklon tangential an, so daß innerhalb des Zyklons eine Drehbewegung entsteht, in der zusätzliche Zentrifugalkräfte auf die Partikel einwirken und die Staubpartikel an die Wandung drücken. Abscheider dieser Art bestehen also aus einem zylinderförmigen Hohlkörper, der zum Boden hin konisch zuläuft, und in den der Rohgasstrom meist tangential ein- und achsial ausströmt. Innerhalb des Hohlkörpers entsteht eine spiralförmig nach unter verlaufende Feststoffsträhne, in der der Feststoff herabrieselt. Im konischen Unterteil besteht zusätzlich eine Grenzschichtströmung, die aus dem Fließen der adhärierenden Grenzschicht entsteht und die das Herabfließen des Feststoffs begünstigt. Bild 2-6 zeigt den Strömungsverlauf eines tangential angeströmten Zyklons.

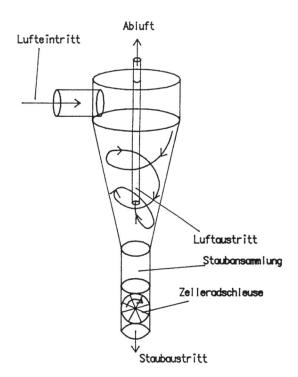

Bild 2-6:
Strömungsverlauf in einem Zyklon

Der in den Zyklon eintretende Gasstrom (Bild 2-6) wird durch ein achsial eingeführtes Tauchrohr wieder abgeführt. Der abgeschiedene Staub rutscht an der Wandung des Zyklons herunter und wird im unten liegenden Sammeltrichter gesammelt. Der Austrag erfolgt über eine Zellenradschleuse. Zyklone werden mit Außendurchmessern bis 6 m für Temperaturen bis 1100°C und für Drücke bis 100 bar gebaut. Sie sind insbesondere im Einsatz als Abscheider für hohe Staubbelastungen, zum Beispiel innerhalb einer pneumatischen Förderstrecke, zum Abscheiden von Pulverlacken in Lackierkabinen, zum Abscheiden von Pulveremail in PUESTA-Kabinen, zum Abscheiden von Schleifstaub, Sägemehl aber auch von Strahlmitteln in entsprechenden Anlagen.

Für die Leistungsfähigkeit ist die zylindrische Fläche der Länge h und der Durchmesser d unterhalb des Tauchrohrs entscheidend. Auf dieser Fläche besitzt der Gas- und Partikelstrom die größte Umfangsgeschwindigkeit u, so daß hier die eigentliche Trennung vonstatten geht. Nach [2] lassen sich damit der Druckverlust Δp und die Grenzkorngröße $x_{p,grenz}$ berechnen.

$$x_{p,grenz} = \sqrt{\frac{18 \cdot \eta_g w \cdot r}{\Delta\rho \cdot u^2}} \qquad (2.7)$$

$$\Delta p = \zeta_p \cdot v^2 \cdot \frac{\rho}{2} \qquad (2.8)$$

Darin bedeuten:

η_g die Viskosität des Gases

$w = \dfrac{V_g}{2 \cdot \pi \cdot h \cdot r}$ ist die Radialgeschwindigkeit des Gases in der Trennebene

u   ist die von den konstruktiven Dimensionen des Zyklons abhängige Umfangsgeschwindigkeit des Gases

V_g ist der Volumenstrom des Gases

r   ist der Innenradius des Tauchrohres

$\Delta\rho$ ist die Dichtedifferenz zwischen Feststoffpartikel und Gas

v   ist die Tauchrohrgeschwindigkeit $= \dfrac{V_g}{A}$

A   ist die innere Querschnittsfläche des Tauchrohres

ζ_p ist ein empirisch zu bestimmender Druckverlustbeiwert.

Die Grenzkorngröße beschreibt den Korndurchmesser, der im Zyklon gerade nicht mehr abgeschieden, aber auch noch nicht als Feinstmaterial ausgetragen werden kann. Nach Gleichung (2.7) sinkt die Grenzkorngröße mit steigender Umfangsgeschwindigkeit und wird mit größerem Innendurchmesser des Tauchrohr größer. Der Druckverlust dagegen steigt mit steigender Tauchrohrgeschwindigkeit und sinkt mit steigender Querschnittsfläche, also umgekehrt proportional zu r^2.

Bei der Dimensionierung eines Zyklons kommt es vor allem darauf an, für einen vorgegebenen Abscheidegrad und eine vorgegebenen Rohgasmenge und Rohgaszusammensetzung den Tauchrohrdurchmesser so zu berechnen, daß der Druckverlust wirtschaftlich klein bleibt. Dadurch entstehen dann meist sehr schlanke Zyklone. Um den Strömungswiderstand zu vermindern, kann man das Tauchrohr verdoppeln, ohne den Querschnitt zu verändern. Bild 2-7 zeigt einen Zyklon mit doppeltem Tauchrohr [3].

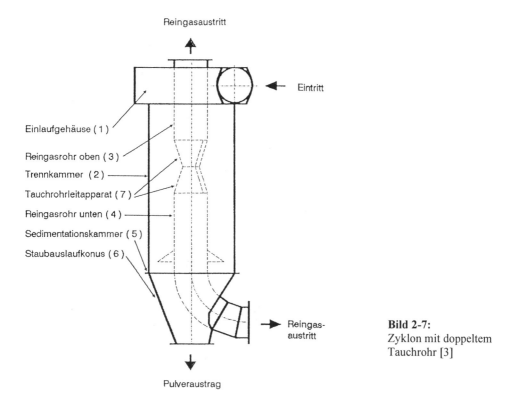

Reingasaustritt

Eintritt

Einlaufgehäuse (1)

Reingasrohr oben (3)

Trennkammer (2)

Tauchrohrleitapparat (7)

Reingasrohr unten (4)

Sedimentationskammer (5)

Staubauslaufkonus (6)

Reingas-
austritt

Pulveraustrag

Bild 2-7:
Zyklon mit doppeltem
Tauchrohr [3]

Bei geringer Staubbeladung erfolgt die Abscheidung vorwiegend im Zentrifugalfeld, d.h. hohe, schlanke Zyklone sind gefragt. Bei hoher Gutbeladung erfolgt die Abscheidung vorwiegend im Einlaufbereich, so daß kurze, dicke Zyklone gewählt werden. Bei schlecht rieselnden Stäuben sollte die Austrittsöffnung groß genug gewählt werden. Stark haftende Stäube erfordern innen polierte oder mit Kunststoff, gegebenenfalls auch mit Email ausgekleidete Flächen. Für abrasive Stäube sollte eine Hartstoffbeschichtung (Hartmetall, Schmelzbasalt) für die Innenräume des Zyklons vorgesehen werden (Bild 2-8).

Bei allen feuchten Gasen sollte die Betriebstemperatur des Zyklons oberhalb des Taupunktes liegen, was durch Wärmeisolation oder gegebenenfalls Beheizung der Wand erreicht werden kann. Am häufigsten werden Zyklone im Überdruckbereich betrieben. Betreibt man aber einen Zyklon im Saugbetrieb, muß der Apparat gegen das Eindringen von Falschluft abgedichtet werden. Bei sehr großen Gasströmen teilt man am besten den Volumenstrom auf mehrere parallel geschaltete Apparate auf. Es entstehen Zyklonbatterien, bei denen der Einzelkzyklon mit der höchsten Staubbelastung auch den höchsten Teilstromdurchsatz bekommt, weil der Druckverlust mit steigender Staubbelastung sinkt.

Bild 2-8:
Keramische Auskleidung eines Zyklons als
Abrasivschutz [4]

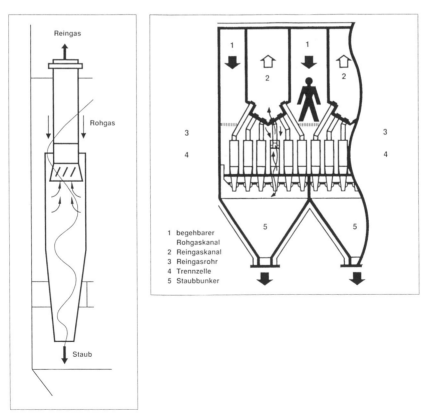

1 begehbarer
  Rohgaskanal
2 Reingaskanal
3 Reingasrohr
4 Trennzelle
5 Staubbunker

Bild 2-9: Strömungsverlauf und Verschaltung bei einem Multizyklon [5]

Bild 2-10:
Zyklonbatterie [4]

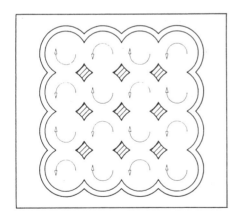

Bild 2-11:
Hochleistungs-Multizyklon
(„Wirbelfeld-Filter") [6]

Läßt man die Trennwände zwischen den einzelnen Zyklonen fort, so entsteht ein Raum, der mit vielen Tauchrohren bestückt ist und den Gesamtgasstrom in viele Wirbel zerlegt. Dieser Apparat zeichnet sich dann durch hohe Abscheideleistung bei geringem Druckverlust aus.

Typische Auslegungsdaten sind:

Volumenstrom	25 000 m³/h
Gastemperatur	300°C (bis 1000 °C möglich)
Maximaler Druckverlust	15 mbar
Wirkungsgrad	98 %
Grenzkorndurchmesser	1 µm
Abmessungen: Länge	4 m
Breite	3 m
Höhe	3 m
Richtpreis ab Werk	ca. 60 TDM

Die nachfolgende Tabelle nach [7] gibt Richtwerte für Einzelzyklone an:

Außendurchmesser	bis 6000 mm
Durchsatz	10 - 200 000 m³/h
Druck	10 bis 1000 bar
Druckverlust	5 bis 30 bar
Temperatur des Rohgases	bis 1100 °C
Rohgasgeschwindigkeit im Tauchrohr	10 bis 30 m/s
Zentrifugalbeschleunigung	200 bis 20 000 m/s²
Eintrittsgeschwindigkeit in den Zyklon	10 bis 30 m/s

2.3.2 Mechanisch wirkende Abscheider

Der Marktanteil filternder Abscheider in der Entstaubung beträgt mittlerweile mehr als 50%. Bei einem filternden Abscheider wird das staubhaltige Rohgas durch ein poröses Medium geleitet, so daß die Staubpartikel zurückbleiben und das Reingas durch das Filtermedium hindurchtritt. Als Filtermaterial werden Faserschichten oder körnige Schüttschichten verwendet. Schüttschichtfilter sind industriell zur Staubeliminierung eher seltener im Einsatz. Sie wurden in früheren Jahren z.B. mit Brechsanden beschickt als Luftfilter für Atomschutzbunker eingesetzt, heute werden sie vor allem als Filter bei hohen Rohgastemperaturen oder zum Filtrieren klebriger Stäube verwendet. Schüttschichtfilter bestehen aus einer meist von oben beaufschlagten Schüttung bestimmter Körnung und können durch Gegenspülen von unten gereinigt werden (Bild 2-12).

Faserschichtfilter können als Wegwerf- oder Einwegfilter oder als Abreinigungsfilter betrieben werden. Einwegfilter bestehen aus einer ungeordneten Faserschicht, einem Vlies, und speichern den Staub in den Hohlräumen des Vlieses. Einwegfilter werden deshalb als Speicherfilter bezeichnet. Da bei Speicherfiltern der Staub im Innern der Filterschicht abgelagert wird, bezeichnet man den Filtrationsvorgang als Tiefenfiltration. Das Filtervlies besitzt dabei ein Porenvolumen von mehr als 90%. Die Staubabscheidung erfolgt in der Tiefenfiltration dadurch, daß die trägeren Staubpartikel > 1µm der Strömungsumlenkung am Faserpaket nicht zu folgen vermögen (Trägheitsmechanismus) und dadurch in Kontakt mit den Fasern gelangen, an denen sie, oft unterstützt durch elektrische Aufladung der Staubpartikel, haften bleiben. Feinstpartikel vollführen eine Brownsche Molekularbewegung und gelangen dadurch ebenfalls in Kontakt mit den Fasern (Diffusionsmechanismus). Speicherfilter werden in Bereichen geringer Staubbelastung eingesetzt, z.B. in Bereichen der Klima-, Lüftungs- und Reinraumtechnik, in denen man Filter mit hohem Abscheidegrad von bis zu 99,7 %, die sogenannten Schwebstofffilter, verwendet.

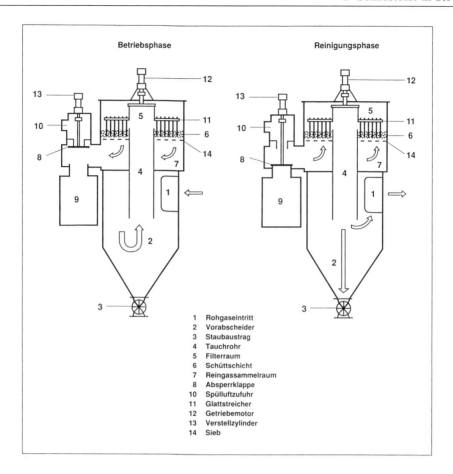

Bild 2-12: Schüttschichtfilter [5]

Abreinigungsfilter sind dagegen solche Filter, die periodisch abgereinigt werden. Sie enthalten als Filtermedium meistens ein Gewebe aus Fasermaterial unterschiedlichster Herkunft. Je nach Bauart unterscheidet man Schlauchfilter (Bild 2-13), Taschenfilter (Bild 2-14) und Patronenfilter (Bild 2-15).

Bei erster Inbetriebnahme erfolgt auch bei diesen Filtern zunächst eine Tiefenfiltration, ehe sich die Filterschicht auf der Oberfläche des Filters aufbaut. Die sich auf der Oberfläche abscheidende Staubschicht unterstützt dabei die Filtrationswirkung. Da aber gleichzeitig der Druckverlust ansteigt, muß die äußere Staubschicht nach einiger Zeit und periodisch durch Abreinigen entfernt werden. Außer durch den Trägheits- und den Diffusionsmechanismus kommt hier die Filterwirkung aufgrund der Teilchengeometrie zum Tragen (Sperreffekt). Andere Teilchen werden durch die zu engen Poren in der Gewebeschicht und in der schon abgeschiedenen Staubschicht am Durchtritt gehindert (Siebeffekt).

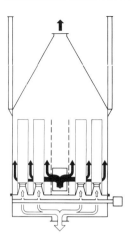 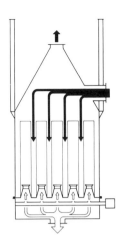

Bild 2-13:
Schlauchfilter [8]

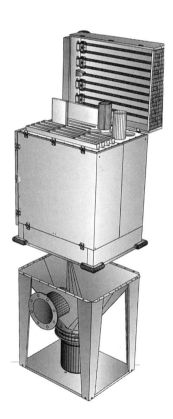

Bild 2-14:
Taschenfilter [9]

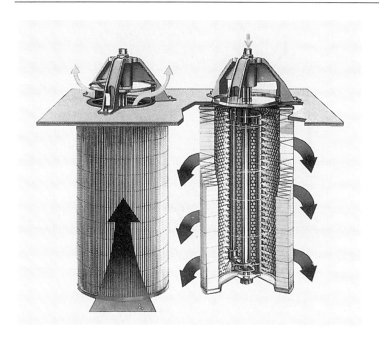

Bild 2-15:
Staubfilterpatrone mit
Abreinigungssystem [10]

Bei der Auslegung von Filtern ist man auch heute noch auf Versuche angewiesen. Wichtige Größen eines Filters sind die spezifische Filterflächenbelastung, die Dicke der Staubschicht und der Druckverlust. Die spezifische Filterflächenbelastung v_F berechnet sich aus dem Verhältnis von Volumenstrom V_g zur geometrischen Filterfläche A_F

$$v_F = \frac{V_g}{A_F} \tag{2.9}$$

Die Dicke der Staubschicht s_K berechnet sich aus der Masse m_K, der Dichte des Partikels r_K und der Porosität der Staubschicht e_K zu

$$s_K = \frac{m_K}{\rho_K (1-\varepsilon_K) \cdot A_F} \tag{2.10}$$

Der Druckverlust Δp durch das Filter mit der Dicke Δx berechnet sich nach der Gleichung von Darcy aus der Strömungsgeschwindigkeit w des Gases und der Viskosität η des Gases zu

$$w = k \cdot \frac{\Delta p}{\eta \Delta x} \tag{2.11}$$

k ist dabei eine Proportionalitätskonstante. Zur Anwendung der Gleichung nach Darcy verfährt man so, daß man den Strömungswiderstand in einen Filterwiderstand K_F und einen spezifischen Kuchenwiderstand K_K unterteilt und die Gleichung verwendet

$$\Delta p = \left(K_F + K_K \frac{m_K}{A_F} \right) \cdot v_F \tag{2.12}$$

Man ermittelt im Versuch dann die Flächenmasse aus der Massenbilanz

$$\frac{m_K}{A_F} = c_A T_{ges} v_F t \tag{2.13}$$

worin c_A die Staubkonzentration im Rohgas, T_{ges} der Gesamtabscheidegrad, v_F die spezifische Flächenbelastung und t die Filtrationszeit darstellen.

Aus (2.12) und (2.13) folgt für hohe Abscheidegrade T_{ges} mit hinreichender Genauigkeit

$$\Delta p = K_F v_F + K_K c_A t \cdot v_F^2 \tag{2.14}$$

Die Konstanten dieser Gleichung können aus dem Druckverlauf bei einem Filterzyklus ermittelt werden. Für Filter mit mehreren Filterelementen wird der Druckverlust konstant, weil die Filterelemente nacheinander abgereinigt werden. Man berechnet die Konstanten nach [11] aus dem Druckverlust Δp, der mittleren Filtrationsgeschwindigkeit v_m, der Staubkonzentration im Rohgas c_A und der mittleren Dauer einer Filtrationsperiode t_m zu

$$\Delta p = K_F v_m + \frac{1}{2} K_K \cdot c_A \cdot t_m \cdot v_m^2 \tag{2.15}$$

Bei Anwendung der Gleichungen muß beachtet werden, daß die ermittelten Widerstände K von den Eigenschaften des Filtermaterials und des Staubes, der Filtrationsgeschwindigkeit und der Abreinigungsintensität abhängig sind.

Der Druckverlauf in einem Abreinigungsfilter bildet über eine Vielzahl an Abreinigungsvorgängen eine Sägezahnkurve, deren Anfangsdruckverlust geringer als nach einigen Abreinigungsperioden ist. Dies zeigt, daß bei Inbetriebnahme des neuen Filters zunächst ein geringer Anteil des Staubes durch Tiefenfiltration abgeschieden wird, wodurch sich die Porosität des Filtermaterials verkleinert. Bild 2-16 zeigt eine Sägezahnkurve.

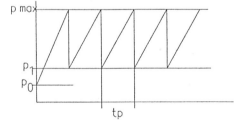

Bild 2-16:
Druckverlauf an einem Abreinigungsfilter

Filtermaterialien:

Für Speicherfilter werden Glas- oder Kunststofffasern oder Papiervliese verwendet. Übliche Standzeiten liegen im Bereich von Monaten, je nach Staubbelastung. Die Anströmgeschwindigkeit liegt bei Grobfiltern bei 1-3 m/s, bei Schwebstofffiltern bei 0,01 bis 0,05 m/s. „Elektretfilter" enthalten Fasern, die sich elektrostatisch aufladen und dadurch insbesondere Feinstpartikel anziehen und bessere Filterwirkung im Bereich < 2 μm zeigen. Die Temperaturgrenzen für verschiedene Fasermaterialien nach [12] zeigt die folgende Tabelle 2-1. Einen Vergleich der geometrischen Daten der Fasermaterialien zeigt Tabelle 2-2.

Bauformen von Staubfiltern:

Staubfilterapparate unterscheiden sich grundsätzlich in der Anordnung des Filtermediums, der Strömungsführung und der Art des Abreinigungssystems. Schlauchfilter (Bild 2-13) bestehen aus zylinderförmigen Filterschläuchen von etwa 12 bis 20 cm Durchmesser und bis zu 5 m Länge, die entweder von innen nach außen oder umgekehrt durchströmt werden. Bei Taschenfiltern (Bild 2-14) wird das Vlies über einem ebenen Rahmen gespannt. Der Rahmen hat an einer Seite eine Öffnung für den Reingasaustritt. Der Gasfluß erfolgt also stets von außen nach innen. Die Dimensionen der Filtertaschen liegen bei etwa 0,5 m Höhe, 1,5 m Länge und 30 mm Dicke [7].

Faserart	Maximale Einsatz-temperatur (°C)
Wolle	70
Baumwolle	80
Polypropylen	100
aliphat. Polyamid	110
Polyacrynitril	130
Polyester	150
aromat. Polyamid	180
PTFE	250
Glasfaser	300
Mineralfaser	300
Stahlfaser(X2 CrNiMo 18/10	450
Inconel	600

Tabelle 2-1: Maximale Einsatztemperatur von Fasermaterialien nach [12]

Tabelle 2-2: Daten von Faserschichtfiltern nach [13]

Geometrische Größe	Speicherfilter als Grobfilter	Speicherfilter als Schwebstoffilter	Abreinigungsfilter
Faserdurchmesser	50 - 100 µm	1 - 5 µm	10 - 30 µm
Mattendicke	10 - 30 mm	1 - 3 mm	1,5 - 3 mm
Porosität	97 - 99 %	90 - 95 %	70 - 90 %

Bei Patronenfiltern (Bild 2-15) wird das Filtermaterial um einen zylindrischen Stützkorb gefaltet. Die Maße sind in DIN 71 459 festgelegt. Größe 40 hat z.B. eine Standhöhe von 605 mm und einen Außendurchmesser von 328 mm bei einer Faltentiefe von 50 mm und damit etwa 6 - 10 m^2 Filterfläche je Patrone.

Die Abreinigung der Filter kann mechanisch durch Klopfen, Rütteln oder Vibrieren oder durch Rückspülen mit Reingas, z.B. auch periodisch durch Aufgabe eines Druckstoßes von der Reingasseite aus (Pulse-Jet Verfahren) mit Impulsen von bis zu 1 s Dauer und Drücken bis 7 bar erfolgen.

Bei ordnungsgemäßer Betriebsweise sollte die Standzeit eines Filtertuchs bis 3 Jahre betragen. Zugesetzte Filtertücher müssen generell ausgetauscht werden, weil sie innerhalb des Filterapparates nicht mehr regeneriert werden können.

2.3.3 Elektrofilter

Der Abscheidevorgang an einem Elektrofilter ist vergleichbar mit dem einer elektrostatisch unterstützten Pulverlackierung. An einer Sprühelektrode werden Ionen erzeugt, die sich an einem Feststoffpartikel anlagern und dieses dadurch mit einer elektrischen Ladung versehen. Die Partikel werden von der Gegenelektrode angezogen und wandern im elektrischen Feld dorthin, wo sie abgeschieden werden (Bild 2-17).

Die zur Auslegung eines Elektrofilters verwendete Abscheidegleichung wurde von Deutsch [15] entwickelt. Nach Deutsch ist der Fraktionenabscheidegrad $T(x_p)$ exponentiell von der spezifischen Niederschlagsfläche A/V_g und der effektiven Wanderungsgeschwindigkeit $w_e(x_p)$ abhängig:

$$T\left(x_p\right) = 1 - e^{-\dfrac{A \cdot w_e(x_p)}{V_g}} \tag{2.16}$$

mit

$$\frac{A}{V_g} = \frac{k \cdot l}{s \cdot w} \tag{2.17}$$

s ist hierin der Abstand zwischen Sprüh- und Niederschlagselektrode, l die Filterlänge, w die Geschwindigkeit des Gasstromes und k eine Konstante, die den Wert k = 1 bei Plattenelektrofiltern und k = 2 bei Rohrelektrofiltern erhält. A/V_g hat die Dimension einer reziproken Geschwindigkeit.

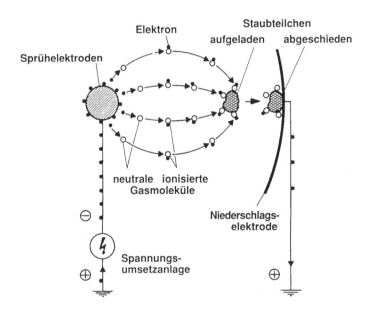

Bild 2-17: Funktionsprinzip eines Elektrofilters [5]

Die Wanderungsgeschwindigkeit eines Partikels > 1 μm ist proportional zum Quadrat der Feldstärke F_{el} und umgekehrt proportional zur Viskosität η des Gases. Man nennt den gerichtet unter dem Einfluß des elektrischen Feldes erfolgenden Vorgang den „Feldaufladungsmechanismus". Bei kleinen Partikeln wird der gerichtete Feldeinfluß durch die Brownsche Molekularbewegung überdeckt. Partikel < 0,2 μm unterliegen dann dem „Diffusionsaufladungsmechanismus". Der Diffusionsaufladungsmechanismus ist linear proportional zur Feldstärke F_{el}. Man betreibt daher Elektrofilter mit möglichst hohen Spannungen, die im Bereich von 20 bis 100 kV liegen. Die Grenzen der anzuwendenden Spannung sind dort zu suchen, wo es zum

Funkenüberschlag kommen kann, bei der Überschlagsspannung. Da die Überschlagsspannung in Luft von Kathode zur Erde etwa doppelt so groß wie von Anode zur Erde ist, betreibt man Elektrofilter normalerweise mit einer Sprühkathode und einer geerdeten Niederschlagselektrode. Außer den elektrisch aufgeladenen Partikeln enthält der Raum zwischen den Elektroden auch elektrisch geladene Gasmoleküle, die ebenfalls, den Feldlinien folgend, von den Feststoffpartikeln zur Niederschlagselektrode mitgenommen werden. Dadurch entsteht eine Gasströmung quer zur vorgegebenen, die man als „elektrischen Wind" bezeichnet. In Nähe der Sprühelektrode tritt durch die Koronaentladung meist ein Leuchten auf. Auf der Niederschlagselektrode bildet sich bald eine Staubschicht von bis zu etwa 10 mm, die durch den elektrischen Wind weiter komprimiert wird. Damit die Ladung der Partikel nicht zu schnell an die Niederschlagselektrode abgegeben wird, soll der elektrische Widerstand der Staubpartikel $> 10^5$ $\Omega \cdot$ cm betragen. Besser leitende Partikel können nur abgeschieden werden, wenn genügend schlechter leitende zur Einbettung der Staubschicht vorhanden sind. Zu hoher elektrischer Widerstand von $> 10^{11}$ $\Omega \cdot$ cm führt zu geringem Ladungsabfluß und kann zu Rücksprüheffekten und verminderter Filterleistung führen. Abhilfe schafft hier häufig die Zufuhr von Wasserdampf zur Steigerung der elektrischen Leitfähigkeit der Partikel.

Die elektrische Versorgung der Elektrofilter erfolgt stets am Rande der Überschlagsspannung. Bei Überschlag eines Funkens oder Lichtbogens bricht die Spannung zusammen, so daß die Steuerung der Anlagenspannung knapp unterhalb der Überschlagsspannung mit Mikroprozessoren einfach ist.

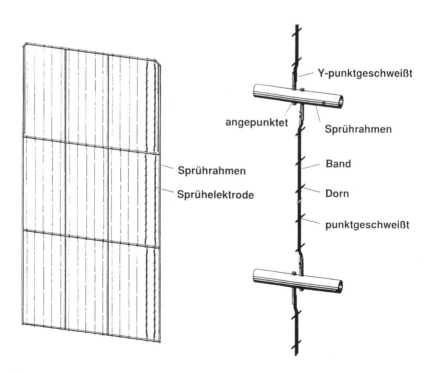

Bild 2-18: Sprühkathoden am Sprührahmen [14]

Bau und Abreinigung von Elektrofiltern:

Elektrofilter zeichnen sich durch extrem niedrigen Druckverlust aus. Sie werden entweder als Platten oder als Rohrfilter gebaut. Bei Plattenfiltern ist die Niederschlagselektrode ein meist profiliertes Blech aus Stahl, Blei, Aluminium oder mit Graphit beschichtetem Kunststoff. Die Wahl des Materials richtet sich nach der Korrosivität des Rohgases. Die Sprühelektroden (Kathoden) sind 1 - 3 mm dicke Drähte, oft in Form von Stacheldraht (Bild 2-18 und 2-19), die im Abstand von 100 - 200 mm von einander zwischen zwei Platten aufgehängt sind. Die Drähte werden durch unten anhängende Gewichte gespannt. Der Abstand zwischen zwei Niederschlagselektroden beträgt bis etwa 400 mm. Die Platten werden horizontal mit etwa 1 - 4 m/s angeströmt. Bild 2-19 zeigt die stacheldrahtförmigen Sprühelektroden eines Plattenelektrofilters.

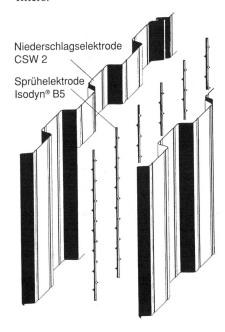

Niederschlagselektrode
CSW 2

Sprühelektrode
Isodyn® B5

Bild 2-19:
Elektroden in einem Plattenelektrofilter [14]

Tabelle 2-3: Richtdaten für Elektrofilter nach [7]

Spannung	10 - 100 kV	Feldstärke	1 - 10 kV/cm
Stromdichte	0,05 - 0,7 mA/m²	Installierte elektrische Leistung	bis 200 kW
spez. Filterfläche	60 - 200 s/m	Gasvolumenstrom	$\leq 3000000\ m^3/h$
Gasgeschwindigkeit	0,5 - 3 m/s	Staubgehalt im Rohgas	$< 100\ g/m^3$
Staubgehalt im Reingas	$> 20\ mg/m^3$	el. Staubwiderstand	$10^5 - 10^{11}\,\Omega \cdot cm$
Gesamtabscheidegrad	95 - 99,9 %	Einsatztemperatur	bis 450 °C
Gesamtdruck	bis 3 bar	Druckverlust	0,5 - 3 mbar
Energieaufwand	0,05-2 Wh/m³		

Die Abreinigung von Elektrofiltern kann mechanisch durch Klopfen oder Vibration oder naß durch Besprühen mit Wasser erfolgen. Bild 2-20 zeigt eine Anlage mit Plattenelektrofiltern.

Rohrelektrofilter (Bild 2-21) bestehen aus einem Rohr, in dem mittig die gewichtsbelastete Sprühelektrode eingehängt ist. Rohrelektrofilter eignen sich außer zur Staubabscheidung vor allem auch zur Tropfenabscheidung aus Gasen. Zur Flächenvergrößerung werden dann mehrere Rohre parallel geschaltet und der Reihe nach abgereinigt, wobei das jeweilige Rohr durch Absperrorgane aus dem Abscheidekreis herausgenommen wird.

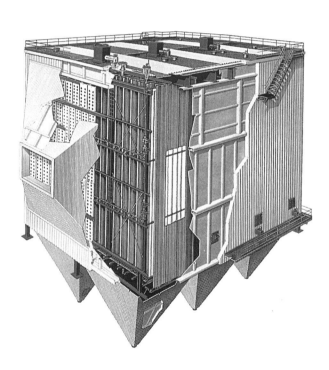

1: Gespülter
Rohrelektrofilter in
Kunststoffbauweise,
Nenndurchsatz
6 000 m³/h

Bild 2-20: Plattenelektrofilter[16]

Bild 2-21: Rohrelektrofilter [17]

2.3.4 Naßabscheider

Staub und Flüssigkeitstropfen können auch mit Flüssigkeiten aus Gasen herausgewaschen werden. Apparate, mit denen man dieses ausführt, nennt man Naßabscheider oder Wäscher. Wäscher können auch gleichzeitig zur Entfernung molekular gelöster Schadstoffe aus Gasen eingesetzt werden, wenn man sie mit einer geeigneten reaktiven Flüssigkeit betreibt. Je nach Art der Kontaktbildung zwischen Gas und Flüssigkeitsoberfläche werden folgende Wäscher unterschieden:

- Abscheidung in einer durchströmten Flüssigkeitsschicht in Sieb- oder Glockenböden
- Abscheidung an festen, bespülten Einbauten mit Berieselung (Bild 2-22)
- Abscheiden durch Anströmen der Flüssigkeitsoberfläche (Bild 2-23)
- Versprühen der Flüssigkeit im Gasstrom und Abscheiden der Tropfen (Bild 2-24)

Beim Siebboden trifft die von oben nach unten rieselnde Flüssigkeit auf übereinander angeordnete Lochböden oder Siebböden, durch die sie hindurchrieselt. Der von unten nach oben strömende Gasstrom staut den Flüssigkeitsstrom und dringt ebenfalls durch die Löcher. Dadurch bedingt, kommt es zu einem Flüssig keitsstau auf den einzelnen Böden. Der Flüssigkeitsabfluß erfolgt dann durch speziell dafür eingerichtete Überlaufschächte. Der Gas/Flüssigkeitsaustausch findet an den Löchern statt und ist sehr intensiv.

Beim Glockenboden sind die Durchtrittsöffnungen für das Gas mit je einer beweglichen oder starren Glocke verschlossen. Der Boden füllt sich mit von oben herabrieselnder Flüssigkeit, die sich auf dem Boden staut. Das von unten nach oben strömende Gas tritt unter der Glocke durch die Flüssigkeit, so daß dort ein Stoffaustausch stattfinden kann.

Bei einer Kolonne mit Füllkörperpackung werden die Einbauten (Füllkörper verschiedenster Bauform) von oben mit Flüssigkeit berieselt und benetzt. Die Füllkörper sorgen dafür, daß der Gasstrom durch stetes Umlenken auf eine neue benetzte Fläche trifft, auf der der Stoffaustausch stattfindet. Die verschiedenen Füllkörpertypen werden in runde, turmartige Behälter eingebaut. Man nennt diese Waschtürme auch Kolonnen, wie sie schon aus der Destillationstechnik bekannt sind. Der Druckverlust ist in Füllkörperschüttungen klein (1-2 mbar). Die Anströmgeschwindigkeit liegt bei etwa 1 m/s. Besonders wirkungsvoll sind Wäscher mit stark verwirbelnden, festen Einbauten, auch „Static Mix" genannt, aus in Edelstahlblech geformten Umlenkkörpern (Bild 2-22), die in Gleichstrom-(Bild 2-23) oder Gegenstromwäscher (Bild 2-24) eingebaut werden.

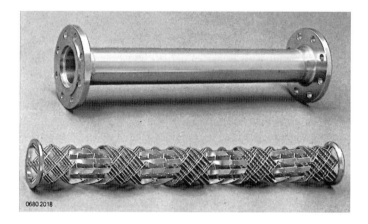

Bild 2-22: Sulzer-Mischer mit SMX Mischelement [19]

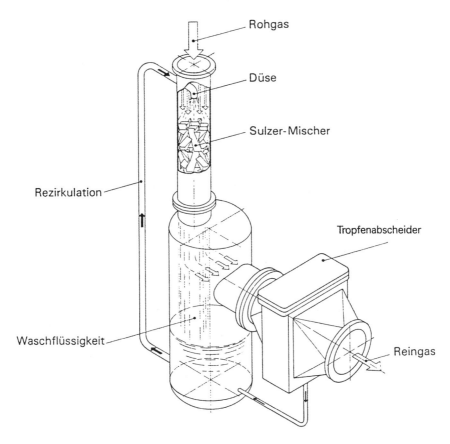

Bild 2-23: Sulzer-Gleichstrom-Gaswäscher [19]

Ein besonders wirksamer Schüttgutwäscher ist der Wirbelwäscher, gefüllt mit ellipsenförmigen Kunststoff-Hohlkugeln, sogenannten „Scrubberfill" Füllkörpern, die in mehreren Lagen aufgeschichtet und mit Flüssigkeit von oben benetzt werden. Das Gas kommt im Gegenstrom von unten. Bild 2-25 zeigt eine Darstellung des Wäschers. Vorteil dieses Wäschertyps ist die bei gleicher Bauhöhe im Vergleich zu festen Schüttungen gesteigerte Leistung, weil die sich drehenden Wirbelkörper stets eine neue Austauschfläche zum Gasstrom bringen.

Beim Anströmboden trifft der Gasstrom in flachem Winkel aus die Flüssigkeitsoberfläche und reißt Tropfen mit sich, an denen der Stoffaustausch erfolgt. Wäscher dieses Typs sind die Wirbelstromwäscher. Die Gasgeschwindigkeit in der Wirbelzone beträgt 10 - 15 m/s, der Druckverlust liegt bei 15 - 30 mbar. Wirbelwäscher werden z.B. zur Abluftentsorgung in großen Lackierkabinen eingesetzt. Sie sollen aber stets mit konstantem Gasstrom betrieben werden. Da sie keine wartungsintensiven Bauteile enthalten, sind sie kostengünstig betreibbar. Wirbelwäscher gehören zu den Hochleistungswäschern, die auch in der chemische Industrie Anwendung finden. Der Druckverlust im Wirbelwäscher liegt bei etwa 10 mbar, der Flüssigkeitseinsatz bei 1 - 3 l/m^3 Rohgas. Wirbelwäscher scheiden auch Feinstpartikel < 0,5 μm ab und vertragen hohe Staubbelastungen bis 300 g/m^3, wobei der Energieverbrauch 6 - 12 kWh/1000 m^3 beträgt. Wäscher mit Anströmboden werden zum Beispiel in Lackierkabinen mit Bodenabsaugung zur Entfernung von Lackpartikeln aus dem Abluftstrom eingesetzt.

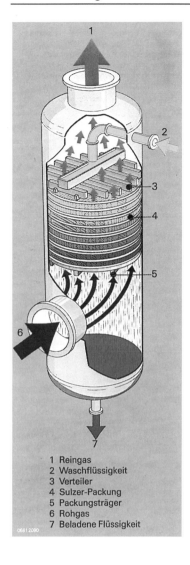

1 Reingas
2 Waschflüssigkeit
3 Verteiler
4 Sulzer-Packung
5 Packungsträger
6 Rohgas
7 Beladene Flüssigkeit

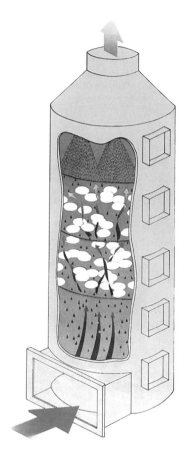

Bild 2-24: Sulzer-Gegenstrom-Wäscher [19]   **Bild 2-25:** Wirbelschichtwäscher [18]

Bei der Sprühverteilung wird in den aufsteigenden Gasstrom Flüssigkeit versprüht. Die einzelnen Tropfen werden dann an Prallblechen oder anderen Tropfenscheidern niedergeschlagen. Zu den Wäschern dieser Art zählen Rotationswäscher. Rotationswäscher erzeugen durch schnell drehende Zerstäuberscheiben einen Tropfenschleier, der die Staubpartikel mitreißt. Ein altbekannter Wäscher dieses Typs ist der Desintegrator (Bild 2-26). Dieser Apparat enthält sich um eine Achse drehende Stabeinbauten (1) und feststehende Stabkörbe (2). Die Rotorwelle (3) trägt einen Spritzzylinder (4) und die Tragscheiben (5). Die über Rohre zugeführte Waschflüssigkeit wird durch den rotierenden Spritzzylinder im Gasraum gleichmäßig zerstäubt. Das Gas-Waschflüssigkeitsgemisch wird gegen die feststehenden Stäbe geschleudert. Dem Wäscher wird zur Restabscheidung der Tropfen ein Tropfenabscheider nachgeschaltet. Hochleistungsmaschinen zahlreicher anderer Bauarten mit Flüssigkeitsverteilsystemen sind im Angebot. Es sollen hier jedoch nicht alle Maschinen beschrieben werden.

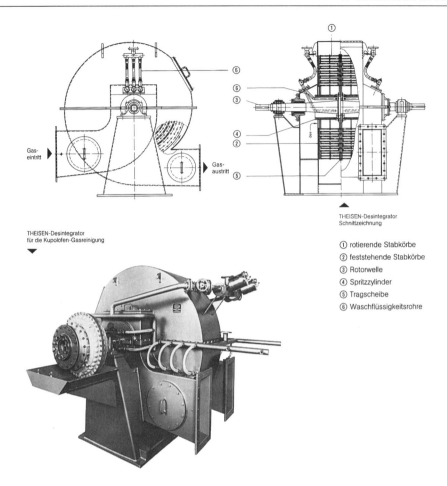

THEISEN-Desintegrator
Schnittzeichnung

THEISEN-Desintegrator
für die Kupolofen-Gasreinigung

① rotierende Stabkörbe
② feststehende Stabkörbe
③ Rotorwelle
④ Spritzzylinder
⑤ Tragscheibe
⑥ Waschflüssigkeitsrohre

Bild 2-26: Desintegrator [20]. Beschreibung im Text.

In die gleiche Gruppe gehört auch der ROTA-JET Abgaswäscher [21] der Firma Fette (Bad Salzuflen). Beim ROTA-Jet Abgaswäscher wird die Waschflüssigkeit über ein Düsensystem zunächst im Gleichstrom, in der zweiten Stufe im Gegenstrom fein verteilt. Der Gasstrom entweicht über einen Schornstein mit eingebautem Tropfenabscheider. Das Fließbild 2-27 zeigt eine Anwendung des Verfahrens in einer Zuckerfabrik. Das Verfahren ist aber auch in allen anderen Anwendungen zur Gasreinigung einsetzbar.

Strahlwäscher arbeiten nach dem Prinzip einer Wasserstrahlpumpe. Die Waschflüssigkeit wird axial durch eine Einstoffdüse gedrückt. Der Gasstrom wird im Raum hinter der Düse angesaugt und mit der Flüssigkeit verwirbelt. Die Austrittsgeschwindigkeit der Waschflüssigkeit beträgt 20 - 35 m/s, die Gasgeschwindigkeit an der engsten Stelle des Strahlwäschers 10 - 20 m/s. Benötigt wird eine Waschflüssigkeitsmenge von 5 bis 20 l/m^3 Gas. Strahlwäscher sind unempfindlich gegen wechselnde Gasmengen.

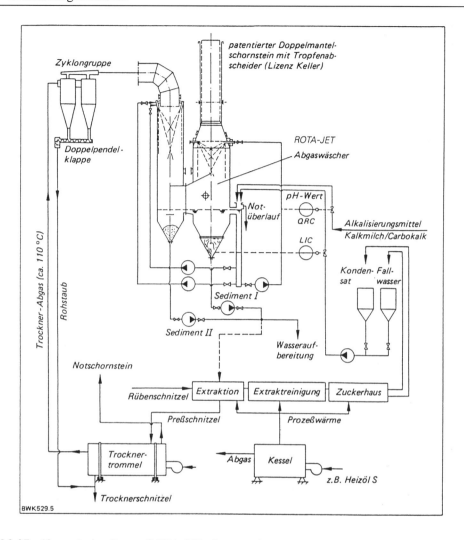

Bild 2-27: Abgaswäscher System ROTA-JET, eingesetzt in einer Zuckerfabrik [21]

Charakteristisch für den Venturiwäschertyp ist das Venturirohr, an dessen engster Stelle (Keh-le) die Waschflüssigkeit in die Gasströmung eingedüst wird. Die Gasgeschwindigkeit in der Kehle beträgt etwa 50 - 150 m/s, was Ursache für eine große Scherwirkung auf die Flüssigkeit und damit für die hohe Abscheideleistung des Venturiwäschers ist. Der Druckverlust wird mit 30 bis 200 mbar angegeben [7]. Da Venturiwäscher auf Lastschwankungen reagieren, muß entweder durch Falschluftzufuhr für eine konstante Gasmengenzufuhr gesorgt oder durch Än-derung des Querschnitts der Kehle reagiert werden (Ringspaltwäscher). Bild 2-28 zeigt das Bauprinzip eines Venturiwäschers. Zu den Strahlwäschern gehören auch die Radialstrom-wäscher. Der zweistufige Radialstromwäscher (Bild 2-29) besitzt zwei Verengungen, in denen die Waschflüssigkeit in den Gasstrom eingedüst wird.

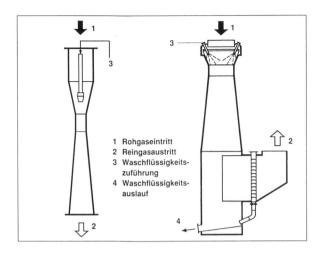

Bild 2-28:
Bauskizze eines Venturiwäschers
[14]

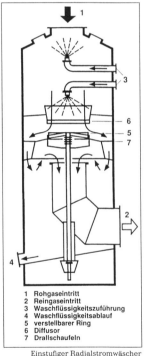

Einstufiger Radialstromwäscher

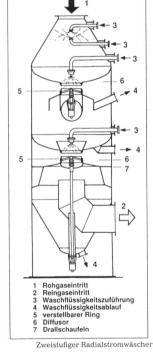

Zweistufiger Radialstromwäscher

Bild 2-29:
Ein- und zweistufiger Radialstromwäscher [14]

Beim Kondensationswäscher wird der Gasstrom zunächst mit Feuchtigkeit beladen, die dann durch Einspritzen von Kaltwasser zur Kondensation gebracht wird. Diese Methode ist einfach und wirkungsvoll und läßt sich insbesondere auch in kleineren Anlagen zur Schadstoffbeseitigung leicht einbauen. Beim Wäscher EDV 7000 wird zunächst (1) das Gas durch Eindüsen von Wasser mit Feuchtigkeit gesättigt und gekühlt. Am Venturihals erfolgt eine Beschleunigung und adiabatische Entspannung des Gasstroms. Die mit einer Wasserhülle umgebenen Staubpartikel werden negativ elektrisch aufgeladen (2) und in der Abscheidezone (3) unterstützt von

einem Wasserschleier abgeschieden. In Zone (4) erfolgt die Tropfenabscheidung durch Zentrifugalkräfte. Die Abscheidung der mit Staub und anderen Schadstoffen beladenen Tropfen
erfolgt in eigenen nachgeschalteten Systemen, in Lamellenabscheidern (Prallplatten) oder in
Zentrifugalabscheidern (Zyklone). Die Waschflüssigkeit sollte im Kreislauf geführt und der
Schlamm abwassertechnisch behandelt werden.

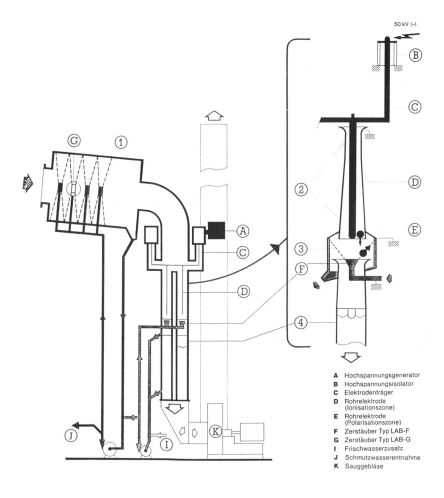

Bild 2-30: EDV 7000. Kondensationswäscher mit elektrostatischer Abscheidung und Venturidüse [22]

Nachfolgende Tabelle faßt die charakteristischen Daten der verschiedenen Wäschertypen zusammen [23]. Eine qualitative Bewertung der Kosten, des Platzbedarfs und der Wartung von
Hochleistungsabscheidern geben Fritz/Kern (Tab. 2-5).

Tabelle 2-4: Charakteristische Daten verschiedener Wäscher nach [23]

Eigenschaft	Waschturm	zweistufiger Strahlwäscher	Wirbelwäscher	zweistufiger Rotations- wäscher	Venturi- wäscher
Grenzkorndurch- messer(μm) Staub: Dichte g/cm^3	0,7 - 1,5 2,42	0,8 - 0,9	0,6 - 0,9	0,1 - 0,5	0,05 - 0,2
Relativ- geschwindigkeit (m/s)	1	10 - 25	8 - 20	25 - 70	40 - 150
Druckverlust (mbar)	2 - 25	keiner	15 - 28	4 - 10	30 - 200
Wasserbedarf pro Stufe (l/m^3)	0,05 - 5	5 - 20	gering	1 - 3	0,5 - 5
Energieaufwand (kWh/1000 m^3)	0,2 - 1,5	1,2 - 3	1 - 2	2 - 6	1,5 - 6

Tabelle 2-5: Kostenvergleich für Hochleistungsabscheider nach [7]

Abscheidertyp	Arbeits- bereich	Investitions- kosten	Energiekosten	Wartungs- kosten	Platzbedarf
Venturiwäscher	> 0,05 μm	1 - 2	3 - 4	1	1
Rotationswäscher	> 0,10 μm	2 - 3	3	2	1
Abreinigungsfilter	> 0,01 μm	3	2	3	2 - 3
Elektrofilter	> 0,01 μm	4	1	2	3

3 Beseitigung gasförmiger Schadstoffe

Gasförmige Schadstoffe, die in der metallverarbeitenden Industrie auftreten, entstehen vor allem in den Bereichen Kraftwerk und Oberflächentechnik. Im werkseigenen Kraftwerk, das bei größeren Betrieben vorhanden ist, treten Verbrennungsabgase auf, die entgiftet werden müssen. Im Bereich Oberflächentechnik sind es vor allem die Beize und die Lackieranlage, in denen Schadstoffe wie nitrose Gase, Säuredämpfe und Lösemitteldämpfe aller Art auftreten und beseitigt werden müssen. In den folgenden Abschnitten werden die grundsätzlichen Methoden zur Beseitigung gasförmiger Schadstoffe besprochen.

3.1 Absorptive Verfahren

Absorption bedeutet Aufnahme der Gasbestandteile in einer flüssigen Phase. Die eingesetzten Apparate sind die gleichen Wäscher, wie sie unter Kapitel 2 beschrieben wurden. Man setzt in den Fällen, in denen man gasförmige, molekular verteilte Schadstoffe aus dem Rohgasstrom entfernen will, andere Flüssigkeiten ein oder der Waschflüssigkeit Reaktionspartner zu, die mit dem Schadstoff reagieren können.

Ein Verfahren, mit dem man durch Absorption Lösemittel zurückgewinnen kann, wurde von ARASIN entwickelt (Bild 3-1). Ein Absorptionsturm wird mit einer höher siedenden organischen Flüssigkeit beschickt. Der mit Lösemitteln beladene Rohgasstrom wird am Boden des Rieselturms eingespeist. Die leicht siedenden Lösemittel lösen sich beim Kontakt in der Flüssigkeit entsprechend dem Henrischen Gesetz:

$$p_i = x_i \cdot H_i \tag{3.1}$$

p_i ist darin der Partialdruck des gelösten Stoffes, also des zu entfernenden Lösemittels, x_i ist der Molenbruch des gelösten Stoffs in der Flüssigkeit und H_i ist der Henrikoeffizient in bar/Molenbruch, der für jedes Stoffpaar Lösungsmittel/Gelöstes spezifisch und von Temperatur und Druck abhängig ist. Der Partialdruck eines Gases berechnet sich aus dem Gesamtdruck P_{ges} und dem Molebruch y_i, des Einzelbestandteils im Gasstrom, daraus folgt das Henrische Gesetz in der Form

$$x_i = y_i \cdot \frac{P_{ges}}{H_i} \tag{3.2}$$

Daraus folgt auch, daß Druckerhöhung das Auswaschergebnis verbessert. Für derartige Absorber gilt also allgemein, daß möglichst niedrige Temperatur und erhöhter Druck (Druckwäsche) anzustreben sind.

Beim ARASIN-Verfahren [1] wird dann die beladene Flüssigkeit erwärmt, so daß in einem Flashgefäß eine erste Abtrennung des Leichtsieders erfolgen kann. Dampf und Schwersieder werden dann in einer Rektifikation (im Desorber) sauber voneinander getrennt, so daß die Leichtsieder zur Wiederverwendung im Desorbatbehälter aufgefangen und der Schwersieder wieder in den Prozeß zurückgeführt werden kann. Der im Bild gezeigte Dephlegmator ist Bestandteil der Rektifikation, die Kondensatoren dienen zur Abkühlung der Leichtsieder.

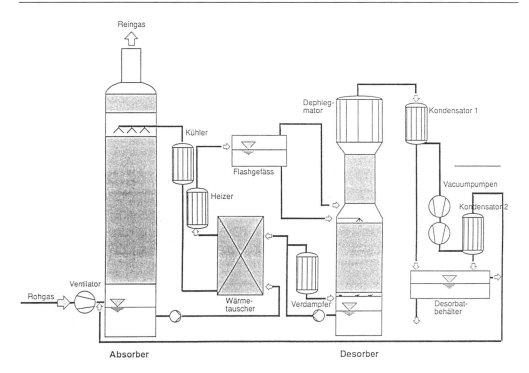

Bild 3-1: Physikalische Absorption: Das ARASIN-Verfahren [1]

Man kann zur Absorption der wäßrigen Waschlösung auch Inhaltsstoffe zufügen, die mit dem Schadstoff reagieren. Dies sind insbesondere Alkalilaugen zur Bindung von Säuredämpfen oder Säuren zur Bindung von Ammoniak. Die dabei entstehenden Salze sind allerdings technisch meist nicht verwertbar und müssen entsorgt werden. Bei der Rauchgasentschwefelung nach dem Wellmann-Lord-Verfahren verwendet man als lösliches Salz Natriumsulfit, das mit Schwefeldioxid reversibel umgesetzt wird gemäß

$$Na_2SO_3 + SO_2 + H_2O = 2\,NaHSO_3$$
$$2\,NaHSO_3 + Energie = Na_2SO_3 + SO_2 + H_2O \tag{3.2}$$

Diesem Verfahren, das sich nur bei großen Feuerungsanlagen einsetzen läßt, kann eine Produktion von Schwefel oder Schwefelsäure angeschlossen werden, so daß eine Weiterverarbeitung erfolgt.

Zur Rauchgasentschwefelung nach dem Walther-Verfahren kann man auch eine Absorption in Ammoniaklösung einsetzen und dabei die Produktion des als Stickstoffdünger eingesetzten Ammonsulfats erreichen gemäß

$$NH_3 + SO_2 + H_2O = NH_4HSO_3$$
$$NH_4HSO_3 + NH_3 = (NH_4)_2SO_3 \tag{3.4}$$
$$2\,(NH_4)_2SO_3 + O_2 = (NH_4)_2SO_4$$

Schadstoffe können auch mit in Wasser dispergierten Reaktionspartnern chemisch reagieren. Hiervon macht man bei der Gips erzeugenden Entschwefelung von Feuerungsabgasen Gebrauch, indem man $CaCO_3$ oder $Ca(OH)_2$ in Wasser dispergiert und mit SO_2 und Luftsauerstoff zu Gips $CaSO_4 \cdot 2H_2O$ umsetzt.

$$CaCO_3 + SO_2 = CaSO_3 + CO_2 \text{ bei pH} > 7$$
$$2\,CaSO_3 + O_2 = CaSO_4 \qquad \text{bei pH 5,6 bis 5,9}$$

(3.5)

Verfahren dieser Art sind das der Deutschen Babcock-System Kawasaki Heavy Ind. und das der Knauf-Research-Cottrell, die mit etwas unterschiedlichen Verfahrensbedingungen arbeiten.

Die Absorption von sauren Rauchgasbestandteilen kann auch an einem reaktionsfähigen festen Reaktionspartner erfolgen. Nach dem NEUTREC-Verfahren [163] der Solvay AG (Bild 3-2 bis 3-4) kann man saure Gasbestandteile mit fein gemahlenem $NaHCO_3$ umsetzen und das Reaktionsprodukt im Staubfilter abscheiden. Bild 3-2 zeigt das Verfahrensschema, die Bilder 3-3 und 3-4 zeigen einige technische Details des seit 1994 angebotenen Verfahrens.

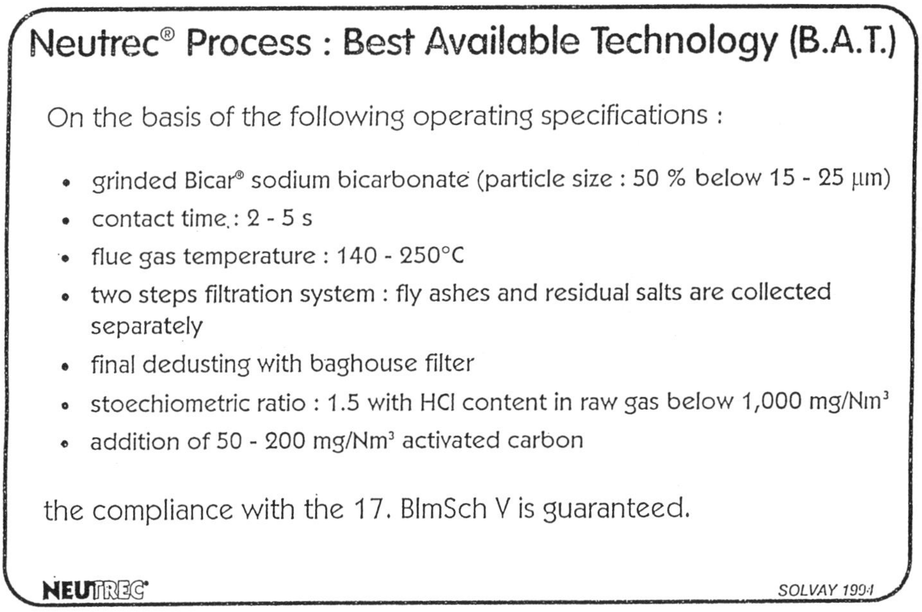

Neutrec® Process : Best Available Technology (B.A.T.)

On the basis of the following operating specifications :

- grinded Bicar® sodium bicarbonate (particle size : 50 % below 15 - 25 µm)
- contact time : 2 - 5 s
- flue gas temperature : 140 - 250°C
- two steps filtration system : fly ashes and residual salts are collected separately
- final dedusting with baghouse filter
- stoechiometric ratio : 1.5 with HCl content in raw gas below 1,000 mg/Nm³
- addition of 50 - 200 mg/Nm³ activated carbon

the compliance with the 17. BImSch V is guaranteed.

NEUTREC®   SOLVAY 1994

Bild 3-2: Beschreibung des NEUTREC-Verfahrens [163]

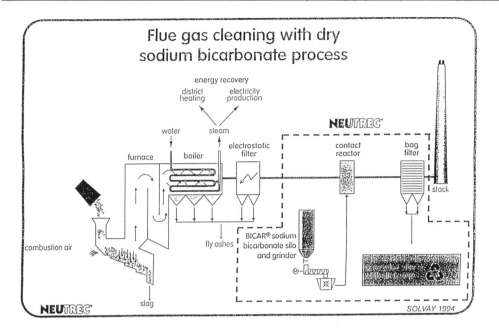

Bild 3-3: Verfahrensfließbild für das NEUTREC-Verfahren [163]

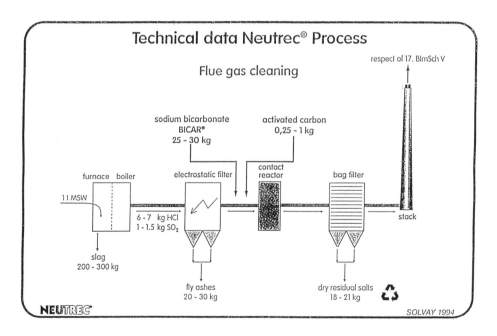

Bild 3-4: Mengenbilanzen des NEUTREC-Verfahrens [163]

3.2 Adsorptive Verfahren

Unter einer Adsorption versteht man die Anlagerung eines Stoffes oder Moleküls an eine Oberfläche. Diese Oberfläche liegt im kondensierten Zustand vor und ist flüssig oder fest. Da eine technisch interessante Adsorption eine möglichst große Oberfläche pro Raumeinheit benötigt, kommt technisch nur ein Feststoff als Adsorbens in Frage. Die technisch eingesetzten Stoffe sind heute vor allem Aktivkohlen in verschiedenen Formen und Molekularsiebe. Es gibt verschiedene Arten der Adsorption. Werden die adsorbierten Moleküle nur durch schwache sogenannte van der Waalssche Kräfte festgehalten, spricht man von Physisorption. Spielen chemische Kräfte, wie z.B. Nebenvalenzkräfte eine Rolle, wird das Molekül stärker an die Oberfläche gebunden. Man spricht dann von Chemisorption, was aber nicht gleich bedeutend mit einer chemischen Umsetzung ist. Überlagert wird die Adsorption an feinporigen Festkörpern mit großer Oberfläche durch die Kapillarkondensation. Kapillarkondensation ist eine in feinen Rissen etc. auftretende Kondensation, die darauf beruht, daß der Dampfdruck einer den Festkörper benetzenden Flüssigkeit über einer Kapillare stark vermindert wird, so daß eine Substanz, die unter gleichen Druck- und Temperaturbedingungen gasförmig vorliegen sollte, in den Kapillaren verflüssigt wird.

Die Adsorption ist ein Gleichgewichtsvorgang, der von Temperatur und Druck abhängig ist. In der einfachsten Form wird die Festkörperoberfläche monomolekular von Molekülen bedeckt. Zeichnet man den Adsorptionsverlauf bei konstanter Temperatur auf, so entsteht ein Kurvenverlauf, der von Langmuir durch die Gleichung beschrieben wird

$$n_a = \frac{A \cdot p}{p + \frac{1}{b}} \tag{3.6}$$

Darin ist n_a die adsorbierte Menge, p der Partialdruck des Gases und A der Grenzwert der adsorbierten Menge, der bei hohen Drucken erreicht wird. 1/b ist eine von der Temperatur abhängige Konstante. Bei kleinen Drucken p folgt daraus ein linearer Anstieg der adsorbierten Menge mit dem Druck. Die Oberfläche des Feststoffs ist keine homogene Oberfläche, sondern enthält Adsorptionszentren unterschiedliche Aktivität. Deshalb wird die Idealgleichung (3.5) nur bei sehr kleinen Drucken befolgt, bei denen nur die aktivsten Zentren belegt werden. Für den praktischen Gebrauch hat sich daher besser eine von Freundlich angegebene Adsorptionsgleichung bewährt

$$\log n_a = \text{ß} \cdot \log p + k \tag{3.7}$$

ß und k sind darin empirisch zu ermittelnde Konstanten [24].

In der Praxis kennt man zahlreiche Formen der Adsorptionskurve (Bild 3-5). Günstig sind dabei immer solche Kurven, bei denen schon bei geringen Drucken eine nennenswerte Beladung erfolgt. Im Bild sind V das adsorbierte Gasvolumen je Gramm Adsorptionsmittel. $p_i/p_{0,i}$ stellt das Verhältnis von Partialdruck zu Sättigungsdruck dar. Technisch geeignete Sorptionskurven sind die Kurven 1 - 3.

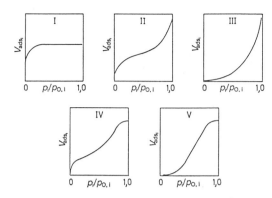

Bild 3-5:
Verschiedene Arten der Sorptionskurven nach [25]

V_{ads_i} Volumen der adsorbierten
        Komponente

p_i Partialdruck der adsorbierten
        Komponente

$p_{o,i}$ Sättigungsdruck der adsorbierten
        Komponente

Ein geeignetes Adsorptionsmaterial soll außer einer geeigneten Sorptionskurve für das zu ad-
sorbierende Gas eine hohe Porosität und innere Oberfläche, gute Desorptions- und Regene-
riereigenschaften, geringen Druckverlust, hohe Abriebfestigkeit und vor allem einen möglichst
niedrigen Anschaffungspreis besitzen. Bevorzugte Produkte sind daher Aktivkohle oder aus
Aktivkohle bestehendes Kohlepapier, Molekularsiebe und gelegentlich auch Kunstharzpro-
dukte.

Tabelle 3-1: Eigenschaften von Aktivkohle und Molekularsieben [26]

Adsorbens	Spezifische Ober-fläche (m^2/g)	Schüttdichte (kg/m^3)	Maximale Desorptions-temperatur (°C)
Aktivkohle	1000 - 1500	300 - 500	150
Aktivkoks	ca. 100	600	500
Zeolithisches Molekularsieb	800 - 1100	650 - 750	300
Wessalith DAY (Zeolith)	800	ca. 750	1000

Bild 3-6 zeigt die Käfigstruktur eines Zeoliths, der eine definiert große und in der Synthese
einstellbare Öffnung besitzt und damit sehr selektiv ausgesucht werden kann. So beträgt die
Eintrittsöffnung beim Wessalith DAY (Lieferant Degussa) nur 0,8 nm, wodurch z.B. die in
Lacken eingesetzten Lösungsmittel Methyl-Ethyl-Keton (MEK) und Toluol sehr selektiv ad-
sorbiert werden können. Im Gegensatz zu Aktivkohle adsorbieren hydrophobierte Zeolithe
Wasser nur geringfügig (Bild 3-7).

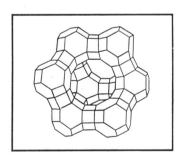
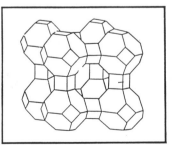

Bild 3-6:
Käfigstruktur von
Zeolithen.
Links Na-Zeolith A
(Öffnung 0,4 nm),
rechts Na-Zeolith X
(Öffnung 0,9 nm)
nach [26]

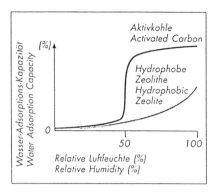 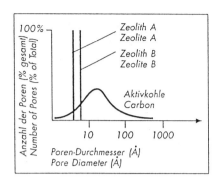

Bild 3-7: Porengrößenverteilung und Sorptionsisothermen für Wasser an einem hydrophobierten Zeolith und an Aktivkohle nach [27]

Zur Auslegung eines Adsorbers wird die Beladekapazität des Adsorptionsmittels experimentell unter Betriebsbedingungen bestimmt. Die sich daraus ergebende Menge an Adsorptionsmittel wird meist um bis zu 40% erhöht, um der Alterung des Adsorptionsmittels durch nicht vollständig desorbierbare Rückstände Rechnung zu tragen.

Die Desorption eines beladenen Adsorbens kann auf verschiedene Weise erfolgen. Am einfachsten ist und am häufigsten angewendet wird das Temperaturwechselverfahren. Man desorbiert die adsorbierten Substanzen durch Überleiten von Heißgas oder Dampf. Ist die adsorbierte Substanz nur schwierig verdampfbar, kann man das Adsorbens mit einem Extraktionsmittel behandeln und die adsorbierten Substanzen desorbieren. Man muß dann meist aber das Extraktionsmittel im Temperaturwechselverfahren wieder desorbieren, um erneut einsatzfähig zu sein. Erwähnt werden muß dann noch das Druckwechselverfahren, bei dem man nach einer unter Druck erfolgten Beladephase durch Entspannen eine Desorption herbeiführen kann.

Adsorptionsapparate

Die einfachste Adsorptionsanlage besteht aus zwei mit Adsorptionsmasse gefüllten Behältern, die wechselseitig geschaltet beladen und desorbiert werden. Bild 3-8 zeigt schematisch eine solche Anlage. Wird mit Heißdampf desorbiert, können nur mit Wasser nicht mischbare Lösungsmittel mit dieser Anlage behandelt werden. Man muß dann ein Phasentrenngefäß nach dem Kondensator schalten und u.U. dafür Sorge tragen, daß die geringen in Wasser löslichen Anteile des Lösungsmittels abwassertechnisch behandelt werden. Bei derartigen Schüttungen muß man aber bedenken, daß die Kanalverteilung im Schüttgut praktisch nicht einheitlich ist, wodurch in bestimmten Bezirken der Strömungswiderstand geringer wird. Das macht sich dann darin bemerkbar, daß die Schüttung eine geringere Kapazität besitzt als angenommen, weil es schneller zu Durchbrüchen kommt. Man kann die Schüttung auch in dünner Schicht auftragen, als ebene Schicht oder als Ringschicht, um den Strömungswiderstand herabzusetzen, oder man verteilt die Schüttung in einem Rotor (Adsorptionsrad), der sich dann langsam um seine Achse dreht. Bild 3-10 und 3-11 zeigen die Dimensionen, die eine technische Ausführung eines Adsorptionsrades bekommen kann. Durch Einsatz mehrerer Adsorptionsräder gelingt es, die Lösemittel aus sehr verdünnter Abluft zweier Lackierkabinen wieder zurückzugewinnen (Bild 3-12).

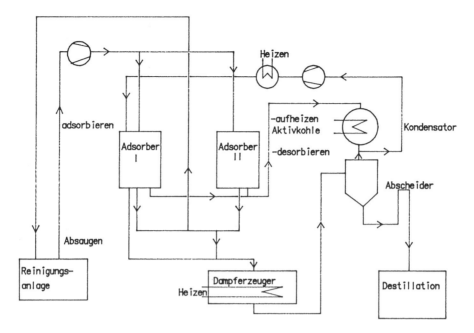

Bild 3-8: Fließschema einer Adsorptionsanlage mit Desorption durch Wasserdampf

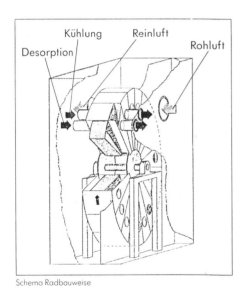

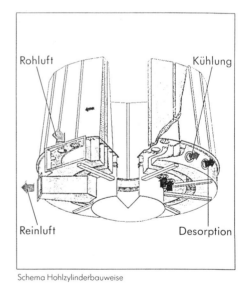

Bild 3-9: Adsorptionsrad (a) und Hohlzylinderadsorber (b) nach [28]

Bild 3-10: Adsorptionsrad zum Versand [27]

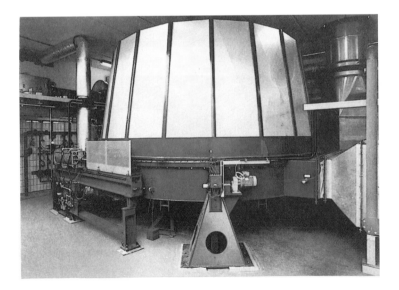

Bild 3-11: Rotierender Adsorber in Hohlzylinderbauweise [29]

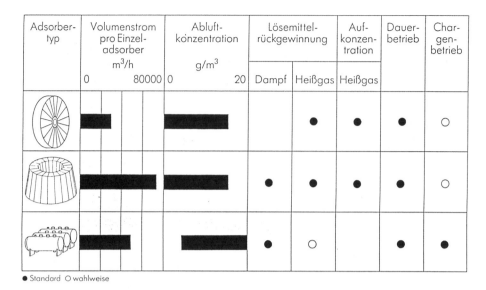

Adsorbertyp	Volumenstrom pro Einzeladsorber m³/h		Abluftkonzentration g/m³		Lösemittelrückgewinnung		Aufkonzentration	Dauerbetrieb	Chargenbetrieb
	0	80000	0	20	Dampf	Heißgas	Heißgas		
	▬		▬▬			●	●	●	O
	▬▬▬		▬▬▬		●	●	●	●	O
	▬		▬▬		●	O		●	●

● Standard O wahlweise

Bild 3-12: Einsatzgebiete des Adsorptionsrades, des Hohlzylinders gegenüber einer konventionellen Schüttung nach [28]

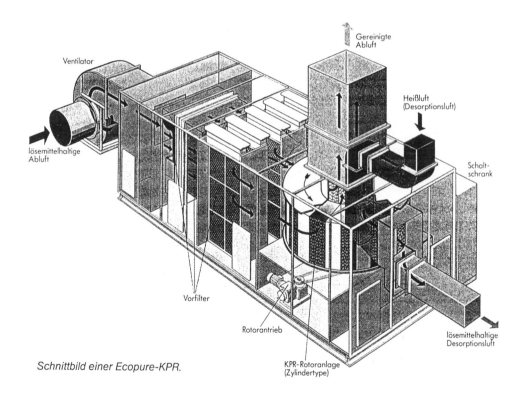

Schnittbild einer Ecopure-KPR.

Bild 3-13: Abluftrenigung mit dem Adsorptionsrad [34]

Abriebfestes Adsorptionsmaterial kann auch in einer Wirbelschicht eingesetzt werden. Das sich in der Wirbelschicht wie eine Flüssigkeit bewegende Adsorptionsmittel wird pneumatisch in den Desorber gefördert, durch Erhitzen desorbiert und wieder in den Adsorber gefördert (Bild 3-13). Ein Wirbelbett besteht aus einer durch den Gasstrom aufgewirbelten Feststoff-schüttung, die von so viel Gas durchströmt wird, daß die Schüttung fluidisiert (d.i. verflüssigt) wird. Bild 3-14 zeigt dies schematisch.

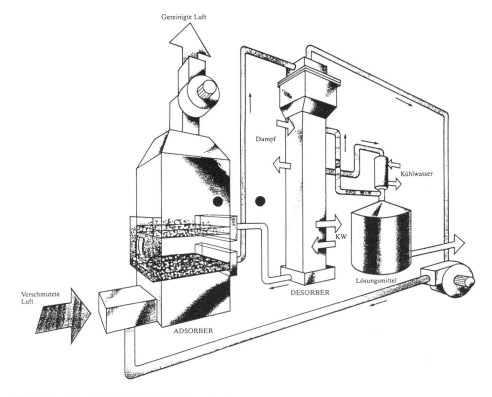

Bild 3-14: Kontinuierlicher Polyad-Prozeß mit makroporösen Polymerkugeln [31]

Bild 3-15:
Blick in eine Wirbelkammer
(Foto: OT-Labor der MFH)

Ein mehrstufiger technischer Wirbelbettapparat wird im Lurgi-Kontisorbon-Verfahren [32] Bild 3-16 verwendet. Bei diesem Verfahren erfolgt die Adsorption mehrstufig in Wirbelschichten im oberen Teil des Reaktors. Die fließende Wirbelschicht gelangt dann über ein durch die Schüttung verschlossenes Schleusenrohr in den Desorber, wo sie durch ein Heizsystem erwärmt wird. Der Desorber wird zum Explosionsschutz mit Stickstoff inertisiert. Das desorbierte Lösemittel wird mit dem Stickstoffstrom in den Kondensator geführt und abgeschieden. Der Stickstoff gelangt in den Kreislauf zurück. Das regenerierte Adsorptionsmittel (Aktivkohle) wird anschließend mit Luft pneumatisch in den Adsorptionsraum zurückgeführt.

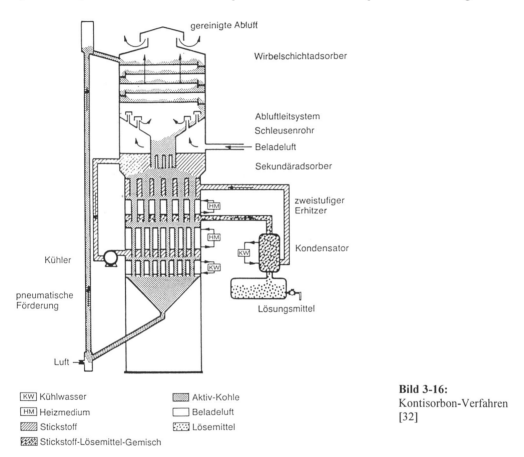

Bild 3-16:
Kontisorbon-Verfahren
[32]

Adsorptionsräder haben heute weite Verbreitung gefunden und werden insbesondere als Konzentrator eingesetzt, um die brennbaren Schadstoffe, die im Betrieb als nicht zündfähige Gemische mit Luft anfallen, aufzukonzentrieren.

3.3 Katalytische Verfahren

Kommen zwei verschiedene Moleküle, die chemisch miteinander reagieren können, zusammen, so erfolgt durchaus noch keine Reaktion. So kann z.B. Wasserstoff und Sauerstoff als sogenanntes Knallgas durchaus nebeneinander im gleichen Raum vorhanden sein, ohne daß es zur Explosion kommt. Erst wenn von außen ein bestimmter Energiebetrag aufgewendet wird, wenn z.B. die Zündtemperatur erreicht wird, erfolgt die Reaktion. Der aufzuwendende Energiebetrag wird als Aktivierungsenergie bezeichnet. Katalysatoren sind nun Stoffe, die eine besonders aktive Rolle bei einer Reaktion spielen, und die die aufzubringende Aktivierungsenergie vermindern. Katalysatoren erlauben es daher, chemische Reaktionen schon bei milderen Bedingungen ablaufen zu lassen. Katalysatoren verändern sich dabei nicht, sondern liegen nach Ablauf der Reaktion wieder im gleichen Grundzustand vor.

In der Katalyseforschung unterscheidet man homogene von heterogenen Katalysatoren. Als homogen katalytisches Verfahren könnte man z.B. das Saarberg-Hölter-Lurgi-Verfahren zur simultanen Entstickung und Entschwefelung von Rauchgasen bezeichnen, dessen Mechanismus in wässriger, flüssiger Phase nach der Gleichung

$$Fe^{2+} + EDTA + NO = Fe-EDTA-NO$$
$$2\,Fe-EDTA-NO + SO_3^{2-} = 2\,Fe-EDTA + N_2 + SO_4^{2-}$$

(3.7)

In Gleichung (3.7) bedeutet EDTA die Abkürzung für Ethylendiamin-tetra-acetat, einen bekannten, harten Komplexbildner.

Homogen katalytische Gasreaktionen sind in der Gasreinigung jedoch eher die Ausnahme als die Regel. In den meisten Fällen spielen sich katalytische Reaktionen von Gasen in der Reinigungstechnik an festen Oberflächen ab, also als heterogene Katalyse.

Die Einzelvorgänge, die sich bei einer heterogenen Katalyse abspielen, sind

- Adsorption der Reaktanten
- Oberflächendiffusion zum aktiven Zentrum
- Reaktion der Reaktanten miteinander
- Desorption der Reaktionsprodukte

An der Lage des chemischen Gleichgewichts ändern Katalysatoren nichts. Die Reaktionsgeschwindigkeit der katalytischen Reaktion wird vom langsamsten Schritt bestimmt. Ebenso wichtig wie die Wirksamkeit des aktiven Zentrums ist die Desorptionsgeschwindigkeit der Reaktionsprodukte, weil es sonst leicht zur Blockade der aktiven Zentren durch die Reaktionsprodukte kommen kann.

Im Gegensatz zur chemischen Industrie, in der man oft selektiv wirkende Katalysatoren mit vermindertem Umsatz zum Einsatz bringt, verwendet man in der Abgastechnologie Katalysatoren, die einen hohen Umsatz garantieren. Zur Auslegung der Reaktoren benötigt man dann nur noch die Angabe, mit wieviel Rohgas man ein bestimmtes Katalysatorvolumen beschicken darf, um die Umsetzung in gewünschtem Maß durchzuführen. Als Maß verwendet man also das Verhältnis Rohgasmengenstrom in Nm^3 /m^3 Katalysatorvolumen, die sogenannte Raumgeschwindigkeit.

In der Abgastechnologie, die für die metallverarbeitende Industrie interessant ist, spielen zwei Vorgänge eine wichtige Rolle, die Entfernung von Stickoxiden und die katalytische Abgasverbrennung.

Die Entstickung von Rauchgasen erfolgt nach der Reaktionsgleichung (3.8) mit Ammoniak oder mit Ammoniaklieferanten wie Harnstoff. Interessant sind folgende Verfahren:

Exxon-Verfahren:

$$4\,NO + 4\,NH_3 + O_2 = 4\,N_2 + 6\,H_2O$$

(3.8)

$$6\,NO_2 + 8\,NH_3 = 7\,N_2 + 12\,H_2O$$

(3.9)

Nebenreaktion:

$$4\,NH_3 + 3\,O_2 = 2\,N_2 + 6\,H_2O \tag{3.10}$$

Fuel-Tech-Verfahren:

$$4\,NO + 2\,CO(NH_2)_2 + O_2 = 4\,N_2 + 4\,H_2O + 2\,CO_2 \tag{3.11}$$

Das Exxon-Verfahren wird an mit Eisen, Molybdän und Vanadium dotiertem Titandioxid-Katalysatoren bei 350 bis 450°C und relativ großen Raumgeschwindigkeiten von etwa 5 000 Nm^3 Rohgas/m^3 Katalysator und mit etwa 80% Umsatz durchgeführt. Andere Katalysatoren enthalten etwas Wolframtrioxid. Das molare Verhältnis von Ammoniak zu Stickoxid beträgt 0,8 bis 1.

Zur katalytischen Verbrennung gelangen organische Produkte, die allgemein die Bestandteile C, H, O und N enthalten können. Weitere Elemente sind kaum zu erwarten. Die allgemeine Verbrennungsgleichung lautet dann

$$C_\alpha H_\beta O_\gamma N_\delta + (\alpha + \frac{\beta}{4} - \frac{\gamma}{2})O_2 = \alpha\,CO_2 + \frac{\beta}{2}H_2O + \frac{\delta}{2}N_2 \tag{3.12}$$

Der notwendige Mindestsauerstoffbedarf ergibt sich aus dieser Gleichung. Die theoretisch daraus resultierende Verbrennungsluftmenge ergibt sich dadurch, daß die Luft nur 21 Vol% Sauerstoff enthält. Praktisch verwendet man aber einen Luftüberschuß, um die Verbrennung vollständig ablaufen zu lassen. Man bezeichnet das Verhältnis aus praktisch eingesetzter Luftmenge zur theoretisch notwendigen als Lambda-Verhältnis

$$\Lambda = \frac{0,21\,V_{Luft,\,real}}{\left(\alpha + \dfrac{\beta}{4} - \dfrac{\gamma}{2}\right) \cdot \dfrac{(Vol\%\ Brennstoff)}{100} V_{Rohgas}} \tag{3.13}$$

Als Brennstoff wird hierin alles brennbare Material gleicher Zusammensetzung bezeichnet. Liegen Gemische chemischer Substanzen vor, muß man den theoretischen Luftbedarf im Nenner von Gleichung (3.13) für jede Substanz einzeln berechnen, aufsummieren und daraus das Λ-Verhältnis ermitteln.

Aufbau und Form der Katalysatoren

Katalytisch wirkende Substanzen werden ihres Preises wegen häufig auf Trägermaterial aufgetragen. So enthält der Auto-Abgas-Nachverbrennungskatalysator nur wenige Gramm Platinmetall/l Katalysator auf einem keramischen Trägermaterial. Andere Katalysatoren, wie der auf TiO_2-Basis hergestellte Entstickungskatalysator, werden voll aus aktiver Masse hergestellt. Katalysatoren können in Form von Preßlingen (Pellets) als Schüttung eingesetzt werden. Andere Katalysatoren werden auf wabenförmigem Träger mit sechseckigem oder quadratischem Querschnitt oder auf der Oberfläche speziell geformter Bleche wie beim KATAPAK™-MK (Fa. Sulzer), die für maximale Verwirbelung des Gases im Katalysator bei minimalem Strömungswiderstand sorgen, aufgetragen.

Grundsätzlich können alle Apparate, die auch zur Adsorption eingesetzt werden können, auch für katalytische Zwecke verwendet werden. Allerdings benötigen katalytische Reaktionen eine bestimmte Anspringtemperatur, um zu zünden, und haben eine bestimmte optimale Arbeitstemperatur. Die katalytische Abluftreinigung erfordert also Apparate, in denen zunächst die zu reinigende Abluft durch eine Brennerflamme angewärmt und dann über ein Katalysatorbett abgereinigt wird. Dabei können z.B. schon Lösemittelgehalte von 2-3 g/m^3 ausreichen, um die Reaktion ohne Zusatzflamme in Gang zu halten. Vorteil des katalytischen Verfahrens ist es, daß die Reaktionstemperatur niedrig und damit die sekundäre, rein thermische Stickoxidbildung vernachlässigbar klein ist. Die Bilder 3-17 bis 3-19 zeigen Ausführungsformen der katalytischen Abgasreinigung.

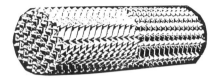

Bild 3-17:
KATAPAK^{TM}-MK als DeNO$_x$-Katalysator [19]

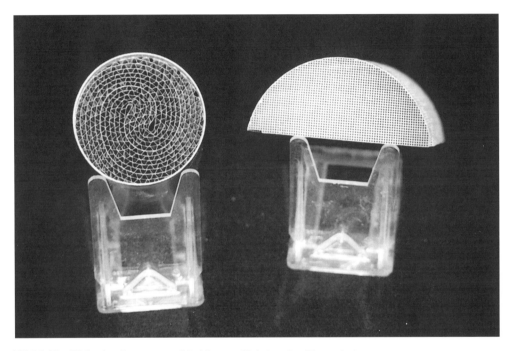

Bild 3-18: Wabenkatalysatoren auf Stahlträger (links) und auf keramischem Träger (rechts).
Foto: OT-Labor der Märkischen FH

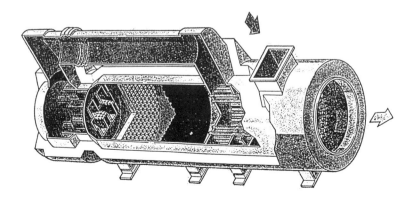

Bild 3-19: Katalytische Nachverbrennung in Rohrform [33]

3.4 Thermische Nachverbrennung

Der katalytischen Nachverbrennung steht die thermische Nachverbrennung gegenüber. Während Katalysatoren teuer sind, erhebliche Investitionsmittel erfordern und gelegentlich ausgetauscht werden müssen, weil ihre Wirksamkeit nachläßt, funktioniert die thermische Nachverbrennung dadurch, daß man die Abluft als Brennerluft einem Brenner zuführt, der mit Gas oder Öl betrieben wird. Dieser einfache Vorgang erfordert allerdings einen Zusatzbrennstoff, weil der Schadstoffgehalt in der zu behandelnden Abluft zu gering ist. Umgekehrt kann der Schadstoffgehalt z.B. bei einem Lacktrockner nur gering sein, weil der Trockner stets deutlich unterhalb der unteren Zündgrenze betrieben werden muß. Man vermindert daher zunächst die Kosten dadurch, daß man die Brennerabluft z.B. zur Erzeugung von Dampf einsetzt und so die Energie betrieblich nutzbar macht. Um die Menge an Zusatzbrennstoff weiter zu vermindern, konzentriert man die Schadstoffe in einem Adsorptionsrad auf und bringt den Lösemittelgehalt in der Brennerzuluft auf Werte, die innerhalb der brennbaren Gemische Luft/Lösemittel liegen. Man verwendet also die Desorberluft des Adsorptionsrades als Brennerluft. Da die dem Brenner zugeführte Desorberluft eine explosionsfähige Abluft ist, sind erhebliche sicherheitstechnische Aufwendungen notwendig (Bild 3-20).

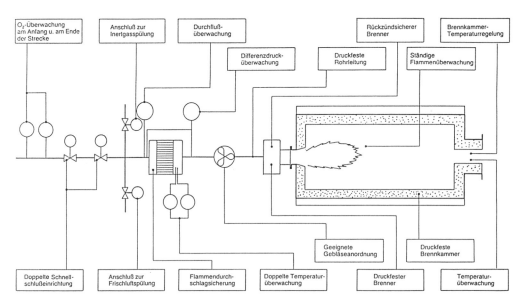

Bild 3-20: Sicherheitstechnischer Aufwand bei Verwendung von Desorberluft eines Adsorptionsrades als Brennerluft [34]

Bild 3-21 zeigt eine mögliche Form der Brennkammer mit Wärmerückgewinnung. Die direkte Verbrennung hat zur Folge, daß zwar die organischen Schadstoffe vollkommen vernichtet werden. Dabei entstehen jedoch hohe Flammentemperaturen, so daß durch Reaktion der Bestandteile der Luft, Stickstoff und Sauerstoff thermische Stickoxide gebildet werden. Bild 3-22 zeigt den Abbauverlauf für organische Schadstoffe und die Stickoxidbildung. Um zur Senkung der Stickoxidbildung zu kommen, muß also die Flammentemperatur abgesenkt werden. Dies kann man durch Regelung oder z.B. durch Eindüsen von Wasserdampf mit einer sogenannten „Low NO$_x$-Düse" erreichen (Bild 3-23).

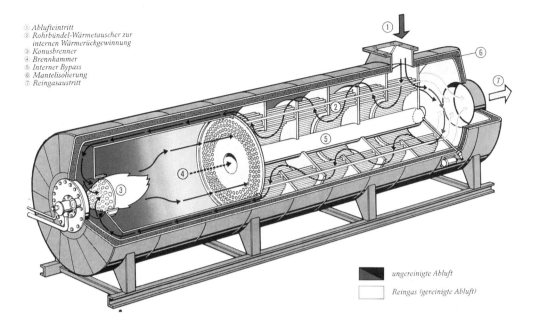

① *Ablufteintritt*
② *Rohrbündel-Wärmetauscher zur internen Wärmerückgewinnung*
③ *Konusbrenner*
④ *Brennkammer*
⑤ *Interner Bypass*
⑥ *Mantelisolierung*
⑦ *Reingasaustritt*

■ *ungereinigte Abluft*
□ *Reingas (gereinigte Abluft)*

Bild 3-21: Aufbau einer Brennkammer. Es bedeuten: 1 Ablufteintritt, 2 Rohrbündelwärmetauscher zur internen Wärmerückgewinnung, 3 Konusbrenner, 4 Brennkammer, 5 Interner Bypass, 6 Mantelisolierung, 7 Reingasaustritt.

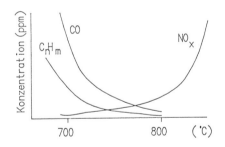

Bild 3-22:
Abbau organischer Verbindungen und Stickoxidbildung.

Anstelle einer Wärmenutzung über Wärmetauscher kann die Abwärme bei der Verbrennung sehr verdünnter lösemittel- oder schadstoffhaltiger Luft auch in regenerativen Verbrennungsanlagen erfolgen. Dabei werden die heißen Abgase zum Aufheizen keramischen Materials verwendet, das nach Umschalten seine Wärme wieder zum Vorwärmen der Abluft abgibt. Die Bilder 3-24 und 3-25 zeigen zwei verschiedene technische Ausführungen unterschiedlicher Bauweise.

Die bei der Verbrennung maximal auftretende Verbrennungstemperatur läßt sich theoretisch aus der Wärmebilanz berechnen. Die Wärmebilanz lautet

$$M_L \cdot c_{p,L} \cdot t_L + M_S \left(h_{u,S} + c_{p,S} \cdot t_S \right) + M_T \cdot c_{p,T} \cdot t_T +$$
$$+ M_Z \left(h_{u,Z} + c_{p,Z} \cdot t_Z \right) = M_R c_{p,R} \cdot t_R \tag{3.14}$$

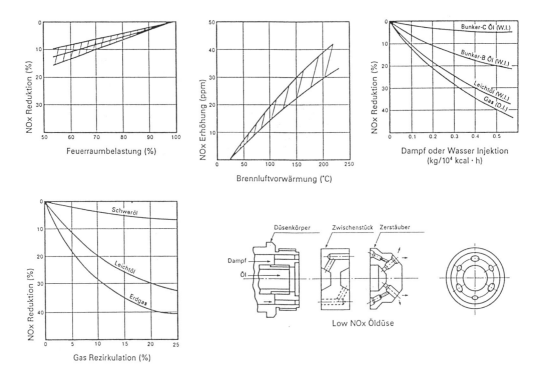

Bild 3-23: Wirkung einer Wasserdampfinjektion auf die Stickoxidbildung einer Flamme [35]

M bedeutet den Mengenstrom in kMol/h, h_u den unteren Brennwert, c_p die mittlere spezifische Wärme und t die jeweilige Eintrittstemperatur in °C. Die Indizes bedeuten L Luft, S Schadstoff (Lösemittel), Z Zusatzbrennstoff, T Trägergas für den Schadstoff und R Rauchgas. Die gesuchte Temperatur ist t_R, die sich aus Gleichung (3.14) leicht errechnen läßt.

Die Größe der Brennkammer kann aus den Mengenströmen der in die Brennkammer eintretenden Gase berechnet werden. Die notwendigen Mengen an Verbrennungsluft ergeben sich aus dem Lambda-Verhältnis und der Stöchiometrie der Oxidationsreaktion (vgl. Gleichung 3.12 und 3.13), wobei stets M=V/22,4 mit dem Molvolumen von 22,4 Nm³/kMol gilt. Das gesamte eintretende Gasvolumen ergibt sich dann zu

$$V_{ges.,Eintritt} = \sum M_i \cdot 22,4 \cdot \frac{273 + t_R}{273 \cdot 3600} \text{ in } (m^3/s) \tag{3.15}$$

Der Brennraum der Brennkammer muß dann so groß sein, daß die notwendige Verweilzeit t_{VZ} (0,3 bis 1 s bei 700 - 900 °C) zur Verbrennung erreicht wird:

$$V_{Brennkammer} = V_{ges.Eintritt} \cdot t_{VZ} \tag{3.16}$$

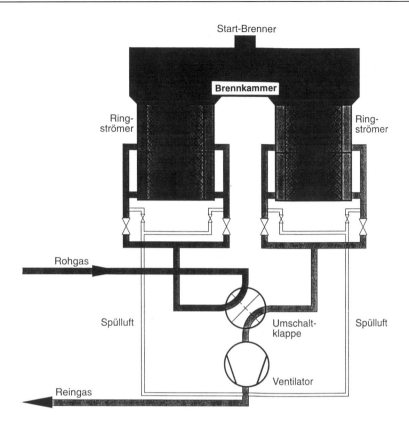

Start-Brenner

Brennkammer

Ring-
strömer

Ring-
strömer

Rohgas

Spülluft

Umschalt-
klappe

Spülluft

Ventilator

Reingas

Bild 3-24: Regenerative Nachverbrennung mit zwei regenerativ betriebenen Wärmetauscherkammern [33]

In der Praxis wird heute die thermische Nachverbrennung vielfach mit einer katalytischen Nachverbrennung kombiniert. Zunächst verbrennt man die organischen Bestandteile nur unvollständig, um die Verbrennungstemperatur unterhalb 800 °C zu halten und damit die thermische Stickoxidbildung praktisch zu verhindern. Danach führt man das teilverbrannte Gas über Katalysatoren (hier reichen schon NiO-Katalysatoren) und verbrennt es vollständig (Bild 3-26).

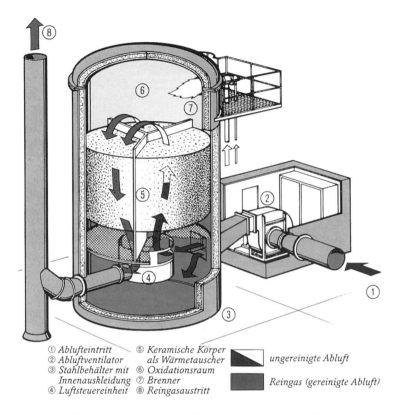

①Ablufteintritt   ⑤ Keramische Körper
② Abluftventilator   als Wärmetauscher
③ Stahlbehälter mit   ⑥ Oxidationsraum
   Innenauskleidung   ⑦ Brenner
④ Luftsteuereinheit   ⑧ Reingasaustritt

ungereinigte Abluft

Reingas (gereinigte Abluft)

Bild 3-25: Regenerative Nachverbrennung mit geteilter Regenerativkammer [33]

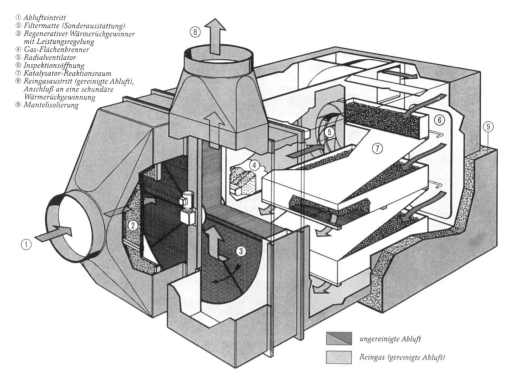

① *Ablufteintritt*
② *Filtermatte (Sonderausstattung)*
③ *Regenerativer Wärmerückgewinner*
   mit Leistungsregelung
④ *Gas-Flächenbrenner*
⑤ *Radialventilator*
⑥ *Inspektionsöffnung*
⑦ *Katalysator-Reaktionsraum*
⑧ *Reingasaustritt (gereinigte Abluft),*
   Anschluß an eine sekundäre
   Wärmerückgewinnung
⑨ *Mantelisolierung*

ungereinigte Abluft

Reingas (gereinigte Abluft)

Bild 3-26: Kombination zwischen thermischer und katalytischer Nachverbrennung mit regenerativer Wärmerückgewinnung (33). Es bedeuten

1	Ablufteintritt	6	Inspektionsöffnung
2	Filtermatte	7	Katalysator-Reaktionsraum
3	regenerative Wärmerückgewinnung	8	Reingasaustritt
4	Gas-Flächenbrenner	9	Mantelisolierung
5	Radialventilator		

3.5 Biologische Abgasreinigung

Chemische Reaktionen können vielfach auch biochemisch durchgeführt werden. Dazu muß man nur geeignete Mikroorganismen finden und an die umzusetzenden Verbindungen gewöhnen. Mikrobiologische Prozesse funktionieren also nicht auf Knopfdruck, sondern benötigen eine bestimmte Anlaufzeit. Zur biologischen Abluftreinigung benötigt man daher eine Schüttung, besetzt mit biologisch aktivem Material, eine Befeuchtungseinrichtung, mit der man die Mikroorganismen vor dem Austrocknen schützt und Nährsalze zur Aufrechterhaltung der biologischen Masse. Die umzusetzenden Organika müssen sich geringfügig in Wasser lösen. Die notwendige Biomasse kann aus der Umsetzungskinetik und der Abluftmenge ermittelt werden. Nach [36] ist das notwendige Biomassevolumen V bestimmt durch

$$V = \frac{k_2\left(C_E - C_A\right) + \ln \dfrac{C_E}{C_A}}{k_1} \cdot W \tag{3.17}$$

Darin ist W der Volumenstrom der Abluft, C_E die Eingangskonzentration des Schadstoffs, C_A die Endkonzentration des Schadstoffs nach Durchlaufen des Biofilters. K sind die Reaktionskonstanten.

Als Trägermaterial verwendet man dabei Billigmaterial wie Holzspäne oder Schaumglaskugeln (aus Abfallglas hergestellt) oder andere anorganische Tropfkörper, die in Schütthöhen von etwa 1 m auf ein perforiertes Blech aufgegeben werden. Das Rohgas durchläuft dann zunächst eine Konditionierungszone, in der die Beladung mit Wasser auf etwa 95% rel. Luftfeuchte erfolgt, und tritt dann von unten in die Schüttung ein. Die Schüttung selbst muß zusätzlich mit Wasser oder Nährsalzlösungen berieselt werden. Das Rohgas durchdringt die Schüttung und wird dabei abgereinigt. Bild 3-27 zeigt die Skizze eines Biowäschers mit integrierter Konditionierung.

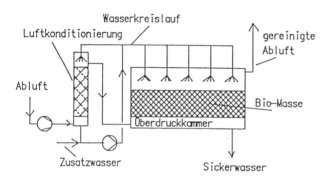

Bild 3-27:
Biowäscher mit integrierter
Konditionierung

Der Druckverlust in solchen Wäschern beträgt bei etwa 1 m Schütthöhe wenige mbar. Typische Betriebsdaten sind bei Verweilzeiten von 3 - 4 s bis 600 m³ Rohgas/m² · h bei bis zu 1 g Kohlenwasserstoffe/m³ bei Wirkungsgraden > 95%. Der Chemikalienverbrauch (vorwiegend Nährsalz) ist vernachlässigbar klein. Die Schüttung kann z.B. auch in Containern eingelagert werden. Umgesetzt werden praktisch alle in der metallverarbeitenden Industrie vorkommenden organischen Substanzen. Biologische Abluftbehandlung ist aber wegen der Gewöhnungsphase invariant gegenüber Wechsel der Schadstoffe. Obgleich es sich insbesondere für kleinere Abgasströme und für gering belastete Abluftströme als sehr vorteilhaftes Verfahren gezeigt hat, muß dies bei allen Rohstoff- oder Lackeinkäufen des Anwenders berücksichtigt werden. Tabelle 3-8 gibt Wirtschaftlichkeits- und Auslegungsdaten eines praktischen Anwendungsfalls der Fa. SEUS Systemtechnik, Bremen wieder. Bild 3-28 zeigt eine Zeichnung möglicher technischer Anlagenausführungen. Eine moderne, platzsparende, technische Lösung für einen biologischen Abluftreinigungsreaktor ist der Radialstromreaktor [37]. Bei diesem Reaktor werden die Träger mit ihrer Biomasse in dünner Schicht in rohrförmigen Körben gehalten, durch die der Abluftstrom mit Hilfe von Umlenkblechen mehrfach geführt wird. Die Biomasse wird über Kopf ständig befeuchtet (Bild 3-29). Vorteilhaft ist vor allem die platzsparende Aufstellung der Anlage und der Intensivkontakt zwischen Gasstrom und Biomasse.

Tabelle 3-2: Bau-, Betriebs- und Kostendaten für eine Heizkörperlackieranlage nach Angaben der Fa. SEUS Systemtechnik [164]

Auslegungsdaten:	
Abluftvolumenstrom	ca. 12 000 m³/h bei 30 °C gemessen
Ablufttemperatur	ca. 70 °C
rel. Feuchte d. Abluft b. 70 °C	ca. 10%
Geruchsbelastung der Abluft	im Mittel ca. 680 GE/m³
Gesamtkohlenstoffbelastung der Abluft	im Mittel ca. 270 mg/m³
Zusammensetzung des Schadstoffs	2-Buthoxyethanol und Methanol
Technische Daten des eingesetzten Biofilters (kastenförmig)	
Anzahl der Filtermodule	1 Stück mit 45 m³ Festbettmaterial (Schaumglaskugeln)
Baugröße der Anlage	20 m x 3,5 m x 5 m
Gewicht der Anlage	ca. 25 t
Stoff- und Energieverbräuche:	
Elektroenergie einschließlich Ventilator	ca. 21,5 kW
Frischwasserverbrauch (Trinkwasser)	ca. 220 l/h
ölfreie Druckluft	ca. 120 l/h bei 8 bar
Nährsalzkonzentrat	ca. 40 l/3 Monaten
Lauge (10 %-ige NaOH)	ca. 5 l/3 Monate
Säure (5 %-ige Essigsäure)	ca. 15 l/3 Monate
Kostenrechnung:	
Kapitaldienst bei 5 Jahren Amortisationsdauer und 10% Zinsen	12,54 DM/h
Elektroenergie bei 0,20 DM/KWh	4,30 DM/h
Frischwasser bei 2,49 DM/m³	0,53 DM/h
Nährsalzkonzentrat bei 150 DM/m³	0,004 DM/h
Laugenkosten bei 3,50 DM/l	0,012 DM/h
Säurekosten bei 3,50 DM/l	0,036 DM/h
Wartungskosten für 1 Wartung/Monat	2,52 DM/h
Gesamtkosten	**20,04 DM/h**

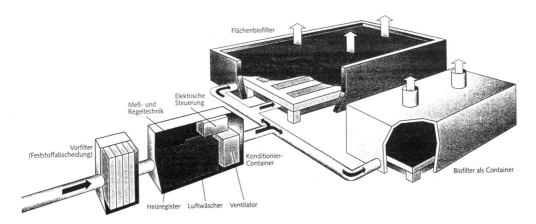

Bild 3-28: Biofilter als Container oder Flächenfilter [38]

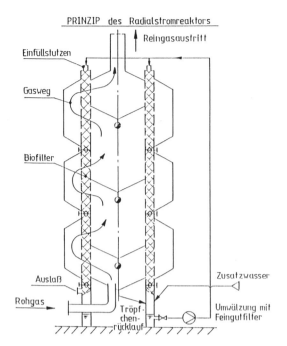

Bild 3-29:
Zeichnung eines Radialstromreaktors [37]

4 Abwasserbehandlung

Wasser ist die Lebensgrundlage auf dem Planeten Erde. Mit wachsender Bevölkerungszahl und steigender Industrialisierung kann Wasser nicht mehr als unbegrenzt vorhandener Rohstoff angesehen werden. Das Wasserhaushaltsgesetz regelt daher die Bewirtschaftung von „oberirdischen Gewässern", „Küstengewässern" und des Grundwassers. Im Gesetz ist in § 18 die Pflicht zur Abwasserbeseitigung festgeschrieben. Ergänzt wird das WHG durch Vollzugsgesetze, die die Länder erlassen haben und die in jedem Land der Bundesrepublik Deutschland getrennt erlassen wurden. Das Gesetz unterscheidet Direkteinleiter und Indirekteinleiter. Direkteinleiter sind solche Betriebe, die ihr Abwasser in einer betriebseigenen Anlage behandeln und danach in ein Gewässer oder in das Grundwasser abgeben. Indirekteinleiter sind solche Betriebe, die ihr Abwasser in ein öffentliches Kanalnetz ableiten und einer Behandlung in einer öffentlichen Anlage zuführen.

Wichtige aus den Landesgesetzen resultierende Verordnungen sind die Indirekteinleiterverordnung, die Eigenkontrollverordnung und die Lagerverordnung für Anlagen nach § 19g des WHG. Die Zusammenhänge zeigt Bild 4-1. Ergänzt wird die Gesetzgebung durch Verordnungen und Vorschriften wie die Abwasserverwaltungsvorschrift mit Anhängen, Verordnung über wassergefährdende Stoffe in Rohrleitungen, der Katalog wassergefährdender Stoffe und die Abwasserherkunftsverordnung. Zu beachten sind ferner das Abwasserabgabengesetz (AbWAG) in seiner Neufassung vom 3.1.1994, das ebenfalls durch Landesabfallgesetze ergänzt wird und in dem die auf den Betrieb zukommenden Kosten für die Abfallbeseitigung geregelt werden.

Tabelle 4-1: Bewertung der Schadstoffe gemäß Anlage A des Abwasserabgabengesetzes in der Neufassung vom 18.11.94.

Schadstoff-gruppen-Nr.	Bewertete Schadstoffe und Schadstoffgruppen	Einer Schadstoffeinheit entsprechen jeweils folgende volle Maßeinheiten	Schwellenwerte nach Konzentration als Metall berechnet und Jahresmenge
1	Oxidierbare Stoffe in chemischem Sauestoffbedarf (CSB)	50 kg Sauerstoff	20 mg/l, 250 kg/a
2	Phosphor	3 kg	0,1 mg/l, 15 kg/a
3	Stickstoff	25 kg	5 mg/l, 125 kg/a
4	Organische Halogverbindungen als adsorbierbare organisch gebundene Halogene (AOX)	2 kg Halogen, berechnet als organisch gebundenes Chlor	100 µg/l, 10 kg/a
5	Metalle und ihre Verbindungen:		
5.1	Quecksilber		
5.2	Cadmium	20 g	1 µg/l, 100 g/a
5.3	Chrom	100 g	5 µg/l, 500 g /a
5.4	Nickel	500 g	50 µg/l, 2,5 kg/a
5.5	Blei	500 g	50 µg/l, 2,5 kg/a
5.6	Kupfer	500 g	50 µg/l, 2,5kg/a
		1000 g	100 µg/l, 5 kg/a
6	Giftigkeit gegenüber Fischen	3 000 m^3 Abwasser geteilt durch G_F	$G_F = 2$

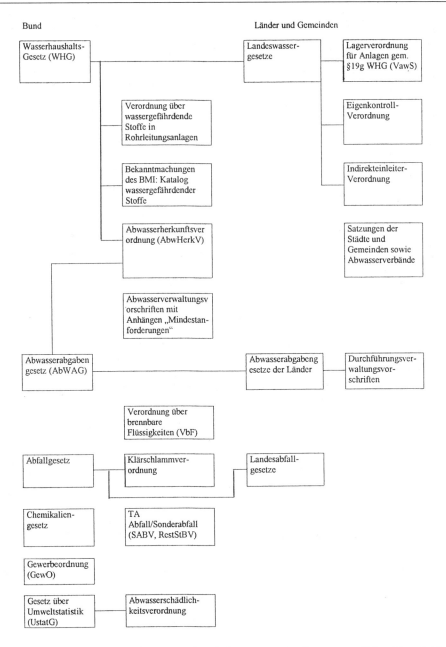

Bild 4-1: Zusammenhang zwischen Wasserhaushaltsgesetz und weiteren gesetzlichen Vorschriften.

Für das Einleiten von Abwasser in ein Gewässer ist eine Abgabe zu entrichten. Diese Abwasserabgabe richtet sich nach der Schädlichkeit des Abwassers und der Giftigkeit gegenüber Fischen. Den einzelnen Schadstoffen, die in Tabelle 4 - 1 zusammengestellt sind, sind Schadeinheiten in Gewichtsmengen/a zugeordnet. Außer den in der Tabelle aufgeführten Metallen gelten folgende Metalle und Metalloide und ihre Verbindungen als gefährlich eingestufte Stoffe:

Antimon, Arsen, Barium, Beryllum, Bor, Kobalt, Molybdän, Selen, Silber, Tellur, Thallium, Titan, Uran, Vanadium und Zink. Ferner werden dazu gerechnet: Biozide, giftige oder langlebige organische Siliziumverbindungen, Cyanide, Fluoride, nichtbeständige Mineralöle und aus Erdöl gewonnene nichtbeständige Kohlenwasserstoffe.

Die Abwassergebühren berechnen sich aus der Zahl der Schadeinheiten. Die Tabelle enthält ferner Schwellenwerte für die Jahresmenge und die Konzentration. Ergibt die Überwachung, daß ein der Abgabenrechnung zugrunde gelegter Überwachungswert im Veranlagungszeitraum nicht eingehalten wurde, wird die Zahl der Schadeinheiten erhöht. Die Abgaben steigen, wenn die einzuhaltenden Schwellenwerte für einen längeren Zeitraum überschritten werden. Sie können vermindert werden, wenn Maßnahmen zur Verminderung der Abwassermenge um mindestens 20% führen. Alle Kosten, die bei Errichtung von Abwasserbehandlungsanlagen entstehen, durch die eine Verminderung der Schadstoffe im Abwasser erreicht wird, können nach festgelegtem Verfahren mit den Abwasserabgaben verrechnet werden. Der Abgabesatz wurde im Gesetz für 1997 mit jährlich 70 DM je Schadeinheit festgelegt. Nach dem Abwasserabgabengesetz gilt folgende Berechnungsformel:

$$SE_\Sigma = SE_{AS} + SE_{CSB} + SE_{Gf} + ... + SE_X \tag{4.1}$$

Darin bedeuten SE_X die Schadeinheit des Parameters X. Die Schadeinheiten berechnen sich dann aus der Jahresschmutzwassermenge Q, multipliziert mit der Schadstoffkonzentration und einem Bewertungsfaktor f

$$SE_{AS} = Q \cdot \frac{f \cdot [AS] - 0{,}1}{1000} \tag{4.2}$$

$$SE_{CSB} = Q \cdot \frac{2{,}2 \cdot ([CSB] - 15)}{100 \cdot 1000} \tag{4.3}$$

$$SE_{GF} = Q \cdot \frac{0{,}3 \cdot G_F}{1000} \tag{4.4}$$

$$SE_{SM} = Q \cdot \frac{f \cdot [SM]}{100} \tag{4.5}$$

Tabelle 4-2: Grenz- und Richtwerte für die Einleitung in öffentliche Abwasseranlagen [39]

	ATV-A 115	Ortssatzungen					Einleite-Richtlinien Baden-Württemberg
		Mainz	Mühltal	Neuss	Frankfurt	Gemeinden in Schleswig-Holstein	
	1982	1982	1983	1983	1982	1982	1978
Temperatur in °C	35	35	35	35	35	30	35
pH-Wert	6,5–10	6,0–9,0	6,5–9,0	6,5–9,5	6,0–9,5	6,5–8,5	6,0–9,5
absetzbare Stoffe in ml/l	10	1	1	1	1	1	1
verseifbare Öle u. Fette in mg/l	250	250	50	100	50	100	
mineralische Öle u. Fette, unverseifbar, in mg/l			20	20	20	20	100
Kohlenwasserstoffe, gesamt, in mg/l	20			20		20	20
halogenierte Kohlenwasserstoffe in mg/l	5	10	5	2			5
Phenole, wasserdampfflüchtig (als C_6H_5OH) in mg/l	100	20,0	20	100	20	20	100
anorganische Stoffe (gelöst und ungelöst) in mg/l							
Arsen	1	2	0,1	1	0,1	0,5	
Blei	2	2	2,0	1,5	2	1	2
Cadmium	0,5	0,5	0,5	0,1	0,5	0,1	1
Chrom, 6-wertig	0,5	0,5	0,2	0,5	Spur	0,5	0,5
Chrom	3	3	2,0	2,0	2	1	2
Kupfer	2	2	2,0	2,0	2	1	2
Nickel	3	4	3,0	3,0	5	1	3
Quecksilber	0,05	0,05	0,05	0,02	0,05	0,015	0,05
Selen	1	2		1,0	1		
Zink	5	5	5,0	3,0	5	2	5
Zinn	5	5	3,0		3	2	5
Aluminium				20,0		10	10
Eisen			20,0	20,0	20	10	10
Cobalt	5						
Silber	2	3	0,5		2	1	1
anorganische Stoffe (gelöst) in mg/l							
Ammonium	200	200				30	30
Ammoniak	200	200				30	30
Cyanid, leicht freisetzbar	1	0,5	0,2	1	0,2	0,2	0,2
Cyanid, gesamt	20	20	1	20	5	1	
Fluorid	60	60		60		10	50
Nitrit	20					10	10
Sulfat	600	600	400	600	400	300	400
Sulfid	2					10	10

Für Betriebe, die ihr Abwasser in öffentliche Behandlungsanlagen abgeben, werden Bedingungen und Einleitungsgrenzwerte in den kommunalen Ortssatzungen oder den Abwasserzweckverbänden festgelegt. Einzelne Bundesländer haben teilweise örtliches Satzungsrecht durch staatliches Wasserrecht ergänzt.

- Indirekteinleiterrichtlinien Baden-Württemberg 1978
- Artikel 41 C Bayerisches Wassergesetz
- § 59 Landeswassergesetz Nordrhein-Westfalen
- § 126 Hessisches Wassergesetz
- § 36A Schleswig-Holsteinisches Wassergesetz

Ein Großteil der Ortssatzungen orientiert sich nach den Richtwerten des Arbeitsblattes A 115 der Abwassertechnischen Vereinigung ATV vom Januar 1983. Tabelle 4-2 enthält einige Grenz- und Richtwerte für die Einleitung von Abwasser in öffentliche Kläranlagen.

Tabelle 4-3: Anforderungen an das Abwasser nach den allgemein anerkannten Regeln der Technik für verschiedene Herkunftsbereiche. Angaben in (mg/l).

Herkunftsbereich	1	2	3	4	5	6	7	8	9	10	11	12
Aluminium	3	3	3-	-	-	-	-	-	2	3	3	3
Stickstoff aus Ammoniumverbindungen	100	30	-	30	30	50	50	50	20	30	-	-
Chemischer Sauerstoffbedarf (CSB)	400	100	100	200	200	400	600	200	100	400	400	300
Eisen	3	3	-	3	3	-	3	3	3	3	3	3
Fluorid	50	20	50	-	50	-	50	-	50	50	-	-
Stickstoff aus Nitrit		5	5	5	-	5	-	-	5	5	-	-
Kohlenwasserstoffe	10	10	10	10	10	10	10	10	10	10	10	10
Phosphor	2	2	2	2	2	2	2	2	2	2	2	2

AS bedeutet absetzbare Stoffe, SM steht für Schwermetall, CSB für chemischen Sauerstoffbedarf und G_F für Fischgiftigkeit. In die Berechnung gehen also nicht nur die Konzentrationen und Mengen der Schadstoffe ein, auch die Menge der festen Schwebstoffe wird bemessen [39].

In der Tabelle bedeuten die Herkunftsangaben: 1 Galvanik, 2 Beizerei, 3 Anodisierbetrieb, 4 Brüniererei, 5 Feuerverzinkerei und Feuerverzinnerei, 6 Härterei, 7 Leiterplattenherstellung, 8 Batterieherstellung, 9 Emaillierbetrieb, 10 Mechanische Werkstätten, 11 Gleitschleifereien, 12 Lackierbetrieb.

Tabelle 4-4: Anforderungen an Direkteinleiter nach dem Stand der Technik gemäß GMBI 1989 für eine 2-Stunden-Mischprobe oder qualifizierte Stichprobe in (mg/l)

Herkunftsbereich	1	2	3	4	5	6	7	8	9	10	11	12
AOX	1	1	1	1	1	1	1	1	1	1	1	1
As	0,1	-	-	-	-	-	0,1	0,1	-	-	-	-
Ba	-	-	-	-	-	-	-	-	-	-	-	-
Blei	0,5	-	-	-	0,5	-	0,5	0,5	0,5	0,5	-	0,5
Cd	0,2	-	-	-	0,1	-	-	0,2	0,2	0,1	-	0,2
Freies Cl	0,5	0,5	-	0,5	-	0,5	-	-	-	0,5	-	-
Cr	0,5	0,5	0,5	0,5	-	-	0,5	-	0,5	0,5	0,5	0,5
Cr-VI	0,1	0,1	0,1	0,1	-	-	0,1	-	0,1	0,1	-	0,1
LHKW	0,1	0,1	0,1	0,1	0,1	0,1	0,1	0,1	0,1	0,1	0,1	0,1
Co	-	-	1	-	-	-	-	-	1	-	-	-
Leicht freisetzbares CN	0,2	-	-	-	-	-	0,2	-	-	0,2	-	-
Fischgiftigkeit als Verdünnungsfaktor G_F	6	4	2	6	6	6	6	6	4	6	6	6
Ni	0,5	0,5	-	0,5	-	-	0,5	0,5	0,5	0,5	0,5	0,5
Hg	-	-	-	-	-	-	-	0,05	-	-	-	-
Se	-	-	-	-	-	-	-	-	1	-	-	-
Ag	0,1	-	-	-	-	-	0,1	0,	-	-	-	-
Sulfid	1	1	-	1	-	-	1	1	1	-	-	-
Sn	2	-	2	-	2	-	2	-	-	-	-	-
Zn	2	2	2	-	2	-	-	2	2	2	2	2

Die Anforderungen an das Abwasser nach allgemein anerkannten Regeln der Technik sind in Tabelle 4-3 zusammengestellt worden. Werte nach dem Stand der Technik enthält Tabelle 4-4. In Tabelle 4-5 sind Vergleichswerte aus dem Raum der Europäischen Gemeinschaft für Direkt- und Indirekteinleiter aufgeführt.

Schwellenwerte für gefährliche Stoffe bei Direkteinleitung müssen nach § 7a des WHG in der Neufassung vom 23.9.86 dem Stand der Technik entsprechen, unterliegen also gegenüber den allgemein anerkannten Regeln der Technik verschärften Bedingungen. Für andere Stoffe oder Stoffgruppen läßt das WHG die milderen Bedingungen nach den allgemein anerkannten Regeln der Technik zu.

Tabelle 4-5: Schwellenwerte für Direkteinleiter in einigen EU-Ländern nach [40]. n.V. bedeutet regional unterschiedliche Werte

Ländername	Österreich	Schweiz	Italien	Frankreich	Schweden
Temperatur (°C)	30	-	-	-	-
Absetzbare Stoffe (mg/l)	0,3	0,3	80-200	15	10
pH-Wert	6,5-8,5	6,5-8,5	5,5-9,5	6,5-9	-
Aluminium (mg/l)	5	10	-	5	2
Arsen (mg/l)	0	0,1	-	-	-
Barium (mg/l)	0,5	5	-	-	-
Blei (mg/l)	0,5	0,5	0,3	0,2	1
Cadmium (mg/l)	0,1	0,1	0,02	0,2	0,1
Chrom III (mg/l)	0,5	0,2	-	-	-
Chrom IV (mg/l)	0,1	0,1	-	0,1	0,1
Eisen (mg/l)	2	2	4	5	2
Kobalt (mg/l)	1	0,5	-	-	-
Kupfer (mg/l)	0,5	0,5	0,4	2	1
Nickel (mg/l)	0,5	2	4	5	1
Quecksilber (mg/l)	0,01	0,01	-	-	-
Silber (mg/l)	0,1	0,1	-	-	1
Zink (mg/l)	2	2	1	5	2
Zinn (mg/l)	2	2	-	2	1
Aktivchlor (mg/l)	0,2	0,05	-	-	-
Zerstörbares Cyanid (mg/l)	0,1	0,1	2	1,2	1
Fluorid (mg/l)	20	10	-	15	-
Nitrit (mg/l)	1,5	1	-	-	-
Sulfat (mg/l)	n.V.	n.V.	-	-	-
Sulfid (mg/l)	1,0	20	-	-	-
Sulfit (mg/l)	0	-	-	-	-
verseifbares Fett (mg/l)	-	10	-	-	-
gesättigte Kohlenwasserstoffe (mg/l)	-	0,05	-	5	-
Chlorierte Lösungsmittel (mg/l)	-	0,005	-	-	-
CSB (mg/l)	-	-	-	150	-

Literatur zu den in fremden Ländern gültigen Werten ist in folgenden Quellen zu finden:

Verordnung über Abwassereinleitung des Schweizerischen Bundesrates v. 1.7.90 (Aktenz. 814.225.21)

Verordnung über die Begrenzung von Abwasseremissionen aus Betrieben – Behandlung und Beschichtung von Oberflächen. Entwurf. Ref IV2a, Sp.Nr.1081, v. 28.3.90

UNEP/IEO Environmental Aspects of the Metal Finishing Industry: A Technical Guide (1989), S.55-56.]

Am 27.9.1994 wurde das Gesetz zur Förderung der Kreislaufwirtschaft und Sicherung der umweltverträglichen Beseitigung von Abfällen (Kreislaufwirtschafts- und Abfallgesetz) erlassen, das den Zweck verfolgt die Kreislaufwirtschaft zur Schonung der natürlichen Resourcen zu fördern und eine umweltverträgliche Beseitigung von Abfällen zu sichern. Abfälle sind in erster Linie zu vermeiden, insbesondere durch die Verminderung ihrer Menge und Schädlichkeit. Abfälle sind in zweiter Linie stofflich zu verwerten oder zur Gewinnung von Energie zu nutzen. Maßnahmen zur Vermeidung von Abfällen sind insbesondere anlagenintegrierte Kreislaufführung von Stoffen (In-Process-Recycling) und die abfallarme Produktgestaltung. Der Erzeuger oder Besitzer von Abfällen ist verpflichtet, diese zu verwerten. Die Verwertung von Abfällen hat Vorrang vor deren Beseitigung. Erzeuger, bei denen jährlich mehr als 2 000 kg besonders überwachungsbedürftige Abfälle oder mehr als 2 000 t überwachungsbedürftige Abfälle je nach Abfallschlüssel anfallen, haben ein Abfallwirtschaftskonzept über die Vermeidung, Verwertung und Beseitigung der anfallenden Abfälle zu erstellen und den Behörden auf Verlangen vorzulegen. Im Konzept sollen Angaben über Art, Menge und Verbleib der besonders überwachungsbedürftigen Abfälle und über die Verwertung oder Beseitigung überwachungsbedürftiger Abfälle enthalten sein. Es soll weiterhin eine Darstellung der getroffenen und geplanten Maßnahmen zur Vermeidung, Verwertung und Beseitigung von Abfällen, eine Begründung der Notwendigkeit zur Abfallbeseitigung, eine Darlegung der notwendigen Entsorgungswege für die nächsten 5 Jahre und gegebenenfalls eine gesonderte Darstellung des Verbleibs der Abfälle bei der Verwertung oder Entsorgung außerhalb der Bundesrepublik Deutschland enthalten. Das Abfallwirtschaftskonzept muß erstmals zum 31. Dezember 1999 für die nächsten 5 Jahre erstellt werden. Es soll alle 5 Jahre fortgeschrieben werden. Zum 1. April 1998 muß erstmals für das vorhergehende Jahr eine Abfallbilanz erstellt werden, die auf Verlangen den zuständigen Behörden vorgelegt werden muß. Im Anhang des Gesetzes werden Abfallgruppen, Beseitigungsverfahren und Verwertungsverfahren aufgeführt.

Unter den als besonders überwachungsbedürftig eingestuften Abfällen, die in der zweiten allgemeinen Verwaltungsvorschrift zum Abfallgesetz (TA Abfall) aufgeführt sind, sind auch die Abfälle der metallverarbeitenden Industrie enthalten. Insbesondere die Obergruppe 3 und 5 des Anhangs C der TA Abfall enthalten die Abfallstoffe, die in der metallverarbeitenden Industrie anfallen, und die als besonders überwachungsbedürftige Abfälle eingestuft sind.

Es ist nicht Ziel dieses Buches, die aufgeführten Gesetze weiter zu beschreiben und zu kommentieren. Gesetzgebung und die gültigen Verordnungen wandeln sich ständig und sind einem steten Erneuerungsprozeß unterworfen. Dem Anlagenbetreiber kann nur empfohlen werden, sich gegebenenfalls an die zuständigen Behörden zu wenden, um den gültigen neuesten Stand zu erfahren. Die aufgeführten wesentlichen Angaben des WHG und des Kreislaufwirtschaftsgesetzes zeigen jedoch die Notwendigkeit auch für kleinere Betriebe auf, sich mit den technischen Möglichkeiten eines In-Process-Recyclings zu befassen, wozu in den folgenden Abschnitten anhand einer Vielzahl von Beispielen Denkansätze geboten werden.

4.1 Die Behandlung wäßriger Dispersionen

Absetzbare Stoffe sind in Wasser unlösliche Schwebstoffe unterschiedlichster Korngröße, die sich auf Grund größerer Dichte als Schlamm absetzen oder auf Grund kleinerer Dichte aufrahmen können. Zur Abtrennung dieser Stoffe können prinzipiell drei verschiedene Verfahren eingesetzt werden:

– Abscheiden auf Grund der Einwirkung der Schwerkraft (Schwerkraftscheider)
– Abscheiden unter Einwirkung eines Zentrifugalfeldes (Zentrifugen, Zyklone)
– Abscheiden auf Grund der Einwirkung von Sieben, Filtern oder Membranen

4.1.1 Schwerkraftscheider

Wenn ein Partikel vom Durchmesser X_P und der Dichte ρ_P sich in einer Lösung mit der Dichte ρ_{Fl} und der dynamischen Viskosität η_{Fl} befindet, so wird es unter dem Einfluß der Erdbeschleunigung g zu Boden sinken, wenn die Dichte des Partikels größer als die der Lösung ist. Die Geschwindigkeit W, mit der sich das Partikel absetzt, wird durch das Stokessche Gesetz bestimmt:

$$W = \frac{X_P^2 \cdot g \cdot (\rho_P - \rho_{Fl})}{18 \cdot \eta_{Fl}} \tag{4.6}$$

Dabei wird eine laminare Strömung und ein kugelförmiges Partikel vorausgesetzt. Je kleiner die Partikel sind und je geringer der Dichteunterschied ist, desto langsamer setzen sich die Partikel unter dem Einfluß der Schwerkraft ab. Schwerkraftscheider sind daher dadurch ausgezeichnet, daß sie eine Ruhezone für das Schmutzwasser darstellen, in denen dem Absitzvorgang genügend Zeit eingeräumt wird.

Ist die Dichte der dispersen Phase kleiner als die der wäßrigen Lösung, so erleidet das Partikel einen Auftrieb, der sich ebenfalls mit Hilfe des Stokesschen Gesetzes berechnen läßt. Man muß dann nur die Dichtedifferenz in Gleichung (4.6) als Absolutbetrag einsetzen.

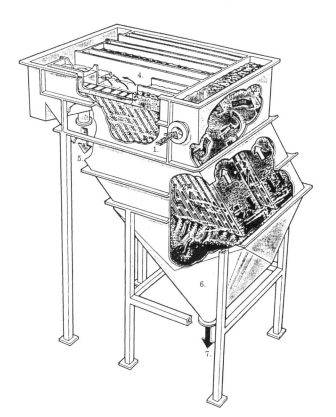

Bild 4-2:
Sala-Lamellen-Klärer (41).
Es bedeuten:
1 Trübeeinlauf,
2 Trübeverteilungskammer,
3 Lamellenpakete,
4 Überlaufrinne,
5 Überlaufaustrag,
6 Schlammsammelbehälter,
7 Unterlaufaustrag.

Bekannte Bauformen für die Abtrennung von Schwebstoffpartikeln, die schwerer sind als die wäßrige Lösung, sind die sogenannten Schlammeindicker in Form eines unten konisch zulaufenden Behälters, einer Schlammgrube, eines Absitzbeckens oder eines Schräg- oder Lamellenklärers. Eindicker der Bauform in Bild 4-1 werden zur Aufkonzentrierung verdünnter

Schlämme in betrieblichen Abwasseranlagen eingesetzt. Der Schlamm sinkt darin auf Grund der Schwerkraft zu Boden. Das von Schlamm befreite Wasser kann dann durch einen Überlauf der weiteren Nutzung oder dem Abwasserkanal zugeführt werden. Der abgesetzte Dickschlamm mit bis zu 10 % Feststoffgehalt kann dann einer weiteren Entwässerung zugeführt werden. Schräg- oder Lamellenklärer sind Apparate, in denen schräg von oben nach unten verlaufende Leitbleche eingebaut wurden. Die Leitbleche verkürzen den Absitzweg eines Schwebstoffs. Trifft der Schwebstoff auf ein Leitblech auf, rutscht er an der Schräge schneller ab, weil die Einzelpartikel mit weiteren Partikeln zu einem größeren Sekundärkorn agglomerieren. Schrägklärer können von unterschiedlichen Seiten angeströmt werden.

Schlammgruben sind in Tankstellen, aber auch an Reinigungsbädern der metallverarbeitenden Industrie vielfach im Einsatz. In Tankstellen werden sie aus Beton gefertigt und im Boden versenkt. An Reinigungsbädern werden sie als Behälter ausgeführt worden und stehen unmittelbar an der Anlage (Bild 4-3).

Absitzbecken der Ausführung in Bild 4-3 finden sich im kommunalen Bereich wieder. Sie bestehen aus sehr großen flachen Becken. Der sich ansammelnde Schlamm muß daher zu einer Sammelgrube zusammengeschoben werden, was mit Hilfe eines sehr langsam umlaufenden Krählwerks erfolgt (Bild 4-4).

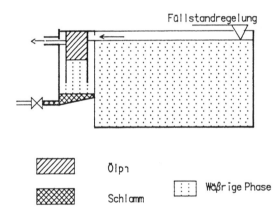

Bild 4-3:
Öl- und Schlammabsitzer an einem Reinigungsbad

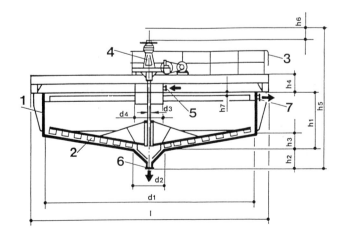

Bild 4-4:
Kommunales Klärwerk.
Es bedeuten:
1 Behälter,
2 Krählwerk,
3 Brücke,
4 Antrieb mit Hebevorrichtung,
5 Eintragszylinder,
6 Austrag,
7 Überlauf [42]

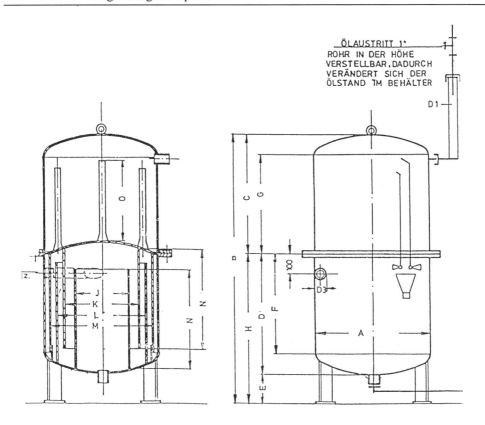

Bild 4-5: Schnittzeichnung eines Ringkammerentölers Bauart Winkelhorst Trenntechnik [43]

Schwerkraftscheider, die zum Aufrahmen disperser Phasen dienen, die leichter als die wäßrige Lösung sind, sind die Ölabscheider, die meist in Kombination mit Schlammabscheidern verwendet werden, und die Ringkammerentöler. Der Ringkammerentöler wird vorwiegend zur kontinuierlichen Ölabtrennung eingesetzt. Die Dispersion wird dabei mit einer Kreiselpumpe in ein System ringförmiger Kammern gedrückt, so daß sie eine stete Auf- und Abströmung innerhalb des Behälters ausführt. Dadurch wird bei Aufsteigen des Flüssigkeitsstroms die Antriebsgeschwindigkeit der Öltropfen gesteigert. Im ersten Ring tritt zusätzlich eine kleine Zentrifugalkraft auf, die durch die Einströmgeschwindigkeit der Flüssigkeit bewirkt wird. Ruhezonen zum Aufrahmen von Ölen können durch periodisches Abpumpen entleert werden. Üblich ist in der verarbeitenden Industrie auch der Einsatz sogenannter Skimmer. Skimmer sind Apparate, die ein bewegtes Teil in Form einer Scheibe oder eines Schlauches meist aus Polyethylen und einen Abstreifer besitzen. Öle benetzen die Scheibe oder den Endlosschlauch und werden so aus der Lösung herausgetragen und am Abstreifer von der Kunststoffoberfläche entfernt. Bild 4-6 zeigt eine Bauform, den Scheibenskimmer.

Bild 4-6:
Scheibenskimmer

Beim praktischen Einsatz von Ringkammerentölern oder Skimmern an Reinigungsbädern der metallverarbeitenden Industrie muß stets beachtet werden, daß die Größe der Öltropfen X_P entscheidend von den in der wäßrigen Lösung vorhandenen grenzflächenaktiven Substanzen (Emulgatoren, Tenside) bestimmt wird. Wird der Teilchendurchmesser zu klein, reicht die Aufrahmzeit in der Ruhezone zum Aufrahmen des Öls nicht mehr aus, und die Wirkung der Apparate wird gering.

Bei kontinuierlich durchströmten Ruhezonen kann man aus Gleichung (4.6) die Trennkorngröße, also die Korngröße der abzuscheidenden Partikel, berechnen, die gerade noch abgeschieden werden können. Dazu muß man die Länge der Absitz- oder Aufrahmstrecke L im Scheider, das Volumen des Scheideraumes V_B und den Volumenstrom $\dot{V}$ kennen. Daraus berechnet sich zunächst die Verweilzeit im Scheiderraum

$$\tau = \frac{V_B}{\dot{V}} \qquad\qquad (4.7)$$

Die Absetzgeschwindigkeit ergibt sich dann aus dem Verhältnis Absitzstrecke L zu Verweilzeit

$$W = \frac{L}{\tau} = \frac{L \cdot \dot{V}}{V_B} \qquad\qquad (4.8)$$

Einsetzen in Gleichung 4.6 und Auflösen nach X_P ergibt den Grenzkorndurchmesser für einen vorgegebenen Abscheider.

$$X_{P,\,Grenz.} = \sqrt{\frac{18 \cdot \eta_{Fl} \cdot L \cdot \dot{V}}{(|\,\rho_P - \rho_{Fl}\,|) \cdot g \cdot V_B}} \qquad\qquad (4.9)$$

Die Dichtedifferenz wurde hier mit Absolutstrichen versehen, damit die Gleichung auch für den Auftrieb von Öltropfen eingesetzt werden kann.

4.1.2 Zyklone und Zentrifugen

Hydrozyklone sind Apparate, die den zur Staubabscheidung eingesetzten Zyklonen gleichen. Im Hydrozyklon tritt die Flüssigkeit mit einem Überdruck von 2 - 2,5 bar tangential in den Zyklon ein. Durch die hohe Strömungsgeschwindigkeit entstehen im Zyklon Zentrifugalbewegungen, die die schwereren Feststoffpartikel an die Zyklonwand drücken. Die Flüssigkeit bildet im Zentrum des Zyklons einen Sekundärwirbel und tritt durch den Überlauf mit einem Restdruck von 0,2 bis 0,5 bar aus. Die abgeschiedenen Feststoffe werden am unteren Ende des Zyklons zusammen mit etwas Flüssigkeit ausgetragen [44] Bild 4-7 zeigt den Strömungsverlauf in einem Hydrozyklon.

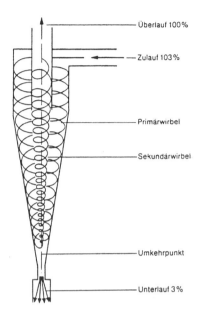

Bild 4-7:
Strömungsverlauf in einem Hydrozyklon

Die Konstruktion eines Hydrozyklons beschreibt A. Zanker [45] auf Grund des in Bild 4-8 gezeigten Modells. Zur Berechnung der Auslegung von Hydrozyklonen verwendet Zanker die in Bild 4-9 bis 4-11 gezeigten Nomogramme. Bild 4-9 zeigt zunächst den Zusammenhang zwischen dem Durchmesser der Partikel, die zu 50% abgeschieden werden (d_{50}), dem Abscheidegrad E und dem Durchmesser eines beliebigen Partikels d. Bei d_{50} = 12,8 werden Partikel mit d = 20 µm zu 95 % abgeschieden.

In Bild 4-10 werden die dynamische Viskosität µ, die Dichtedifferenz zwischen Feststoff ρ_S und Flüssigkeit ρ_L, dem Volumenstrom Q, dem inneren Durchmesser des zylindrischen Teils des Hydrozyklons D_c und d_{50} dargestellt. Bild 4-11 enthält schließlich den Zusammenhang zwischen der Eintrittsgeschwindigkeit der Flüssigkeit in den Zyklon V_i dem Inneradius des zylindrischen Teils des Zyklons R_c, dem Durchmesser des Austrittsrohres in Prozent f des Durchmessers des zylindrischen Oberteils und der erreichbaren Zentrifugalzahl Z beschrieben. Z gibt an, ein Wievielfaches der Erdbeschleunigung g im Zyklon erzielbar ist. Die Nomogrammdarstellung erlaubt es, aus Dichtedifferenz, Viskosität, Durchflußgeschwindigkeit, Partikelgröße und dem gewünschten Abscheidegrad mit Bild 4-9 den Wert für d_{50} zu berechnen. Einsetzen dieses Wertes und der bekannten Variablen dient dazu, aus Bild 4-10 den Durchmesser des zylindrischen Teils des Zyklons zu bestimmen. Daraus läßt sich dann unter Einsetzen der Fließgeschwindigkeit am tangentialen Zykloneinlauf und dem Radius des Austrittsrohres die erreichbare Zentrifugenzahl mit Hilfe des Nomogramms in Bild 4-11 berechnen. Die in den Nomogrammen eingezeichneten Pfeile erlauben es, den beschriebenen Anwendungsfall nachzuvollziehen.

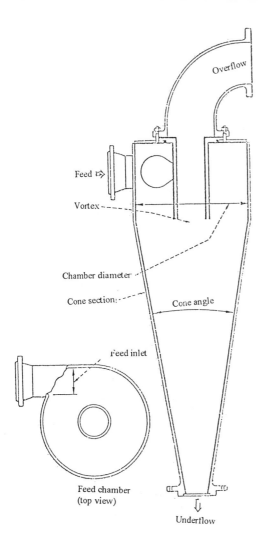

Overflow

Feed

Vortex

Chamber diameter

Cone section

Cone angle

Feed inlet

Feed chamber
(top view)

Underflow

Bild 4-8:
Modell eines Hydrozyklons [45]

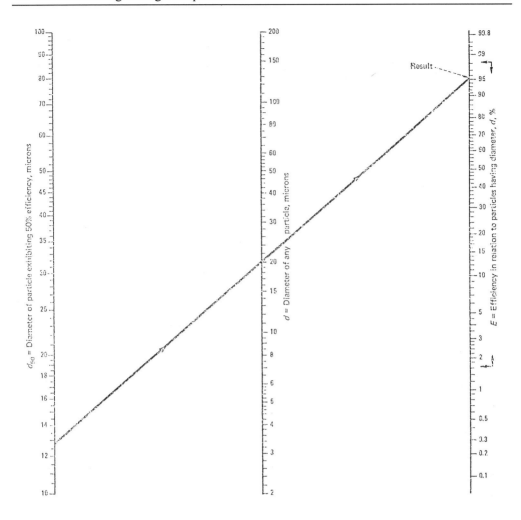

Bild 4-9: Zusammenhang zwischen d$_{50}$, dem gewünschten Abscheidegrad und dem Partikeldurchmesser nach [45].

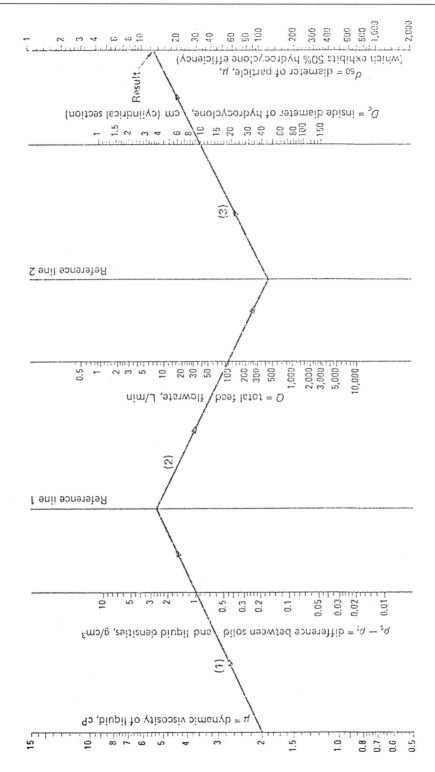

Bild 4-10: Nomogramm zur Auslegung eines Hydrozyklons nach [45]

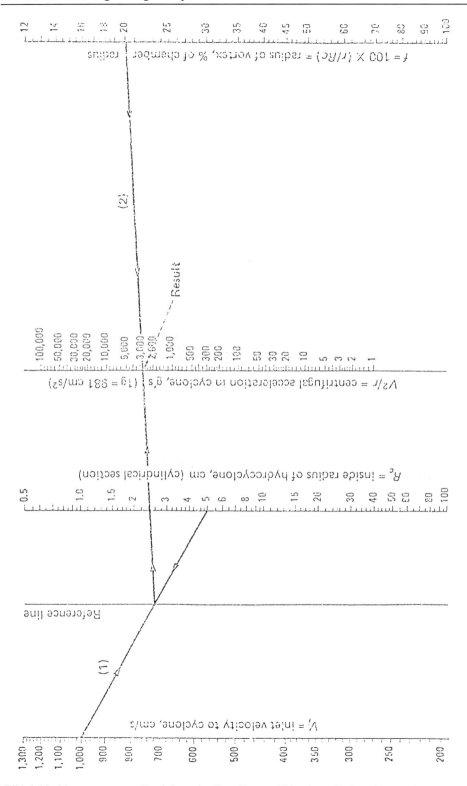

Bild 4-11: Nomogramm zur Ermittlung der Zentrifugenzahl in einem Hydrozyklon nach [45]

Bild 4-12:
Zyklonbatterie [46]

Bei Zentrifugen ersetzt man das Schwerefeld der Erde durch Zentrifugalkräfte. Anstelle von Pumpen, die in Hydrozyklonanlagen für die notwendige Beschleunigung der Partikel sorgen, wird in Zentrifugen die Flüssigkeit durch einen Drehmechanismus in Rotation versetzt. Das erreichbare Vielfache der Erdbeschleunigung nennt man auch hier Zentrifugenzahl oder auch die Schleuderziffer Z. Die Schleuderziffer Z kann man aus den technischen Daten der Zentrifuge berechnen:

$$Z = d_m \, \pi^2 n^2 / 1800 \; g \tag{4.10}$$

worin n die Drehzahl und d_m der mittlere Durchmesser der Zentrifuge ist. Die Grenzkorngröße, die mit Hilfe einer Zentrifuge erreicht werden kann, errechnet sich unter Anwendung von Gleichung (4.9), wenn man die Zentrifugalbeschleunigung $b = Z \cdot g$ in der Zentrifugentrommel anstelle der Erdbeschleunigung einsetzt.

$$X_{P,Grenz} = \sqrt{\frac{18 \cdot \eta \cdot q_F}{g \cdot Z \cdot (\rho_P - \rho_{Fl})}} \tag{4.11}$$

$$q_F = Q/F \tag{4.12}$$

ist darin die Klärflächenbelastung, die aus der Größe der Fläche F des Zentrifugenmantels mit der Länge L und dem mittleren Trommeldurchmesser d_m und dem Flüssigkeitsdurchsatz Q berechnet werden kann.

$$q_F = Q/d_m \cdot \pi \cdot L \tag{4.13}$$

Anstelle des Quotienten $L \cdot V/V_B$ ist in Gleichung (4.9) dann mit $V_B = L \cdot F$ die Klärflächenbelastung nach Gleichung (4.12) einzusetzen.

Die einfachsten Zentrifugen, die zur Trennaufgabe fest/flüssig eingesetzt werden, sind Trommelzentrifugen (Bild 4-13) und Röhrenzentrifugen (Bild 4-14). Röhrenzentrifugen sind Maschinen mit längerer Trommel und kleinerem Durchmesser als Trommelzentrifugen, die mit erheblich höheren Drehzahlen betrieben werden. Je höher die Drehzahl einer Zentrifuge ist, desto größer wird die Schleuderziffer Z. Der Grenzkorndurchmesser sinkt nach Gleichung (4.11) unter Berücksichtigung von (4.10) linear mit steigender Drehzahl n. Röhrenzentrifugen werden kontinuierlich betrieben. Sie besitzen Drehzahlen von etwa 18 000 min^{-1}. Man setzt sie dort ein, wo man auch kleinste Feststoffpartikel abscheiden will, also z.B. im Abwasserbereich von Kernkraftwerken.

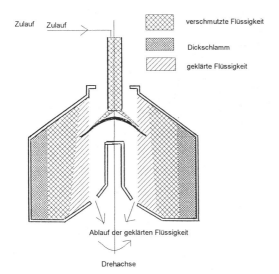

verschmutzte Flüssigkeit

Dickschlamm

geklärte Flüssigkeit

Zulauf   Zulauf

Ablauf der geklärten Flüssigkeit

Drehachse

Bild 4-13:
Prinzip einer Trommelzentrifuge [48]

Verwandt mit der Röhrenzentrifuge ist der Dekanter. Ein Dekanter ist eine horizontal drehende Röhrenzentrifuge, deren Drehtrommel im Inneren eine Transportschnecke besitzt, die mit einer geringfügig geringeren Umdrehungszahl (um etwa 40 min^{-1}) mitgedreht wird. Dadurch entsteht dann eine Förderwirkung der Transportschnecke, die den sich am inneren Zylinder abscheidenden schwereren Schlamm am leicht konisch zulaufenden Ende der Drehtrommel hinausbefördert. Enthält die einlaufende Flüssigkeit außer Feststoffen auch noch eine dispergierte, leichte Phase, z.B. eine Ölphase, so sammelt sich die leichtere Phase an der Drehachse der Transportschnecke an und kann dort mit Hilfe eines Schälrohres abgezogen werden. Dekanter dieses Typs sind in der Reinigungstechnik im Einsatz [47]. Ihrer Trennwirkung für 3 Phasen wegen nennt man sie Dreiphasendekanter (Bild 4-15).

Dreiphasendekanter werden mit Trommeldurchmessern von 300 bis 1000 mm gebaut. Ihre Schleuderziffer beträgt dabei etwa 800 bis 3000 bei Drehzahlen um die 1400 min^{-1}. Der ausgetragene Feststoff kann stichfest mit etwa 65% Feststoffgehalt gewonnen werden. Dreiphasendekanter werden eingesetzt, wenn eine Trübe zwischen 5 und 30 % Feststoffgehalt aufweist. Ist der Feststoff abrasiv (z.B. Schleif- und Poliermittelreste), kann man das Innere des Dekanters panzern (Bild 4-17). Dreiphasendekanter werden mit bis zu 20 t Feststoffabscheidung/h angeboten.

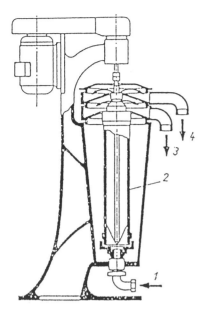

Bild 4-14:
Röhrenzentrifuge.
Es bedeuten:
1 Zulauf,
2 rotierende Trommel,
3 Austritt schwerere Komponente,
4 Austritt leichtere Komponente

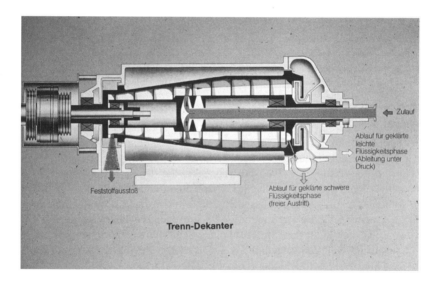

Bild 4-15: Schnitt durch einen Dreiphasendekanter [43]

Zerlegt man den Zentrifugenraum in eine Vielzahl kleiner Scheiben, so vergrößert sich die Klärfläche der Zentrifuge, und es läßt sich ein größerer Flüssigkeitsstrom bei gleicher Trennleistung verarbeiten. Dazu verwendet man eine Trommelzentrifuge und besetzt das Zentrifugeninnere durch ein Paket aus vielen trichterförmigen Einsätzen. Man hält dann die Trommel selbst im Ruhezustand und erzeugt die Zentrifugalbeschleunigung durch Rotation des Blechpaketes um eine vertikale Drehachse. Die Maschine wird Tellerseparator genannt. Die trichterförmigen Teller tragen im Mantel Bohrungen, durch die die zu klärende Flüssigkeit austritt.

Bild 4-17 zeigt den Strömungsverlauf in einem Tellerpaket. Nach Bild 4-18 wird die Lage des Lochs in den Tellern den Mengenverhältnissen der beiden flüssigen Phasen angepaßt. Der spezifisch schwerere Feststoff wird dann an die ruhende Trommel gedrückt, dort gesammelt und entweder manuell nach Abschalten der Trommel oder automatisch durch Öffnen einiger Düsen im Trommelmantel entfernt.

Bild 4-16:
Mit Hartstoffen gepanzerte Förderschnecke [4]

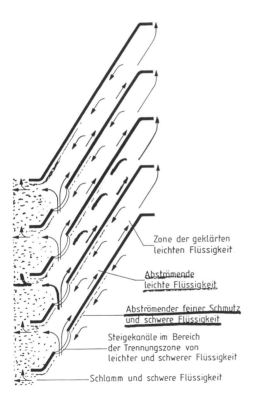

Zone der geklärten
leichten Flüssigkeit

Abströmende
leichte Flüssigkeit

Abströmender feiner Schmutz
und schwere Flüssigkeit

Steigekanäle im Bereich
der Trennungszone von
leichter und schwerer Flüssigkeit

Schlamm und schwere Flüssigkeit

Bild 4-17:
Strömungsverhältnisse in einem Tellerpaket
[48]

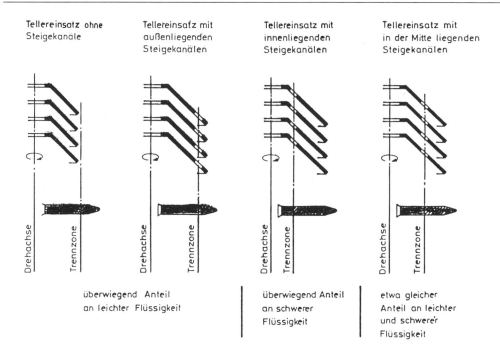

Bild 4-18: Anordnung des Stanzlochs im Teller in Abhängigkeit vom Phasenverhältnis der flüssigen Phasen [48].

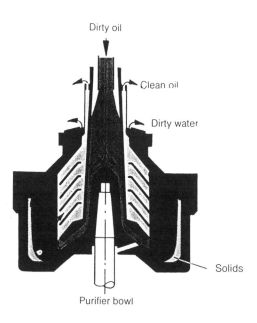

Bild 4-19: Schnittzeichnung durch einen manuell zu entleerenden Zwei-Phasen-Separator [49.

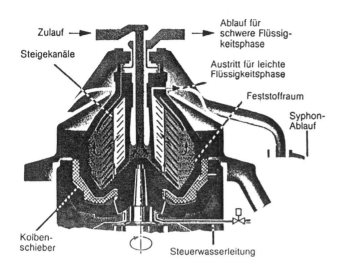

Bild 4-20:
Schnittzeichnung durch
einen selbstentschlammenden
Tellerseparator [43]

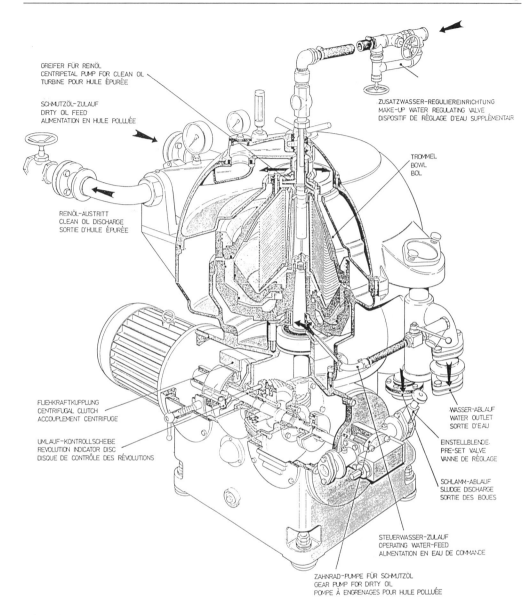

GREIFER FÜR REINÖL
CENTRIPETAL PUMP FOR CLEAN OIL
TURBINE POUR HUILE ÉPURÉE

SCHMUTZÖL-ZULAUF
DIRTY OIL FEED
ALIMENTATION EN HUILE POLLUÉE

ZUSATZWASSER-REGULIEREINRICHTUNG
MAKE-UP WATER REGULATING VALVE
DISPOSITIF DE RÉGLAGE D'EAU SUPPLÉMENTAIR

REINÖL-AUSTRITT
CLEAN OIL DISCHARGE
SORTIE D'HUILE ÉPURÉE

TROMMEL
BOWL
BOL

FLIEHKRAFTKUPPLUNG
CENTRIFUGAL CLUTCH
ACCOUPLEMENT CENTRIFUGE

UMLAUF-KONTROLLSCHEIBE
REVOLUTION INDICATOR DISC
DISQUE DE CONTRÔLE DES RÉVOLUTIONS

WASSER-ABLAUF
WATER OUTLET
SORTIE D'EAU

EINSTELLBLENDE
PRE-SET VALVE
VANNE DE RÉGLAGE

SCHLAMM-ABLAUF
SLUDGE DISCHARGE
SORTIE DES BOUES

STEUERWASSER-ZULAUF
OPERATING WATER-FEED
ALIMENTATION EN EAU DE COMMANDE

ZAHNRAD-PUMPE FÜR SCHMUTZÖL
GEAR PUMP FOR DIRTY OIL
POMPE À ENGRENAGES POUR HUILE POLLUÉE

Bild 4-21: Selbstentschlammender Tellerseparator [48]

4.1.3 Siebe, Filter, Membranfilter

Filtrationsverfahren reichen von der Grobtrennung mit Hilfe von Sieben für Abrieb und Späne
> 20 µm bis zu den Trennungen mit Hilfe von Membranverfahren für Partikel von etwa
$0,05$ µm Durchmesser.

Siebe werden in der metallverarbeitenden Industrie vor allem als Spänefang eingesetzt, um die
aus der mechanischen Bearbeitung stammenden Metallspäne nicht in die Bearbeitungskreisläu-
fe gelangen zu lassen. Eingesetzt werden Siebe in Form von Geweben aus legiertem Stahl oder

anderen Metallen oder auch als Spaltsiebe, die aus spiralförmig um ein Stützrohr gewickelten Profildrähten bestehen. Geeignete Siebe sind auch Filterkerzen oder durch Stapeln von Profilstäben hergestellte Bogensiebe. Während die Trennung von groben Feststoffpartikeln durch Sieben ein rein mechanisches Zurückhalten von Partikeln ist, die größer als die Sieböffnungen sind, erfolgt beim Filtrieren eine Abtrennung von Partikeln, die kleiner als die Maschenweite des Filters sind. Bei dieser Art der Stofftrennung wird die Filtration ganz wesentlich durch das bereits abgeschiedene Material, den Filterkuchen, beeinflußt. Erst wenn ein nennenswert dicker Filterkuchen gebildet ist, erreicht ein Filter seine volle Wirkung. Die Filtrationsgeschwindigkeit wird dadurch ebenfalls beeinflußt. Die Vorgänge werden durch die Filtrationsgleichung von Darcy beschrieben. Die Filtrationsgeschwindigkeit u (m/s) wird umso größer, je größer das Druckgefälle Δp (Pa), je größer die Filterfläche A und je geringer die dynamische Viskosität η (Pa.s) ist. Ebenso ist die Durchflußgeschwindigkeit einer Flüssigkeit umso größer, je geringer die durch Filtermaterial und Filterkuchen gebildeten Strömungswiderstände sind. Der Strömungswiderstand kann als das Produkt aus einem spezifischen Widerstand r_S (m^{-2}) und der Dicke h_S (m) der Filterschicht und des Filterkuchens r_K und h_K beschrieben werden. Die Filtrationsgeschwindigkeit wird normiert und als die Durchflußmenge V je Flächeneinheit A definiert. Es gilt

$$u = dV/dt = A.\Delta p/\eta(r_S\, h_S + r_K\, h_K) \qquad (4.14)$$

Ist der Filterkuchen inkompressibel, so gilt r_K = konstant. Ist der Filterkuchen kompressibel, setzt man

$$r_K = r_{K,0}\,.(\Delta p/p_0)^5 \qquad (4.15)$$

an, weil dann r_K vom Gegendruck p_0 abhängig wird. $r_{K,0}$ ist der Wert des spezifischen Kuchenwiderstandes bei $\Delta p/p_0 = 1$. Da die Dicke des Filterkuchens mit der Filtrationszeit zunimmt, ist die Filtrationsgeschwindigkeit zeitabhängig. Zur Lösung der Differentialgleichung definiert man zunächst das Verhältnis

$$F = \text{Filterkuchenvolumen/Filtratvolumen} = V_K/V \qquad (4.16)$$

und ersetzen

$$h_K = F \cdot V/A \qquad (4.17)$$

Dann wird aus Gleichung (4.14)

$$\eta(r_K \cdot F \cdot V/A + r_S\, h_S) \cdot dV = A \cdot \Delta p \cdot dt \qquad (4.18)$$

Die Lösung dieser Differentialgleichung für inkompressible Filterkuchen kann für zwei Fälle durchgeführt werden:

Fall I:

Es wird der Zusammenhang zwischen Filtratvolumen V und der Filtrationszeit t bei Δp = konstant ermittelt. Dazu wird die Gleichung (4.18) umgeformt und integriert:

$$V^2/A^2 + \text{ß} \cdot V/A = K_p \cdot \Delta p \cdot t \qquad (4.19)$$

mit

$$\text{ß} = 2 \cdot r_S \cdot h_S/r_K \cdot F \qquad (4.20)$$

$$K_p = 2/r_K \cdot F \cdot \eta \qquad (4.21)$$

In Anwendungsfällen kann man wegen $r_S \ll r_K$ meist ß = 0 setzen, weil der Filterwiderstand des Filtertuchs erheblich kleiner als der des Filterkuchens ist.

Fall II:

Im allgemeinen liegen inhomogene und kompressible Filterkuchen vor. Man verwendet dann unter Berücksichtigung von ß = 0 eine zu Gleichung (4.19) analoge empirische Gleichung

$$V^2/A^3 = (K/A) \cdot (\Delta p \cdot t/\eta)^m \tag{4.22}$$

oder $\log (V^2/A^3) = \log K + \log A + m \cdot \log (\Delta p \cdot t/\eta)$ \hfill (4.23)

Technisch interessante Filtergeschwindigkeiten sollten Werte von 1 cm/s oder 0,4 m/min oder 20 m/h erreichen.

Einfache Filter werden als Schwerkraftfilter ausgeführt. Speziell das Bandfilter, bei dem auf einem endlosen umlaufenden Draht-Stützgewebe ein endloses Papierfilter aufgelegt wird, ist in der metallverarbeitenden Industrie insbesondere bei der chemischen Stahlbehandlung, z.B. bei Phosphatierverfahren, in Anwendung.

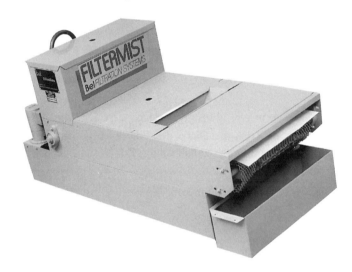

Bild 4-22: Bandfilter mit endlosumlaufendem Stützgewebe und Papierfilter [50]

Vorteil dieses Filters ist, daß man nur sehr geringe Kuchendicken aufbaut, so daß kein Pumpeneinsatz notwendig wird. Das Filter ist zur Abscheidung sehr geringer Schlammengen geeignet.

Anstelle der Schwerkraft kann man Unterdruck anlegen und das Filtrat durch das Filter hindurch saugen. Diese Art Filter wird Saugfilter genannt. Es ist in verschiedenen Bauformen im Angebot. Bild 4-23 zeigt ein Zellentrommelfilter, bei dem der Innenraum der Trommel in Zellen unterteilt ist. Das Einsatzgebiet dieser Filter liegt vor allem dort, wo man mit Hilfe eines Filters ein Produkt aus einer Flüssigkeit abtrennen will, das produktionstechnisch gewonnen werden soll. Zum Zweck einer Abfallabscheidung liefern Saugfilter eine zu hohe Kuchenfeuchtigkeit, weil der Differenzdruck längs des Filters 0,9 bar nicht überschreiten kann, so daß eine nachträgliche Trocknung vor der Deponierung erfolgen muß.

Bild 4-23: Zellentrommelfilter [51]

Wird die Trübe unter Druck durch das Filter gepreßt, liegt eine Druckfiltration vor. Unter den verschiedenen Bauarten der Druckfilter hat sich in der Abwasserbehandlung die Filterpresse durchgesetzt. Eine Filterpresse besteht aus einer Reihe von hintereinander angeordneten Filterplatten, die meist aus Kunststoff oder aus Metall gefertigt werden. Die Platten sind am Rand verdickt, so daß zwei gegeneinander gepreßte Platten einen Hohlraum mit einem bestimmten Volumen ergeben. Der Hohlraum, der von einer Vielzahl von Platten gebildet wird, ergibt damit das Kammervolumen der Filterpresse. Die Platten sind mit einem Filtertuch aus Textilgewebe bedeckt. Zwischen zwei Platten wird die Trübe eingepreßt, so daß der Klarablauf beidseitig durch das Filtertuch hindurchtritt. Auf dem Tuch bildet sich nach einiger Zeit ein Filterkuchen, der erst die Filtration wirksam werden läßt. Das erste durchtretende Filtrat ist also noch trübe. Die Kammer wird auf diese Weise mit Filterkuchen angefüllt. Man kann nun nach Füllung der Kammer mit Filterkuchen von den Filterplatten her Druckluft aufgeben und damit den Filterkuchen entwässern. In Bild 4-24 wird eine Filterpresse dargestellt, die Filterkammern besitzt, die durch Membranen geteilt werden. Diese Membranfilterpresse ermöglicht es, den Filterkuchen vor dem Entleeren mit erhöhtem Druck auszupressen, um die Feuchtigkeit weiter zu vermindern. Bild 4-25 zeigt den Unterschied im Kammeraufbau zwischen einer herkömmlichen Filterpresse und einer Membranfilterpresse. In Bild 4-26 ist die Funktion einer Doppelmembran zu erkennen. Nach Füllung der Kammer mit Filterkuchen werden die Membranen (Gummimembran) pneumatisch gegen den Filterkuchen gepreßt. Nach Entspannen, kann der trocken gepreßte Filterkuchen entnommen werden.

Bild 4-24: Filterpresse [51]

Kammerfilterplatten:	Membranfilterplatten:	Rahmenfilterplatten:
Chamber filter plates:	**Membrane filter plates:**	**Frame filter plates**
Werkstoffe/Materials	Werkstoffe/Materials	
GGG 50, PP . . .	Membrane/Membrane	
offener/geschlossener	PP, EPDM, Gummi/rubber	
Ablauf	Trägerplatte/carrier plate	
opened/closed discharge	GGG 50, PP	

Bild 4-25: Unterschiedliche Form der Pressenplatten nach [52]

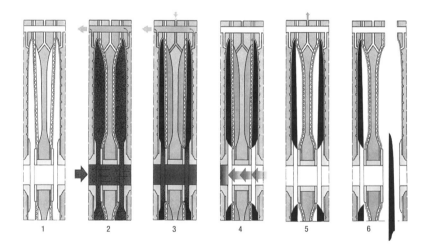

Bild 4-26: Arbeitsablauf in einer Doppelmembrankammer [51]. Es bedeuten:
1 leere Kammer, 2 Füllen und Filtrieren, 3 Filtrieren und Nachpressen, 4 Freiblasen, 5 Membran entspannen, 6 Kuchen austragen

Der Vorteil der Membranfilterpresse ist neben einer stärkeren Kuchenentwässerung insbesondere im geringeren Zeitbedarf für den Filtrationszyklus zu sehen (Bild 4-27).

Neuere Konstruktionen (Bild 4-28) erlauben es auch, den Filterkuchen anschließend zu trocknen. Nach Trockenpressen des Filterkuchens wird die Presse mit Dampf beschickt und beheizt. Der Filterkuchen wird unter Vakuum gesetzt und auf diese Weise getrocknet.

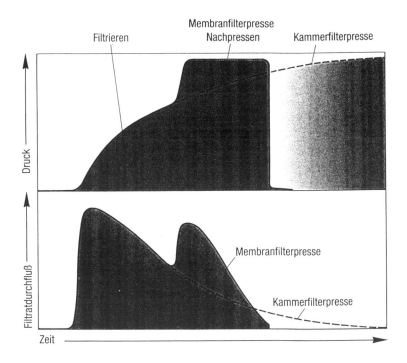

Bild 4-27: Membranfilterpresse und einer Kammerfilterpresse im Vergleich [51]

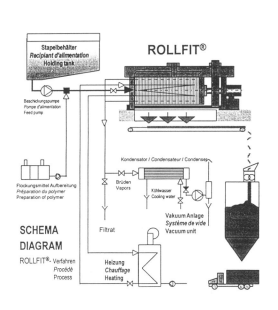

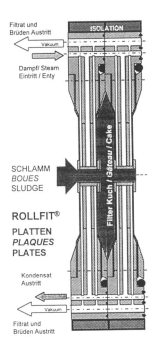

Bild 4-28: Funktion der Trocknungsfilterpresse „Rollfit" [53]

Stellt man die Kammerfilterpresse auf den Kopf, so kann man die Filter in einem Rahmenge-
stell von unten nach oben verfahren (Bild 4-29). Diese Hochleistungsfilterpresse arbeitet voll-
automatisch und weist alle Vorteile einer Membranfilterpresse auf. Ein über Rollen geführtes
Endlosfiltertuch wird in die Kammern eingelegt, die Trübe wird eingepreßt. Nach Ende des
Filtrationsvorgangs wird der Kuchen durch einseitigen Membrandruck entwässert. Danach
öffnen sich die Kammern, und das Endlostuch wird in Bewegung gesetzt, wodurch die Filterkuchen aus den einzelnen Kammern ausgetragen werden. Das Filtertuch wird anschließend
automatisch gewaschen und die Presse zum erneuten Befüllen geschlossen (Bild 4-30). Das
Tuch durchläuft dann eine Waschstation und wird erneut automatisch eingelegt.

In Membran- oder herkömmlichen Filterpressen werden die Platten hydraulisch zusammenge-
fahren oder durch Zugspindeln zusammengepreßt. Der Filtrationsdruck liegt bei herkömmlichen Filterpressen bei etwa 8-10 bar, kann aber in Membranfilterpressen 60 bar erreichen.

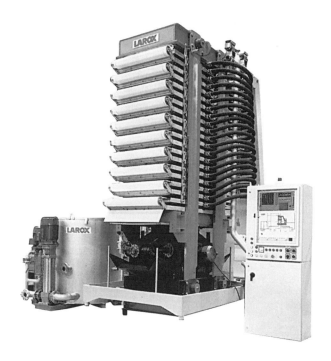

Bild 4-29:
Aufnahme eines Preßfilters mit
9,5 m² Filterfläche [51]

Zum Entleeren fährt man bei allen Bauarten der Filterpresse die Filterplatten auseinander, so
daß der Filterkuchen in einen darunter stehenden Sammelbehälter fallen kann. Bei richtiger
Dimensionierung sollte die Filterpresse in einer Abwasseranlage einmal je Schicht einen kompletten Filterzyklus absolvieren. Längere Preßzeiten können durch Konditionieren des Filterkuchens oder gegebenenfalls durch Zusatz von Filterhilfsmitteln verkürzt werden. Zu kleine
Filterpressen benötigen zur Bewältigung der anfallenden Trübe eine zu große Arbeitszeit und
erfordern vermehrten Personaleinsatz. Zu lange Filterzeiten erfordern höhere Investitionskosten, weil zu große Filterpressen investiert werden. Der Filterkuchen kann stichfest mit mehr
als 65% Feststoffgehalt anfallen. Hochleistungsfilterpressen werden z.B. dort eingesetzt, wo
sehr große Feststoffmengen anfallen, z.B. bei der Rauchgasentschwefelung mit Gipsgewin-
nung.

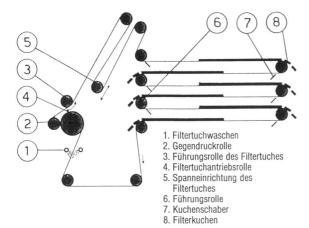

1. Filtertuchwaschen
2. Gegendruckrolle
3. Führungsrolle des Filtertuches
4. Filtertuchantriebsrolle
5. Spanneinrichtung des
   Filtertuches
6. Führungsrolle
7. Kuchenschaber
8. Filterkuchen

Bild 4-30:
Führung des Endlosfiltertuchs in
der Preßfiltration [51]

Eine andere Art von Filter, die insbesondere zum In-Process-Recycling geeignet sind, sind die Kerzenfilter. Kerzenfilter bestehen aus einem Druckbehälter, in dem Filterkerzen aus porösem Material so eingebaut sind, daß das Filtrat durch die Kerzen hindurchtritt, der Schlamm als Konzentrat im Behälter verbleibt. Filterkerzen werden als Sinterkörper aus Keramik oder Metall angeboten und sind chemisch widerstandfähig. Kerzenfilter werden mit Drücken bis etwa 10 bar betrieben.

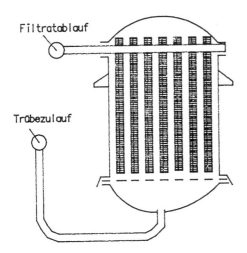

Bild 4-31:
Kerzenfilter, Skizze

Zur Filtration gehören alle Verfahren, bei denen der Materialdurchtritt durch das Filter an Öffnungen unterschiedlichster Größe erfolgt. Deshalb sind auch Trennverfahren mit Hilfe von porösen Membranen Filtrationsverfahren. Membrantrennverfahren ermöglichen Abtrennung von Partikeln < 10 µm Durchmesser, d.h. von Kolloiden, Emulsionen, Dispersionen und Makromolekülen. Je nach Porengröße unterscheidet man Mikrofiltration, Ultrafiltration und Nanofiltration.

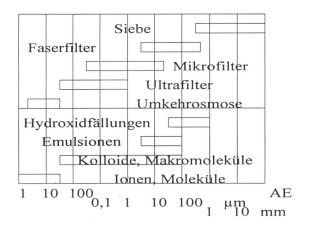

Bild 4-32:
Trennbereiche bei der Membran-
filtration.

Von der Technik der Anwendung her sind diese Verfahren vergleichbar. Feinporöse Membranen aus Kunststoffolien oder auch aus keramischem Material werden zu einem Rohr- oder
Flachmodul zusammengebaut und mit einer druckfesten Hülle umgeben. Bei keramischem
Material werden ausschließlich Rohre eingesetzt, die durch Sintern feiner Pulver gewonnen
werden. Sie zeichnen sich insbesondere durch ihre Verschleißfestigkeit gegenüber den oftmals
abrasiv wirkenden Feststoffpartikeln der Dispersionen und durch ihre chemische Beständigkeit
gegen Säuren und Laugen aus, so daß sie in der Behandlung von Prozeßwässern oftmals den
Vorzug bekommen. Kunststoffmembranen werden als Rohre, als Wickelmodule durch Auf-
wickeln von Kunststoffolien zusammen mit einer Träger- oder Stützfolie (Bild 4-33) oder als
Flachmembran angeboten.

Mikrofiltrationsmodule werden u.a. zum Aufkonzentrieren von Dispersionen eingesetzt. Sie
liefern damit keinen stichfesten Schlamm, sondern nur ein Schlammkonzentrat und das durch
das Filter hindurchtretende Permeat. Um die Membranschicht nicht zu verstopfen, wendet man
Mikrofilter in einer Querstromfiltration an, d.h. man durchströmt ein solches Modul parallel
zur Oberfläche mit so großer Strömungsgeschwindigkeit, daß die Partikel keine Zeit zum Absetzen bekommen. Die Module werden daher senkrecht aufgestellt, um ein Ablagern der Partikel auf der Filteroberfläche bei Pumpenausfall zu verhindern. Durch die Filterwandung treten
nur gelöste Stoffe und das Lösungsmittel aus. Die Funktionsweise eines Mikrofiltrationsmo-
duls zeigt Bild 4-33. Trotzdem kann es vorkommen, daß sich auf der Membran Ablagerungen
sich ansammeln. Man entfernt diese dann durch Rückspülen oder mit chemischen Hilfsmitteln.
Die Permeatleistung steigt mit steigendem Druck auf der Konzentratseite. Es werden jedoch
nur Drucke bis etwa 3 bar eingesetzt. Temperaturerhöhung bewirkt ebenfalls eine Steigerung
der Permeatleistung.

Die Ultra- und Nanofiltration unterscheidet sich von der Mikrofiltration nur dadurch, daß die
Porengröße der Membranen noch kleiner ist. Ultrafiltrationsmembranen werden daher nur aus
Kunststoff gefertigt (Bild 4-34). Beim Einsatz von Ultrafiltrationsverfahren muß beachtet werden, daß auch Makromoleküle durch dieses Verfahren abgetrennt werden können. Insbesondere wenn man Ultrafiltration zum In-Process-Recycling von Behandlungsbädern, z.B. Entfet-
tungen, einsetzt, kann durch dieses Verfahren eine Teilabtrennung der waschaktiven Substanzen erfolgen.

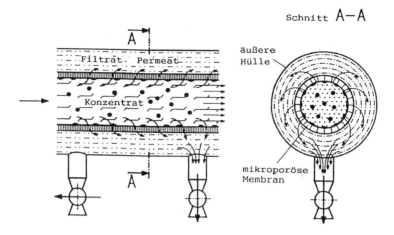

Bild 4-33: Arbeitsweise der Mikrofiltration am Beispiel eines Rohrmoduls [55, 56].

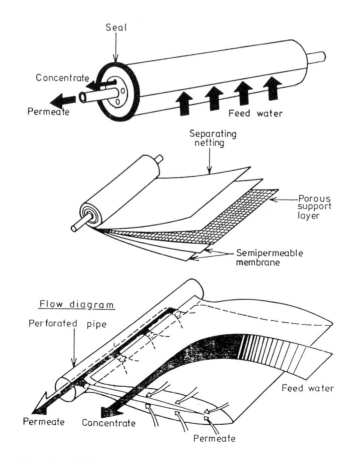

Bild 4-34: Herstellung eines Wickelmoduls [54]

4.2 Chemische und biologische Abwasserbehandlung

Abwasserlose Betriebe sind bislang nur sehr selten realisiert worden. Abwasser fällt bei fast allen Betrieben der metallverarbeitenden Industrie an. Einen Überblick über die möglicherweise zu entsorgenden Schadstoffe gibt nachfolgende Tabelle 4-6.

Tabelle 4-6: Mögliche Schadstoffe im Abwasser metallverarbeitender Betriebe.

Stoff	Abfallort zum Beispiel
Anorganische Feinstdispersionen	Emaillierbetriebe
lösliche organische Substanzen wie Tenside, Emulgatoren etc.	jeder Betrieb
unlösliche organische Stoffe	jeder Betrieb
Alkalisalze	jeder Betrieb
Silikate	jeder Betrieb
Laugen	jeder Betrieb
Salz- oder Schwefelsäure	Stahl- oder NE-Metallverarbeiter
Salpeter- und Flußsäure	Edelstahlverarbeiter
Phosphorsäure und Phosphate	Aluminiumverarbeiter, Lackierer (Phosphatierungen)
Eisensalze	Stahlverarbeiter
Nickelsalze	Galvanikbetriebe, Edelstahlverarbeiter
Zinksalze	Verzinkereien, Zinkverarbeiter, Zinkphosphatierer
Kupfersalze	Galvanikbetriebe, Kupferverarbeiter
Chromsalze, Chromate, Chromsäure	Galvanisierbetriebe, ABS-Verarbeiter
Aluminiumsalze	Aloxal-(Eloxal-)betriebe
Cyanide	Galvanikbetriebe, Härtereien
Komplexbildner	Galvanikbetriebe, Leiterplattenhersteller
Nitrit	Emaillierbetriebe

Lösliche anorganische Salze bilden die Salzfracht eines Abwassers. Lösliche organische und oxidierbare organische und anorganische Stoffe werden im Sauerstoffbedarf (CSB) erfaßt. Salze des Zinks, Kupfers, Chroms, Nickels etc. bilden die Schwermetallbelastung. Die Aufgabe, Abwasserverfahren zu konzipieren, kann unterteilt werden in eine Reduzierung des CSB-Wertes, Reduzierung der Abwasserbelastung durch Schwermetalle, Entgiftung des Abwassers, Neutralisation und Verminderung der Salzfracht.

4.2.1 Reduzierung des Sauerstoffbedarfs von Abwässer

Eine Reduzierung des Sauerstoffbedarfs ungiftiger oder entgifteter Abwässer bedeutet Oxidation oxidierbarer Abwasserbestandteile. Zwei Möglichkeiten sind dafür bekannt: eine biologische und eine chemische Oxidation.

Die biologische Verarbeitung von Abwässern wird im kommunalen Bereich in großem Umfang durchgeführt. Kernstück einer solchen Anlage ist das Belüftungsbecken, in dem der eigentliche Abbau biologisch abbaubarer und oxidierbarer Stoffe erfolgt (Bild 4-35). Um die

Ausnutzung des Sauerstoffs, der zur Belüftung zugeführt wird, zu verbessern, kann man einen Submersreaktor einsetzen (Bild 4-36). Bei diesem Reaktor wird die Flüssigkeit in ein Steigrohr gepumpt und über den Flüssigkeitsspiegel des Belebungsbeckens angehoben. Beim Übertritt in das anschließende Fallrohr entsteht Unterdruck, so daß Luft über Luftverteilerdüsen angesaugt wird. Im Fallrohr entsteht dann eine Kompression der Gasblasen, die die Löslichkeit des Sauerstoffs steigert. Beim Rohraustritt entweicht dann die verbliebene Luft, und die Gasblasen steigen an die Oberfläche. Bild 4-36 zeigt, daß die Sauerstoffausnutzung im Submersreaktor höher als im konventionellen Belebungsbecken ist. Überschußschlamm wird dann in herkömmlichen Faultürmen anaerob vergoren.

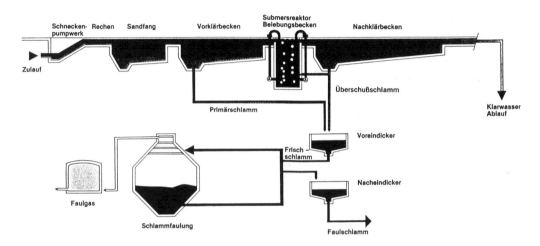

Bild 4-35: Kommunale Kläranlage mit Submersreaktor [57]

Mit dem Bio-Hochreaktor (Bild 4-38), der in der chemischen Industrie entwickelt wurde, liegt ein weiteres Konzept vor, mit dem die Sauerstoffausnutzung gesteigert und stoßartige Belastungen ausgeglichen werden können. Der Bio-Hochreaktor ist ein Schlaufenreaktor, der in einem Turm von 25 m Höhe eingebaut ist, und dessen Flüssigkeit im Innern durch die eingedüste Luft in eine sehr starke turbulente Strömung versetzt wird. Durch seine Bauhöhe lastet auf dem einzudüsenden Sauerstoff ein erhöhter hydrostatischer Druck von mehr als 2,5 bar, wodurch die Sauerstofflöslichkeit im Abwasser erhöht wird (Henrysches Gesetz). Das Pumpprinzip ist das einer Mammutpumpe. Unter dem Belebungsraum A ist ein Innenrohr B angebracht. Die Luftzufuhr und die Zufuhr von Abwasser erfolgt am Boden des Reaktors. C stellt die Luftdüsen dar. Zwischen dem Hochleistungsbereich A_1 und dem Nachreaktionsraum A_2 ist ein Lochboden angebracht, der den Nachreaktor vom Schlaufenreaktor trennt. Im Raum D erfolgt die Entgasung, in E die Nachklärung und über die Pumpe F wird der Belebtschlamm wieder zurückgeführt. Die Düsen G dienen der Zufuhr von Entschäumern.

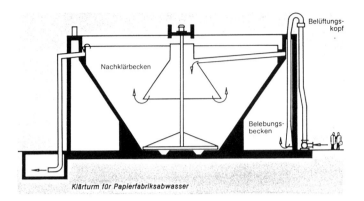

Bild 4-36:
Der Submersreaktor [57]

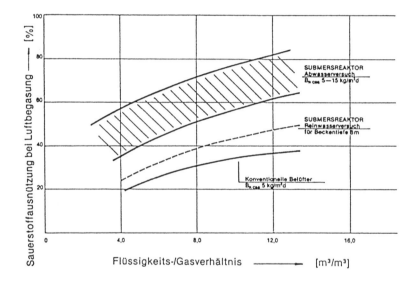

Bild 4-37: Sauerstoffausnutzung im Submersreaktor (gestrichelt) im Vergleich zu einem konventionellen Belüfter [57]

Die chemische, oxidative Abwasserbehandlung geht auf die Tatsache zurück, daß unter hohem Druck, bei hohen Temperaturen Sauerstoff in Wasser zu einer sehr reaktiven Oxidationskraft findet. Das Verfahren, ursprünglich als Wet-Air-Oxidation bekannt, heute Zimmermann-Prozeß genannt, beruht darauf, daß man Sauerstoff oder Luft in eine unter Druck stehende wäßrige Lösung einpreßt, so daß ein Gemisch aus Sauerstoff als Oxidationsmittel und oxidierbare Substanz entsteht. Viele schlecht abbaubare organische Substanzen reagieren erst bei Temperaturen oberhalb 280°C mit Sauerstoff in wäßriger Phase. Im Extremfall muß man daher die Reaktionsbedingungen bis zu den kritischen Druck- und Temperatur-Bedingungen des Wassers steigern. Die Oxidationsreaktion ist exotherm. Je höher daher die organische Belastung des Abwassers ist, desto besser gestaltet sich daher der Energiehaushalt des Verfahrens. Die Reaktionsbedingungen, unter denen das Verfahren eingesetzt wird, sind unterschiedlich.

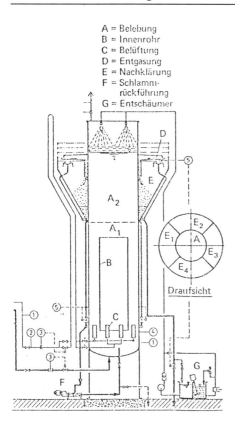

A = Belebung
B = Innenrohr
C = Belüftung
D = Entgasung
E = Nachklärung
F = Schlamm-
    rückführung
G = Entschäumer

Draufsicht

Bild 4-38:
Bio-Hochreaktor [58]

Grundlage des Verfahrens ist das Fließbild Bild 4-39. Die spezifischen Kosten des Verfahrens werden umso geringer, je größer die Anlage ist, wobei höhere organische Belastung sich energetisch sehr günstig auswirkt (Bild 4-40). Die Werkstofffrage ist dabei kritisch zu sehen, weil unter Reaktionsbedingungen metallische Werkstoffe ebenfalls angegriffen werden. Die Gesamtkosten des Verfahrens sind jedoch erheblich günstiger, als die einer Kombination aus Eindampfen und Verbrennen. Nur die biologischen Verfahren sind kostenmäßig vergleichbar (Bild 4-40). Als Kosten wurden alle einschließlich Kapitalrendite berücksichtigt. Betrachtet werden Anlagen aus Hastelloy, Edelstahl und Titan. Oberhalb eines CSB-Wertes von 50 kg/m³ oder 50000 mg/l kann so viel Energie in Form von Dampf gewonnen werden, daß der Energiebedarf des Gesamtprozesses bei Kosten von 25 bis 30 DM/t Dampf energiemäßig autark verläuft. Anwendung findet das Verfahren z.B. bei der Rafinaria de Petroleos de Manguinhos S.A. in Rio de Janiero. Dort wendet man etwa 260 °C bei entsprechendem Gleichgewichtsdruck des Wassers an [59].

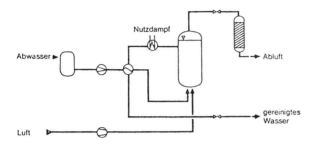

Bild 4-39:
Verfahrensfließbild des Zimmer-
mann-Prozesses [61]

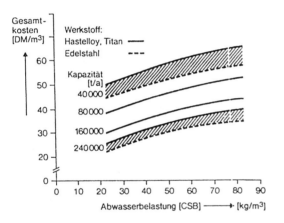

Bild 4-40:
Spezifische Kosten der Naßoxidation [61]

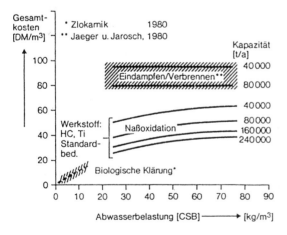

Bild 4-41:
Kosten der Naßoxidation im
Vergleich [61]

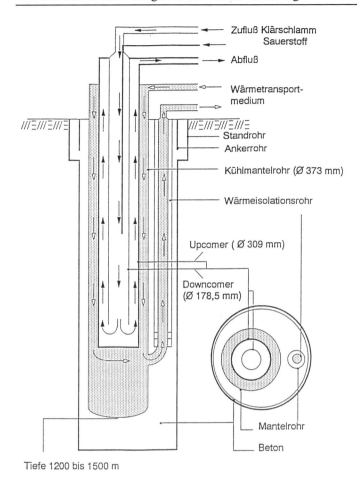

Tiefe 1200 bis 1500 m

Bild 4-42:
Der Ver Tech-Reaktor
[101]

Beim Ver Tech-Verfahren (Bild 4-42, 4-43) werden ebenfalls relativ hohe Temperaturen von 270 °C bis 280 °C und entsprechende Drucke angewendet, um Klärschlämme umzusetzen. Dabei erfolgt die Naßoxidation in einem Tiefschacht bei 270 bis 280 °C. Der erzielbare Umsatz liegt in der Größenordnung von 80 %, abhängig von den Inhaltsstoffen des Klärschlamms. Zentrale Einheit ist ein ummanteltes Druckrohr von etwa 1200 m Länge, das senkrecht in einem Bergbauschacht angebracht ist. Da der Schlamm eine Dichte $\gg$ 1 g/cm^3 hat, wird ein der Temperatur von 270-280 °C entsprechender hydrostatischer Druck erreicht. Beim Ver Tech-Verfahren nutzt man einen Untertagebau von 1200 m Teufe, um den notwendigen Druck statisch zu erzeugen.

Das Niederdruck-Naßoxidations-Verfahren LOPROX [60] der Bayer AG (Bild 4-44) arbeitet dagegen bei 120 bis 200 °C und 3-20 bar Druck mit Verweilzeiten von weniger als 3 h, überläßt aber die teilweise nur anoxidierten Schadstoffe einer biologischen Nachreinigung. Die Druckerzeugung erfolgt normalerweise durch entsprechende Hochdruckpumpen. Alkalische oder neutrale Abwässer werden zunächst mit NaOH alkalisiert, gegebenenfalls ein Katalysator zugesetzt. Das Abwasser wird über Wärmetauscher unter Ausnutzung der Abwärme des Oxidationsreaktors aufgeheizt, mit sauren Abwässern neutralisiert und mit Sauerstoff gemischt. Die Mischung gelangt dann in der Druckreaktor. Nach erfolgter Umsetzung wird die Reaktionslösung über einen Wärmetauscher geführt und anschließend entspannt. Da aus stickstoffhaltigen Produkten Ammoniak entstehen kann, wird die Lösung mit NaOH alkalisiert und Ammoniak in einem Stripper ausgetrieben.

Das Verfahren, Abwässer einfach zu verbrennen, wird in einem nachfolgenden Kapitel über Emulsionsspaltung behandelt.

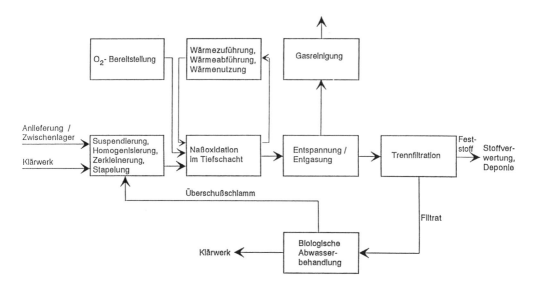

Bild 4-43: Fließbild des Ver Tech-Verfahrens [101]

Als Oxidationsmittel kann in kleineren Anlagen auch Wasserstoffperoxid H_2O_2 verwendet werden. Allerdings ist dieses Oxidationsmittel ohne Anregung durch Katalysatoren oder UV-Licht in verdünnter Form sehr reaktionsträge. Zur Abwasserbehandlung wurde daher eine Vielzahl an UV-Oxidations-Reaktoren entwickelt. An häufigsten angeboten wird ein Reaktor, bei dem der UV-Strahler im Zentrum einer vom Abwasser durchströmten Röhre steht und kontinuierlich mit Abwasser und Oxidationsmittel beschickt wird. Dabei besteht natürlich das Problem, daß Abwässer fast stets Trübstoffe enthalten, die den Lichtdurchtritt behindern oder gar Beläge auf der Oberfläche des Strahlers erzeugen. Die Lösung des Problems ist der Flachbettreaktor (Bild 4-45), bei dem ein dünner Wasserfilm von weniger als 2 mm bis wenigen Zentimetern Dicke von oben, berührungslos mit UV-Strahlung einer Quecksilberlampe bestrahlt wird [62]. Vorteil des UV-Oxidationsverfahrens ist, daß auch schwer abbaubare Schadstoffe und Komplexbildner dadurch abgebaut werden können. Tabelle 4-7 zeigt eine Zusammenstellung der mit Hilfe der UV-Methode abbaubaren Substanzen, Tabelle 4-8 stellt als Beispiel die Kosten beim Einsatz in einer Autowaschanlage zusammen.

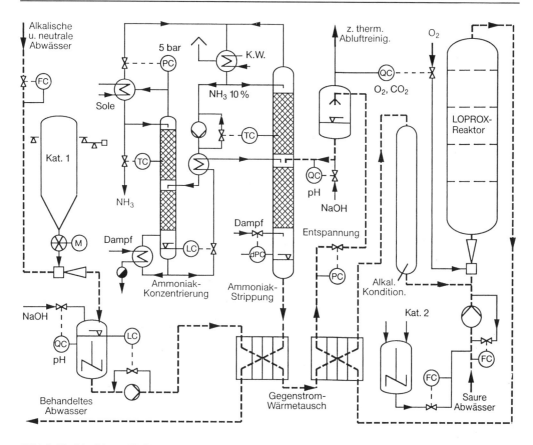

Bild 4-44: Verfahrensfließbild des Bayer-LOPROX-Verfahrens [60]

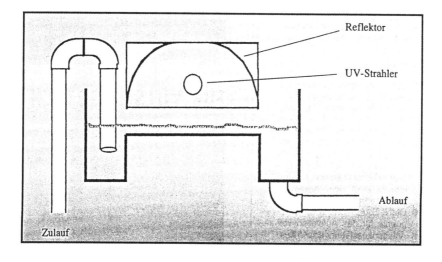

Bild 4-45: Skizze eines Flachbettreaktors nach [62]

Eine Alternative zu den geschilderten Verfahren ist das Eindampfen der Abwässer. Eindampfen führt normalerweise bei Brüdenverdampfern nur zu einem Konzentrat, das dann weiter behandelt oder verbrannt werden muß. Nachteilig ist, daß bei Brüdenverdampfern das Produkt direkt mit der Heizwandung in Kontakt kommt, wodurch bei zu weitgehender Eindampfung Inkrustierungen entstehen, die die Leistung des Verdampfers mindern. Mit einem Infrarot-Strahlungs-verdampfer, der mit gasbefeuerten Glühstrahlern bestückt ist, kann man Abwässer jedoch bis zur Trockne eindampfen, weil die IR-Strahler mit dem Produkt nicht in Berührung kommen. In Bild 4-46 wird die Funktionsweise des Brenners gezeigt. Die Brennerplatte 5 ist eine Keramikplatte, die in wenigen Sekunden 900 °C Oberflächentemperatur erreicht. 1 und 2 sind Gas- und Luftzufuhr mit ihren Regelorganen, 3 ist die Mischkammer und 4 das Brennergehäuse.

Tabelle 4-7: Übersicht über die mit UV-Licht abbaubaren Substanzen nach [62]

Abbaubare Substanzen	Wasserherkunft	Branchen
CKW, Per-, Tri-, Vinylchlorid	Grundwasser Abwasser	Metall, Elektro, Chemie
Aromatische KW wie Benzol, Toluol, Xylol	Grundwasser	Chemie
Polycyclische Aromaten	Grundwasser	Gaswerksstandorte
Phenole, Resorcin	Abwasser	Chemie
Chlorbenzol, Chlorphenol	Abwasser	Chemie
Adsorbierbare organische Halogen-verbindungen (AOX)	Abwasser	Metall, Papier, Chemie
TNT und Nitroaromaten	Grundwasser	Chemie, Sanierung alter Militär-standorte
Pestizide	Trinkwasser	Nahrungsmittelindustrie
Tenside	Abwasser	Metall, Textil
Cyanide	Abwasser	Metall, Gaswerkstandorte
Komplexbildner, EDTA	Abwasser	Metall, Leiterplatten, Textil
Ammonium	Sickerwasser	Deponiestandorte
CSB	Abwasser, Sickerwasser	Metall, Deponiestandorte

Tabelle 4-8: Anwendung der UV-Oxidation zur kontinuierlichen Waschwasseraufbereitung in einer Autowaschstraße nach [62]

Problemstellung	Waschwasseraufbereitung einer Autowaschanlage, so daß das Wasser im Kreislauf geführt werden kann.	
Betriebsparameter	Herkunft des Wassers: Portalwaschanlage für Kfz	
Ausgangslage	Menge: 15 m³ in Kreislaufführung = 0,5 m³/h = 1680 m³/a Inhaltsstoffe CSB (heterogen, Mineralöl-KWs), Schmutz: 400-600 mg/l	
Durchführung	UV-aktivierte Oxidation mit Wasserstoffperoxid im Flachbettreaktor	
Ergebnisse nach der UV-Oxidation	Inhaltsstoffe: 80 mg/l	
Betriebsmittel	Energie 5 Kwh/m³ (UV-Strahler + Pumpe)	0,80 DM/m³
	Wasserstoffperoxid	0,40 DM/m³
	Wartung + Ersatzteile	0,48 DM/m³
	Gesamtbetriebskosten	1,63 DM/m³
	entsprechend	2809,00 DM/a
Investitionskosten		35 000,00 DM
Kostenersparnis	für Frischwasser und Abwasser 2600 m³/a	22 100,00 DM/a

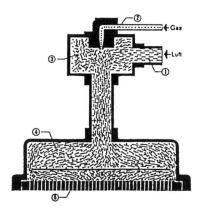

Bild 4-46:
Wirkungsweise eines IR-Flachbrenners nach [63]

Die Energiedichte des Brenners liegt bei 14 Wh/cm². Die auf der Flüssigkeitsoberfläche enstehenden Dämpfe (Wasserdampf) werden mit dem Rauchgas des Brenners fortgetragen. Im Verlauf der Eindampfung kristallisieren Salze aus und können aus der Mutterlauge gegebenenfalls isoliert werden. Schaumbildung wird durch die hohe Temperatur der Wärmestrahlung unterdrückt, weil jedes Gasbläschen sofort seine Flüssigkeit verliert. Bild 4-48 zeigt die Funktionsweise des Verfahrens bei Anwendung für einen Galvanikbetrieb [63]. Bild 4-47 gibt einen Kostenvergleich, beruhend auf Daten von 1993, für Brüdenverdampfer im Vergleich zu IR-Verdampfern.

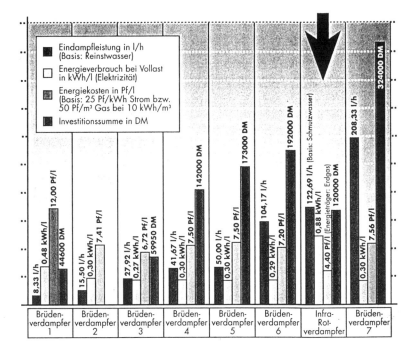

Bild 4-47: Kostenvergleich IR-Eindampfung mit Brüdeneindampfung nach [63]

4.2.2 Entgiftung von Abwässern

In der metallverarbeitenden Industrie werden bei Reinigung, Vorbehandlung, Härten und Beschichten zahlreiche Chemikalien verwendet, die spezielle Maßnahmen bei der Entsorgung notwendig machen. Die wichtigsten Chemikalien sind: Chromsäure und Chromate, Cyanide, Salpetersäure, Nitrit und Nitrat, Phosphorsäure und Phosphate, Komplexbildner. Über die Behandlungsmöglichkeiten dieser Chemikalien wird im Folgenden berichtet.

Eine chemische Reaktion ist nur dann geeignet, in der Abwasserbehandlung eingesetzt zu werden, wenn sie folgende Bedingungen erfüllt:

– Die Behandlungsreagentien und deren verbleibende Überschüsse dürfen nicht toxisch sein

– Die Reaktionsgleichgewichte der durchzuführenden Entgiftungsreaktion sollen stark auf der gewünschten Umsatzseite liegen, um die Reststoffkonzentrationen unter die Grenzwerte zu drücken.

– Die Reaktionen sollen mit hoher Geschwindigkeit ablaufen.

– Die Prozeßführung muß mit einfachen Mitteln durchführbar sein, damit die Entgiftungsreaktion jedem Betrieb zugänglich ist.

– Der Schadstoff, die Behandlungschemikalie oder eines der Reaktionsprodukte muß meß- und registrierbar sein, um Durchlaufanlagen betreiben zu können.

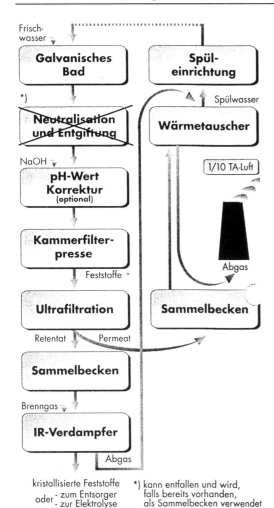

Frisch-
wasser

Galvanisches Bad

**Spül-
einrichtung**

*)

~~Neutralisation und Entgiftung~~

Wärmetauscher

Spülwasser

NaOH

pH-Wert Korrektur
(optional)

1/10 TA-Luft

**Kammerfilter-
presse**

Feststoffe

Abgas

Ultrafiltration

Sammelbecken

Retentat   Permeat

Sammelbecken

Brenngas

IR-Verdampfer

Abgas

kristallisierte Feststoffe
oder - zum Entsorger
     - zur Elektrolyse

*) kann entfallen und wird,
falls bereits vorhanden,
als Sammelbecken verwendet

Bild 4-48:
Verfahrensfließbild: Betrieb einer Galva-
nikanlage mit IR-Abwassereindampfung nach
[63]

Cyanidentgiftung

Eine wirkungsvolle Cyanidentgiftung im metallverarbeitenden Betrieb ist mit einer Oxidation des Cyanids zum Cyanat verbunden. Als Oxidationsmittel kommen außer Luftsauerstoff bei der Naßoxidation bei 120 bis 200°C unter Druck Ozon, Wasserstoffperoxid, Peroxischwefel-säure oder Peroxisulfat und Hypochlorid in Frage. Die Oxidationsgleichung lautet

$$CN^- + H_2O = CNO^- + 2\,H^+ + 2\,e \tag{4.24}$$

Cyanidlösungen müssen stets alkalisch sein, um das Austreten von HCN zu vermeiden. Ober-halb pH 10 kann das Cyanat weiter zu Stickstoff und CO_2 oxidiert werden.

Die Oxidationsmittel reagieren mit dem Cyanid gemäß

$$2\,CN^- + 2\,OCl^- = 2\,CNO^- + 2\,Cl^- \tag{4.25}$$

$$CNO^- + 2\,H_2O = NH_3 + CO_3^{2-} \tag{4.26}$$

Die Entgiftung wird im alkalischen Bereich bei pH > 10 durchgeführt. Wird mit etwas überschüssigem Hypochlorid gearbeitet, kann beim Neutralisieren auch der Totalabbau des Cyanats erfolgen

$$2 \, CNO^- + 3 \, OCl^- + H_2O = N_2 + 2 \, CO_2 + 3 \, Cl^- + 2 \, OH^- \qquad (4.27)$$

Andere Oxidationsmittel führen im Allgemeinen nur zum Cyanat, das dann nach (4.26) hydrolysiert. Mit Wasserstoffperoxid reagiert Cyanid gemäß

$$H_2O_2 + CN^- = H_2O + OCN^- \qquad (4.28)$$

Die Reaktion wird bei pH 10 unter Zugabe eines Redox-Katalysators durchgeführt.

Mit dem Oxidationsmittel Peroxosulfat reagiert Cyanid entsprechend

$$HSO_5^- + CN^- + OH^- = OCN^- + SO_4^{2-} + H_2O \qquad (4.29)$$

bei pH 10. Arbeitet man mit einem Überschuß an Peroxosulfat, kann man beim Ansäuern das Cyanat ebenfalls bis zum Stickstoff abbauen

$$3 \, HSO_5^- + 2 \, OCN^- + 2 \, H^+ = N_2 + 2 \, CO_2 + 3 \, HSO_4^- + H_2O \qquad (4.30)$$

Cyanidabbau mit Ozon oder Wasserstoffperoxid [64] unter dem Einfluß einer UV-Bestrahlung kann ebenfalls erfolgreich eingesetzt werden.

Oxidation von Cyanid mit Luftsauerstoff ist im pH-Bereich > 10 eine sehr langsame Reaktion, die technisch kaum angewendet wird.

Unter den aufgeführten Oxidationsmitteln sind Verfahren mit Wasserstoffperoxid fast rückstandsfrei durchführbar, weil nur die zur Stabilisierung von Wasserstoffperoxid eingesetzte Phosphorsäure eine geringe Verunreinigung mit sich bringt. Auch zersetzt sich überschüssiges Wasserstoffperoxid sehr schnell und gibt Sauerstoff ab, insbesondere wenn Schwermetallspuren im Abwasser sind. Bei der Oxidation mit Peroxomonosulfat entsteht Sulfat, das jedoch bei Zugabe von Kalkmilch als Gips aus dem Abwasser entfernt werden kann. Hypochlorid als Oxidationsmittel salzt dagegen das Abwasser mit Chloriden auf, so daß bei dieser Methode die Salzfracht ansteigt. Organisches Material, das vielfach im Abwasser enthalten ist, kann zudem chloriert werden und damit die Fracht an AOX (adsorbierbare organische Chlorverbindungen) erhöhen. Darauf wies L. Hartinger [40] bereits hin.

Die Oxidation des Cyanids zum Cyanat kann auch anodisch erfolgen. Allerdings liegen in den Abwässern im allgemeinen nur sehr geringe Cyanidkonzentrationen vor, so daß die anodische Stromausbeute stark sinkt und die Elektrolysezeit stark ansteigt. Bei Anwesenheit von Chloriden entsteht Hypochlorid, das den Reaktionsverlauf beschleunigt [65]. Allerdings ist es dann billiger, Hypochlorid einzukaufen oder aus Chlorgas und NaOH selbst herzustellen.

Die beschriebenen Oxidationsreaktionen sind alle mit Hilfe von Redox-Potentialmessungen verfolgbar. Ebenso wie freies Cyanid können im Prinzip auch alle komplexen Cyanide entgiftet werden. Dabei sind die Cyanokomplexe von Zink, Cadmium und Kupfer problemlos zu zersetzen. Schwieriger sind die Cyanokomplexe von Nickel, Silber und Eisen zu zersetzen. Die Reaktion muß daher bei Überschuß an Oxidationsmittel ausgeführt werden, wobei die Zugabe von Sulfid abspaltenden Agentien vor der Oxidation die Schwermetallsulfide ausfallen und das Cyanid frei werden läßt.

Nitritentgiftung

Die Entgiftung von Nitrit durch Oxidationsmittel wird bei pH < 4 durchgeführt und führt grundsätzlich zum Nitrat. Alle für die Cyanidentgiftung geeigneten Oxidationsmittel können auch hier eingesetzt werden. Allerdings sollte man gerade deshalb, weil das ebenfalls belastende Nitrat entsteht, grundsätzlich keine Oxidationsmittel zur Nitritentgiftung mehr verwendet werden. Einfach gelingt die Nitritentgiftung durch Umsetzung mit Amidosulfonsäure gemäß

$$HNO_2 + NH_2 SO_3 H = N_2 + H_2 SO_4 + H_2 O \tag{4.31}$$

Diese Reaktion, die bei Raumtemperatur und bei pH 3-4 stattfindet, ist problemlos und liefert als Reaktionsprodukt ausschließlich Sulfat, daß bei Neutralisation mit Kalkmilch als Gips entfernt werden kann.

Die Umsetzung von Nitrit mit Harnstoff gelingt ebenfalls bei pH 3-4, erfordert aber ein Erwärmen auf mehr als 60°C.

Chromatentgiftung

Jede Chromatentgiftung ist ein reduktives Verfahren. Das sechswertige Chrom wird dabei in die dreiwertige Form überführt. Technisch sind dazu vor allem Schwefeldioxid, Sulfit oder zweiwertige Eisensalze einsetzbar. Die Reduktion erfolgt im sauren Bereich. Am einfachsten leitet man über eine Dosierung Schwefeldioxid gasförmig in das Abwasser ein, in dem es sich zu schwefliger Säure löst. Diese reagiert dann mit Chromsäure gemäß

$$3 HSO_3^- + 2 H CrO_4^- + 8 H^+ = 2 Cr^{3+} + 3 HSO_4^- + 5 H_2 O \tag{4.32}$$

Bei Umsetzung mit zweiwertigen Eisenverbindungen entstehen dreiwertige Eisensalze, die bei einer anschließenden Fällung als Eisenhydroxid mit verwendet werden können. Die Reaktion läuft im sauren Bereich nach folgender Gleichung ab

$$HCrO_4^- + 3 Fe^{2+} + 7 H^+ = Cr^{3+} + 3 Fe^{3+} + 4 H_2 O \tag{4.33}$$

Das eingesetzte Eisensalz fällt in einer Reihe von Beizprozessen als Sulfat an.

Die Reduktion von Chromsäure und Chromationen kann auch elektrochemisch durchgeführt werden. Hierzu gut geeignet ist z.B. das enViro-cell Festbettverfahren [66], bei dem Stromausbeuten bis 100% erzielt werden. Das Verfahren ist auch geeignet, Chromationen in Spülwässern zu reduzieren.

Entsorgung von Phosphaten, Fluoriden und Sulfat

Phosphate, Sulfate und Fluoride bilden mit Calciumionen relativ schlecht lösliche Salze. Nachfolgende Tabelle zeigt einige Löslichkeitsangaben.

Calciumsalz	Löslichkeit in Wasser bei Raumtemperatur
$CaSO_4$	1404 bis 1990 mg Sulfat/l
CaF_2	7,3 bis 15 mg Fluorid/l
$CaHPO_4$	70 bis 100 mg Phosphat/l
$Ca_5 (OH)(PO_4)_3$ (entsteht bei pH > 10)	3 mg Phosphat/l

Die Löslichkeitsangaben schwanken, weil mit anwesende Fremdsalze zur Löslichkeitserhöhung führen können. Polyphosphate werden nicht ausgefällt. Polyphosphathaltige Lösungen müssen daher zunächst angesäuert und zu Monophosphaten hydrolysiert werden, ehe sie mit Kalkmilch ebenfalls ausgefällt werden können.

Sulfat in Mengen > 400 mg Sulfat/l verursacht Betonkorrosion, das sogenannte „Ettringit-Treiben" (Ettringit $Ca_6 Al_2[(OH)_4 SO_4]_3 \cdot 24 H_2 O$) [152]. Die Löslichkeit von Gips in Wasser ist also zu hoch, um das Ettringit-Treiben des Betons zu verhindern. Es ist deshalb unter diesen

Umständen notwendig, gelösten Gips in Ettringit umzuwandeln, dessen Löslichkeit bei pH-Werten von 11,5 einem Restsulfatgehalt von 50-100 mg Sulfat/l entspricht. Die Fällung wird dann in zwei Reaktionsschritten durchgeführt:

– Neutralisation schwefelsaurer Abwässer durch gelöschten Kalk

$$3\ H_2 SO_4 + 3\ Ca(OH)_2 = 3\ CaSO_4 + 6\ H_2 O \tag{4.34}$$

– Ettringitbildung durch Zusatz von Calciumaluminat

$$Ca_3\ [Al(OH)_6\ ]_2 + 3\ CaSO_4 + 24\ H_2 O = Ca_6\ Al_2\ [(OH)_4\ SO_4\ ]_3\ .24\ H_2 O \tag{4.35}$$

Hohe Natriumionenkonzentrationen $\gg$ 1000 mg/l können die Fällungsreaktion stören oder unterbinden [153]. Ein Überschuß an Calciumaluminat ist zu vermeiden.

Entfernung von Komplexbildnern

Auf dem Markt ist eine Vielzahl organischer Komplexbildner bekannt. Sie dienen zum Einlösen von Ionen wie Schwermetallionen aber auch Calcium. Von den vielen bekannten organischen Komplexbildnern sind jedoch im allgemeinen nur eine sehr beschränkte Anzahl in den Produkten im Einsatz, die in der metallverarbeitenden Industrie verwendet werden. Die Verwendung von starken oder „harten" Komplexbildnern ist stark eingeschränkt worden. Die Verwendung von EDTA wurde gesetzlich verboten. Die sicherste Methode, Komplexbildner aus Abwasser zu entfernen, ist die Totalzerstörung des organischen Moleküls durch Oxidation, wie es unter Senkung des CSB beschrieben wurde. Man kann Schwermetallionen aus Komplexbildnern dadurch verdrängen, daß man Calciumionen im Überschuß zusetzt. Manche Komplexbildner wie Gluconsäure können durch Einsatz von Eisensalzen zerstört werden. Der Gluconsäurekomplex wird bei einem Verhältnis von Metallionen: Gluconsäure > 3:1 zerstört. Eines der Mittel, mit denen man Schwermetalle wie aus Komplexen fällen kann, ist der Zusatz vom DMDT (Dimethyl-dithiocarbamat). Generell stellen jedoch unzersetzt im Abwasser verbleibende organische Komplexbildner ein Potential für die Einlösung von Altlasten dar. So können in den Abwasserkanälen z.B. Ablagerungen von Schwermetallsalzen, die dort seit langer Zeit unbemerkt liegen, wieder eingelöst und weitertransportiert werden. Das beste Mittel, betriebliche Störungen im Abwasserbereich zu vermeiden, ist organische Komplexbildner nur dort einzusetzen, wo es unumgänglich notwendig ist [47], und dann die Abwasseranlage mit einer Oxidationsstufe zur Reduzierung des CSB auszurüsten.

Entfernung von Tensiden

Tenside sind in vielen Behandlungsbädern der metallverarbeitenden Industrie enthalten. Reinigung, Beizen, Dekapierungen, galvanische Verfahren, chemische Verkupferungsbäder etc. enthalten Tenside aller Art. Emulsionen führen Emulgatoren mit sich. Grundsätzlich sollten in einer Abwasseranlage nicht gleichzeitig anionische und kationische Tenside zusammenkommen, weil die Tenside dann ein schmieriges Salz bilden, das den ordnungsgemäßen Behandlungsablauf stört.

Tenside und Emulgatoren können durch Ultrafiltration teilweise abgetrennt werden. Nur die niedermolekularen organischen Bestandteile werden dabei nicht abgetrennt. Anionische Tenside können durch Adsorption an Eisenhydroxid- oder Aluminiumhydroxidflocken mit Erfolg aus Abwasser entfernt werden [67]. Tenside bilden den Hauptteil der organischen Belastung, des CSB-Wertes, und müssen daher oxidativ entfernt werden.

Entfernung von Nitrat

Die Nitratbelastung des Grundwassers stellt schon heute ein Problem dar. Die Industrie sollte daher nicht dazu beitragen, die Nitratbelastung der Umwelt zu steigern. Deshalb ist es keine Lösung, zur Nitritentfernung oxidative Methoden einzusetzen. Nitrat ist in der metallverarbeitenden Industrie in Form der Salpetersäure zum Beizen im Einsatz.

Von sehr begrenztem Umfang ist der Nitrateinsatz in einigen Phosphatierverfahren. Die Grundwasserbelastung mit Nitrat resultiert vor allem aus der Landwirtschaft und der Verwendung von Nitraten als Düngemittel. Der Nitratabbau erfolgt daher abwasserseitig in biologischen Kläranlagen. Über eine katalytische Reduktion von Nitrat mit Wasserstoff zur Reinigung von dem Grundwasser entnommenem Reinwasser berichten M. Sell, M. Bischoff, D. Bonse [68]. Dabei wird nitrathaltiges Brunnenwasser bei etwa 6 bar Druck mit einem Cu/Pd-Suspensions-Träger-Katalysator durch Wasserstoff zu Stickstoff reduziert. Dieses Verfahren ist sicher nicht auf Abwässer anwendbar, weil dort zu viele Katalysatorgifte einwirken. Man kann auch Wasserstoff mit Hilfe von Biomasse zur Nitratreduktion einsetzen. Nach diesem für Grundwasser angebotenen Verfahren wird die auf einem körnigen Trägermaterial immobilisierte Biomasse mit Wasserstoff versorgt, so daß eine Reduktion des Nitrats zum Stickstoff erfolgt. Dabei diffundiert der Wasserstoff durch Membranen der Löslichkeit im Wasser entsprechend hindurch, so daß kein Aufperlen des Wasserstoffs beobachtet wird. Dieses Verfahren wurde bislang nicht für Abwässer eingesetzt. Bild 4-49 zeigt ein Fließbild der Anlage.

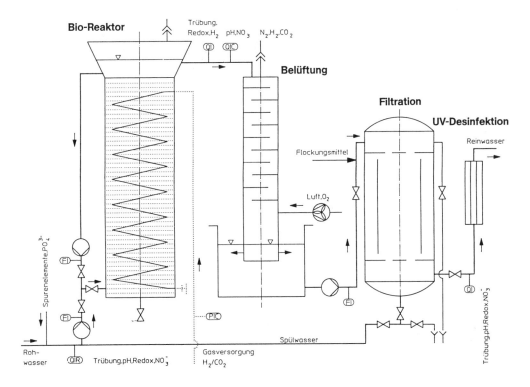

Bild 4-49: Berko-MFT-Verfahren zur biologischen Reduktion von Nitrat mit Wasserstoff [69]

4.2.3 Fällung und Abscheidung von Schwermetallen

Schwermetalle können grundsätzlich in bestimmten pH-Bereichen als Hydroxide gefällt werden. Sind mehrere verschiedene Schwermetalle gleichzeitig im Abwasser enthalten, muß ein Kompromiß eingegangen werden. Bild 4-50 kann der jeweilige pH-Bereich entnommen werden.

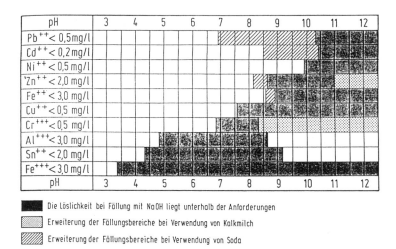

Bild 4-50: Fällungsbereiche für Hydroxide von Schwermetallen nach [40]

Man muß dabei beachten, daß die Fällungsbereiche für verdünnte wäßrige Lösungen ohne Komplexbildner gelten. Hohe Neutralsalzfrachten können die Löslichkeit eines Hydroxids beeinflussen. Bei Aluminium und Zink ist zu beachten, daß diese Metalle als Aluminat bzw. Zinkat im alkalischen pH-Bereich wieder löslich werden. Bei manchen Metallen helfen Restgehalte an Phosphat, um die Fällung des Metalls zu verbessern. So ist z.B. Zinkphosphat schon oberhalb pH 4 schwerlöslich. In der Praxis führt man jedoch nur selten die Fällung des Schwermetallhydroxids ohne Fällungszusätze durch, weil man sonst einen erhöhten Filtrationsaufwand betreiben muß. Als Fällungszusatz werden vor allem dreiwertige Eisensalze, aber auch Aluminiumsalze, eingesetzt. Eisensalze sind z.B. als Beizabfälle preisgünstig im Handel. Man sollte jedoch daran denken, daß mit dem Fällungszusatz die Gesamtsalzfracht des Abwassers nicht erhöht werden sollte. Anstelle von Chloriden sollten daher Sulfate verwendet werden. Man verfährt dann so, daß man das zu behandelnde Abwasser auf pH 3 ansäuert und dann mit einer Eisensalzlösung versetzt, so daß eine klare Lösung entsteht. Die Lösung wird dann neutralisiert, wobei als Neutralisationsmittel gelöschter Kalk vorzuziehen ist. Es werden auch Natronlauge, Soda oder $CaCl_2$/NaOH-Mischungen verwendet. Bei Einsatz von Eisen- oder Aluminiumsulfat flockt dann eine voluminöse Hydroxidflocke mit sehr großer Oberfläche aus, die die gleichzeitig mit ausfallenden Schwermetallhydroxide, Kolloide, Phosphate aber auch Bakterien und Pilze mit aufnimmt. Wird biologisch befallenes Abwasser behandelt, kann es vorkommen, daß die an sich spezifisch schwerere Flocke sich nicht am Boden des Absitzbehälters sammelt, sondern aufschwimmt, weil durch die Bakterien oder Pilze sich Gasblasen in der Flocke ansammeln. Erst durch Einsatz von Bioziden sind dann diese Schwierigkeiten zu beheben. Ist der pH-Wert bei der Zugabe des Fällungszusatzes zu hoch, fällt Eisenhydroxid schon bei der Zugabe in kolloidaler Form an. Dies muß auf jeden Fall vermieden werden, weil die Kolloide erst mit sehr viel Säurezugabe wieder aufgelöst werden können.

Die Verwendung von Sulfat und gelöschtem Kalk hat auch den Vorteil, daß die Filtration der Fällung auf Filterpressen verbessert wird, der Schlamm konditioniert wird. Es ist im allgemeinen nicht unbedingt notwendig, organische Zusätze zur Schlammkonditionierung zu verwenden. Die Neutralisation mit gelöschtem Kalk bei gleichzeitiger Verwendung von Eisen- oder Aluminiumsulfat als Fällungszusatz reicht in den meisten Fällen aus.

Anstelle der Zugabe von Eisen- oder Aluminiumsalzen kann man nach dem Klose-Clearox-Verfahren die Eisenhydroxidflocke auch durch anodisches Auflösen von Eisen- oder Aluminiumplatten bei pH 6-8 erzeugen [70]. Bei diesem Verfahren wird jede weitere Aufsalzung des Abwassers vermieden. Da an den Elektroden kathodisch atomarer Wasserstoff gebildet wird, werden Reduktionsprozesse eingeleitet. Ebenso laufen an den Anoden Oxidationsprozesse ab. Bild 4-51 zeigt ein vereinfachtes Verfahrensschema einer mit Hilfe des Verfahrens ausgeführten Abwasserbehandlungsanlage. Über die Wirksamkeit des Verfahrens geben Metzing, Dose und Voigtländer [70] die in Bild 4-52 gezeigte Auskunft.

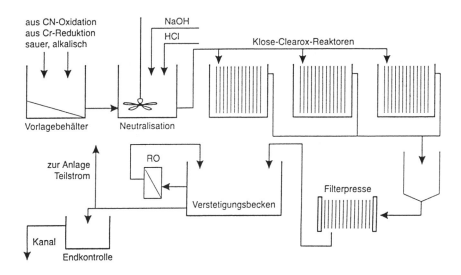

Bild 4-51: Verfahrensschema einer Abwasserbehandlung nach dem Klose-Clearox-Verfahren der Abwasseranlage bei Dom in Brühl nach [71]

Industriebereich/ Belastungsstoff	Abwasser unbehandelt	Abwasser behandelt	Eliminations- grad
Metallverarbeitungsbetrieb			
a) abfiltr. Stoffe	1400,00 mg/l	27,00 mg/l	98,1 %
Fe	27,00 mg/l	2,50 mg/l	90,7 %
Zn	18,00 mg/l	0,10 mg/l	99,4 %
b) Zn	524,00 mg/l	2,75 mg/l	99,5 %
Cu	189,00 mg/l	0,79 mg/l	99,6 %
Schrottwaschanlage			
Cr	0,08 mg/l	0,01 mg/l	87,5 %
Cu	2,00 mg/l	0,14 mg/l	93,0 %
Ni	0,28 mg/l	0,14 mg/l	50,0 %
Zn	4,40 mg/l	0,43 mg/l	90,2 %
CSB	24400,00 mg/l	2870,00 mg/l	88,2 %
Mineralöl			
DIN 38409 T 18	20000, 00 mg/l	1,40 mg/l	99,9 %
Oberflächenbehandlungsbetrieb			
Nickel	5,60 mg/l	0,08 mg/l	98,6 %
Chrom	0,36 mg/l	0,07 mg/l	80,6 %
Zink	14,00 mg/l	0,12 mg/l	99,1 %
Eisen	7,50 mg/l	0,44 mg/l	94,1 %
Kupfer	48,00 mg/l	0,05 mg/l	99,9 %
organische	mmol/1NTA	mmol/1NTA	
Komplexbildner	2,00	0,10	95,0 %
Textilfärberei			
Farbstoff	160,00 mg/l	5,00 mg/l	96,9 %
Chrom	40,40 mg/l	0,20 mg/l	99,5 %
Tenside (anionisch)	14,40 mg/l	2,00 mg/l	86,1 %
Komplexbildner			
(EDTA)	90,80 mg/l	0,80 mg/l	99,1 %
Druckereiabwässer			
CSB	18000,00 mg/l	4035,00 mg/l	77,6 %
AOX	88,50 mg/l	1,50 mg/l	98,3 %
Mineralöl	30,00 mg/l	1,00 mg/l	96,7 %
Cu	73,00 mg/l	0,43 mg/l	99,4 %
Cr	0,56 mg/l	0,12 mg/l	78,6 %
Schlachterei			
CSB	2560,00 mg/l	710,00 mg/l	72,3 %

Bild 4-52: Abbauleistungen nach dem Klose-Clearox-Verfahren [70]

Erste Versuche, Kohlensäure als Neutralisationsmittel einzusetzen, zeigten in einer Entgif-
tungsanlage für Chromatabwässer Erfolg. Dabei wurde die Reduktion mit zweiwertigen Eisensalzen bei pH > 12 durchgeführt, anschließend zweistufig mit Kohlensäure unter Normaldruck
bis auf pH 8,5 neutralisiert. Bild 4-53 zeigt das Fließschema der Anlage [72].

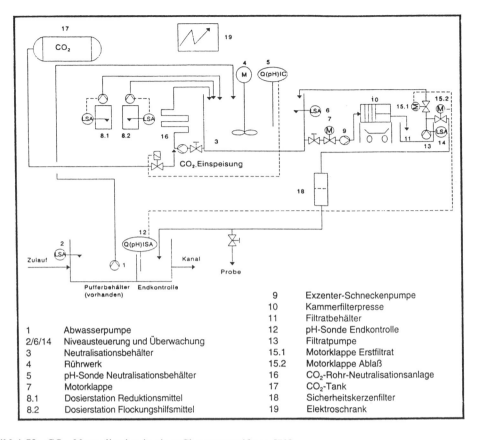

Bild 4-53: CO_2 -Neutralisation in einer Chromatentgiftung [72]

		9	Exzenter-Schneckenpumpe
		10	Kammerfilterpresse
		11	Filtratbehälter
1	Abwasserpumpe	12	pH-Sonde Endkontrolle
2/6/14	Niveausteuerung und Überwachung	13	Filtratpumpe
3	Neutralisationsbehälter	15.1	Motorklappe Erstfiltrat
4	Rührwerk	15.2	Motorklappe Ablaß
5	pH-Sonde Neutralisationsbehälter	16	CO_2-Rohr-Neutralisationsanlage
7	Motorklappe	17	CO_2-Tank
8.1	Dosierstation Reduktionsmittel	18	Sicherheitskerzenfilter
8.2	Dosierstation Flockungshilfsmittel	19	Elektroschrank

4.3 Abwasserbehandlungsanlagen

Die Abwasserbehandlung kann in einer Chargen- oder in einer Durchlaufanlage durchgeführt werden. Die Chargenanlage ist eine Behandlungsanlage, in der stets eine bestimmte Abwassermenge behandelt und das geklärte Abwasser abgegeben wird. Bei der Durchlaufanlage wird kontinuierlich Abwasser zugeführt und behandelt. Hier kommt es dann zur Vermischung von behandeltem und unbehandeltem Abwasser, so daß die aus der chemischen Reaktionstechnik bekannten Gesetzmäßigkeiten für kontinuierlich durchströmte Reakoren beachtet werden müssen.

Am besten beherrschbar sind die Entgiftungsprozesse in einer Chargenanlage, wie sie auch in der mittelständischen Industrie vielfach verwendet wird. Eine Chargenanlage besteht aus einem Abwassersammelbehälter, je einem Entgiftungsbehälter entsprechend der Abwasserbelastung und einem Fällungsbehälter, in dem die Zugabe von Säuren zum Ansäuern des Füllgutes, der Eisensalze und die anschließende Neutralisation ausgeführt werden. Der Dünnschlamm wird dann in einen Schlammeindicker gegeben, um die Schlammkonzentration anzuheben. Am Kopf des Eindickers wird das geklärte Abwasser abgezogen. Der Dickschlamm mit etwa 10% Schlammgehalt wird dann einer Filterpresse zugeführt und dort abgetrennt. Der Filterpressenablauf wird dem Fällungsprozeß wieder zugeführt, weil insbesondere in der ersten Filtrationsphase noch Trübstoffe im Filtrat enthalten sind. Bild 4-54 zeigt das Fließbild einer Abwasserbehandlungsanlage mit allen wesentlichen Verfahrensstufen nach Unterlagen der Fa. Steuler [73].

Führt man im Betrieb eine oxidative Abwasserbehandlung ein, muß sich das Verfahrensfließbild ändern. Vor einer mit UV-unterstützten Oxidation mit Wasserstoffperoxid müssen die Feststoffpartikel möglichst weitgehend entfernt werden, so daß dieses Verfahren erst nach dem Schlammeindicker durchgeführt werden kann. Verfahren zur Naßoxidation unter Druck wurden bislang nicht in der metallverarbeitenden Industrie eingesetzt.

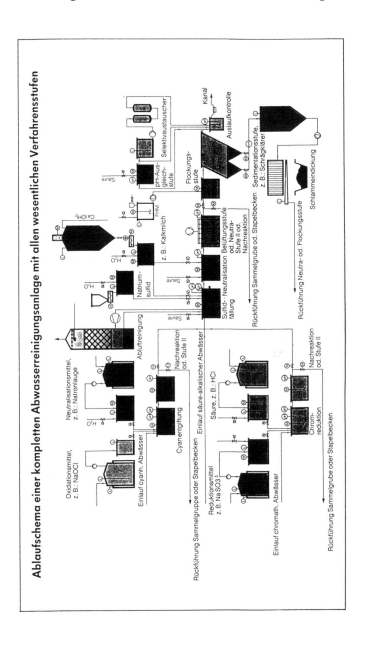

Bild 4-54: Ablaufschema einer kompletten Abwasserbehandlunganlage nach [73]

5 Entsorgungsbeispiele

Die Auswahl eines in der Praxis anzuwendenden Entstaubungsverfahrens ergibt sich aus der anfallenden Rohgasmenge, der Staubbelastung des Rohgases, der Art und den Eigenschaften des Staubes und aus betriebswirtschaftlichen Entscheidungen. Ähnliche Kriterien wendet M. Nitsche [74] an, der die im Bild 5-1 gezeigten Auswahlkriterien für mit Lösemitteln beladene Abluft zusammenstellte. Für Abluft mit brennbaren Schadstoffen kann dieses Auswahlschema verallgemeinert werden. Für Abluft mit nicht brennbaren Schadstoffen ist das Verfahrensangebot kleiner. In nachfolgenden Kapiteln werden folgende Beispiele behandelt:

– Staubabscheidung beim Schleifen, Strahlen, Pulverauftrag und bei der Stahlerzeugung (5.1)

– Abluftreinigung an Lackierereien, Druckereien, Gießereien (5.2)

– Abluftreinigung an Emailschmelzen und Kraftwerksanlagen (5.3)

– Altölabtrennung und Entsorgung von Emulsionen (5.4)

5.1 Staubabscheidung beim Schleifen, Strahlen, Pulverauftrag und bei der Stahlerzeugung

Staub tritt in der metallverarbeitenden Industrie z.B. beim Trockenschleifen, beim Trockenstrahlen, beim Auftragen von Pulveremail oder Pulverlack auf. In allen drei Beispielen ist der kombinierte Einsatz von Zyklonen und Filtern die bevorzugte Lösung. Im Falle der Pulverlackierung gibt es auch ein Verfahren, das eine erste Abscheidung mit Hilfe eines endlosen Bandfilters und anschließende pneumatische Überführung der Pulvers in einen Zyklon vorsieht.

Bild 5-2 zeigt eine Strahlanlage, in der das Strahlmittel mit Hilfe von Schleuderrädern aufgetragen wird, wobei die Staubabscheidung durch einen Zyklon erfolgt. Durchtretender Feinstaub wird dann mit Hilfe eines Patronenfilters zurückgewonnen. Das im Zyklon abgeschiedene Material durchläuft anschließend eine Siebstrecke, in der das wiederverwendbare Strahlmittel ausgesiebt wird. Der abgesiebte Abrieb kann dann eventuell zusammen mit anderen Metallabfällen in einer Brikettiermaschine kompaktiert und zur Aufarbeitung auf Metall abgegeben werden.

Flug- und Filterstäube aus Feuerungsanlagen oder aus Anlagen der Metallurgie enthalten u.a. nicht verwertbare Schwermetallreste und silikatisches, oxidisches Material. Diese Stäube wurden bislang als Sondermüll behandelt und deponiert. Nach dem von Krupp entwickelten Plasmaschmelzverfahren können diese toxischen Stäube bei 1300 °C in einem Plasmaofen zu einer nicht mehr durch Wasser auslaugbaren (eluierbaren) Schlacke aufgeschmolzen und als Baustoff oder Granulat einer nutzvollen Verwertung zugeführt werden. Bild 5-3 zeigt ein Fließbild der Anlage und eine Zeichnung des Reaktors. Bei diesem Verfahren wird zwischen drei wassergekühlten Plasmabrennern ein Plasma mit > 2000 °C Temperatur erzeugt. Der Staub wird dann pneumatisch unter Inertgas durch das Plasma geblasen, wodurch die Staubpartikel aufschmelzen. Die Tropfen werden dann im entstehenden Schmelzbad gesammelt. Dabei gehen leicht verdampfbare Substanzen wie Blei und Zink als Dampf in das entstehende Abgas und werden durch Abkühlen auskondensiert und wieder als Staub abgeschieden. Die Anlage verarbeitet einen Staubeintrag von 1,3 t/h. Je 1 t Staub benötigt die Anlage eine elektrische Leistung von etwa 1 Mwh/t, ca. 70 Nm^3 Stickstoff/t und ca. 30 Nm^3 Argon/t.

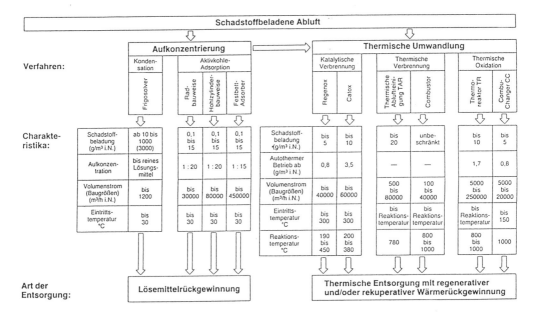

Bild 5-1: Auswahlkriterien für Abluftreinigungsverfahren [74]

Tabelle 5-1: Betriebskosten des Plasmaschmelzverfahrens nach [75]

Personalkosten, 2 Personen x 5,5 Schichten	770 000.- DM/a
Elektr. Strom: 1,1 Mwh/t, 0,15 DM/kWh	1 470 000.- DM/a
Argon: 27 m³/h, 1,66 DM/Nm³	313 740.- DM/a
Stickstoff: 70 Nm³/h, 0,30 DM/Nm³	147 000.- DM/a
Elektroden: 210 Stck./a zu 1200 DM/Stck.	252 000.- DM/a
Wasser, Gas etc.	50 000.- DM/a
Instandhaltung	250 000.- DM/a
Verwaltung	100 000.- DM/a
sonst. Kosten	110 000.-DM/a
Summe:	3 462 740.- DM/a
Kosten je 1 t Staub ohne Fixkosten:	385.- DM/t

Bei der Pulverrückgewinnung aus Pulverauftragskabinen kommt es darauf an, das Pulver möglichst vollständig zurückzugewinnen. Dazu werden Filteranlagen mit Bandfiltern, Patronenfiltern oder besser jedoch eine Kombination von Zyklonen und nachgeschalteten Filtern eingesetzt.

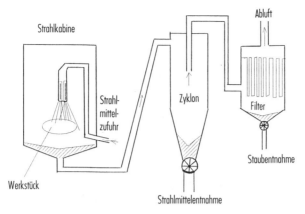

Bild 5-2: Strahlmittelrückgewinnung und Staubentsorgung an einer Strahlkabine

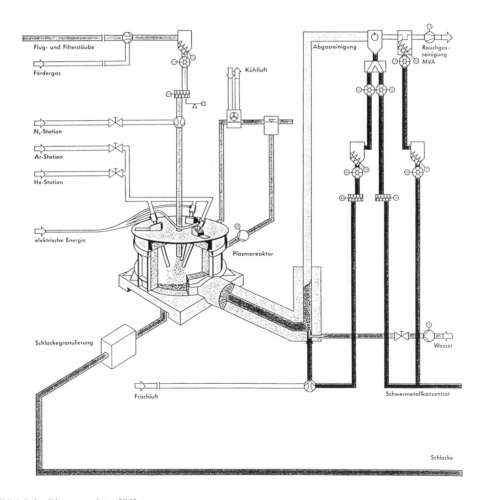

Bild 5-3: Plasmareaktor [75]

Die Naßabscheidung wird vor allem dort eingesetzt, wo man mit farbigen Stäuben oder Tropfen rechnen muß, weil sich sonst unschöne Farbbeläge im Außenraum ergeben. So entsorgt man z.B. Lackierkabinen in der Automobilindustrie oder z.B. bei der Lackierung von Wechselkoffern (Containern) durch Anströmen einer Lackkoagulierflüssigkeit. Die Abluft der Lackierkabine wird dabei durch den Gitterrostboden der Kabine abgeleitet und strömt die Oberfläche der Koagulierflüssigkeit mit hoher Geschwindigkeit an. Die Lacktropfen werden dadurch benetzt. Der Lack wird koaguliert, d.h. entklebt und verfestigt, und anschließend an Prallblechen und Filtern abgeschieden. Bild 5-6 zeigt das Funktionsprinzip einer Lackierkabine.

Bild 5-4: Pulverrückgewinnung mit einer Zyklonbatterie und nachgeschaltetem Patronenfilter, System Nordson (Foto OT-Labor der MFH)

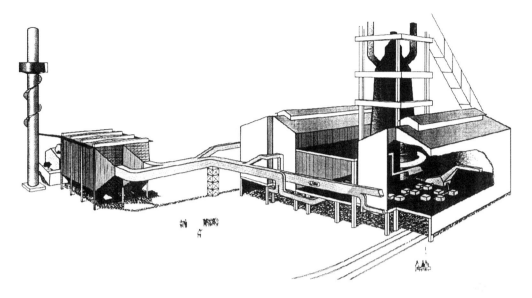

Bild 5-5: Entstaubung einer Gießhalle [5]

Die Entstaubung ist in der metallerzeugenden und -verarbeitenden Industrie ein weit genutztes Gebiet. Zur Entstaubung von Gießhallen können Elektrofilter eingesetzt werden (Bild 5-5).

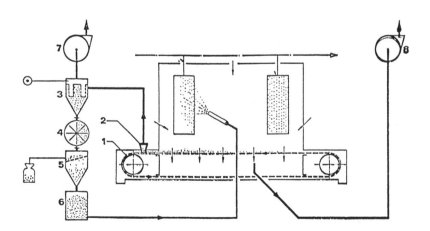

Bild 5-6: Pulverrückgewinnung mit Bandfilter und Zyklon, System Eisenmann.
1 umlaufendes Filterband, 2 Absaugdüse, 3 Pulverabscheider, 4 Zellenradschleuse, 5 Siebmaschine, 6 Pulvervorrat, 7 Ventilator, 8 Hauptabsaugeventilator [47]

Bild 5-7: Druckfestes Rundelektrofilter [5]

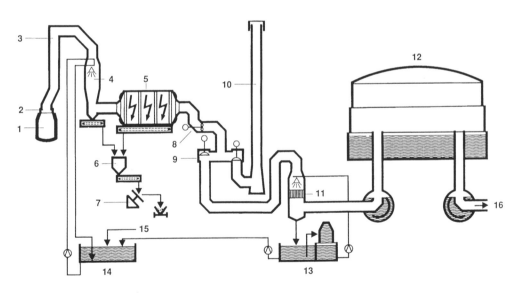

1 Konverter	5 Trockenelektrofilter	9 Gasumschaltstation	13 Wasserrückkühlung
2 Schließring	6 Staubsilo	10 Fackelkamin	14 VDK-Vorlaufbehälter
3 Abgaskühlkamin	7 Staubverwertung	11 Gassättiger	15 Zusatzwasser
4 Verdampfungskühlung	8 Gebläse	12 Gasometer	16 zum Gasverbraucher

Bild 5-8: Konvertergasentstaubung, System Lurgi/Thyssen [5]

Bei der Stahlerzeugung wird im Blasverfahren nur mit der Mindestsauerstoffmenge gearbeitet. Dadurch gewinnt man ein energetisch nutzbares Konvertergas (CO), das mit druckfesten Elektro-Rundfiltern entstaubt werden muß. Bild 5-7 zeigt das druckfeste Elektrofilter, Bild 5-8 das Fließbild einer Konvertergasgewinnung mit Elektroentstaubung [5].

5.2 Abluftreinigung an Lackierereien, Druckereien, Gießereien

Brennbare Bestandteile in einem Abluftstrom der metallverarbeitenden Industrie sind in überwiegendem Maße Lösemittel aus Lackieranlagen. Daneben entstehen organische Produkte in der Abluft beim thermischen Entlacken und durch organische Bindemittel in Gießereien.

Tabelle 5-2: Einsatzbereiche von Entsorgungsverfahren für gering beladene Abluft [85]

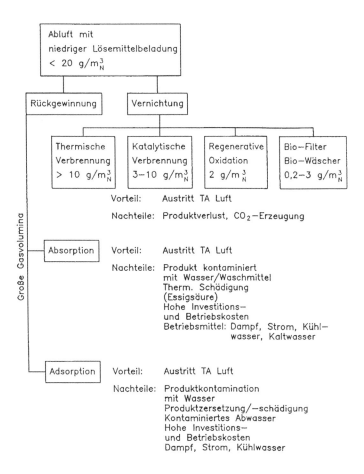

Tabelle 5-3: Einsatzbereiche von Entsorgungsverfahren für mit Lösemitteln beladene Abluft [85]

```
                    ┌─────────────────────────┐
                    │ Abluft mit              │
                    │ hoher Lösemittelbeladung│
                    │ > 30 g/m³_N             │
                    └─────────────────────────┘
```

	Vorteil:	Austritt TA Luft
	Nachteile:	Produktverlust CO_2, NO_x, CO
	Vorteil:	Produktrückgewinnung ohne Qualitätseinbuße
	Nachteile:	Hohe Lösemittelkonzentration im Austritt, also Nachreinigung
	Vorteil:	Produktrückgewinnung ohne Qualitätseinbuße
	Nachteile:	Hohe Lösemittelkonzentration im Austritt, also Nachreinigung Kompressor erforderlich
	Vorteil:	Austritt TA Luft
	Nachteile:	Produkt kontaminiert mit Wasser/Waschmittel

Boxes in diagram:
- Abluft mit hoher Lösemittelbeladung > 30 g/m³_N
- Rückgewinnung
- Vernichtung
- Thermische Verbrennung ex–geschützt > 20 g/m³_N
- Gasmotor mit Generator 60 g/m³_N
- Indirekte und direkte Kondensation 100–1500 g/m³_N
- Membrananreicherung + Kondensation 100–1000 g/m³_N
- Absorption

Vertical label: Kleine Gasvolumina

5.2.1 Lackieranlagen

Bei der klassischen Applikation von lösemittelhaltigen Lacken, wie sie in 100 000 nicht genehmigungsbedürftigen Anlagen mit < 25 kg/h Lösemitteleinsatz praktiziert wird, zeigt die Lackbilanz (Bild 5-9), daß nur etwa 50 % des eingebrachten Lacks oder 25 % des eingebrachten Festkörpers tatsächlich auf das Werkstück gelangen [76]. Deshalb fordert die Lackieranlagenverordnung, daß nach Möglichkeit Lacke mit vermindertem Lösemittelgehalt eingesetzt werden sollen. Als Maß für den Lösemittelgehalt eines Lacks gilt der VOC-Wert (Volatile Organic Compounds), der wie folgt definiert ist:

$$(g/l) = \frac{\text{Masse der flüchtigen Anteile (g)} - \text{Masse Wasser (g)}}{\text{Volumen Beschichtungsstoff (l)} - \text{Volumen Wasser (l)}} \tag{5.1}$$

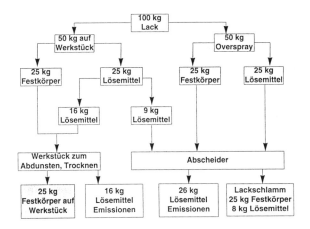

Bild 5-9:
Stoffströme in einer Spritzlackierung mit konventioneller Technik nach [76]

Angestrebt wird, daß in Zukunft nur noch Lacke mit 250 g Lösemittel/l eingesetzt werden. Kann dies nicht durchgeführt werden und beträgt der Lösemitteleinsatz mehr als 25 kg/h, müssen besondere technische Maßnahmen zur Reinigung der Abluft eingesetzt werden. Bild 5-10 gibt eine Entscheidungshilfe für den Anlagenbetreiber. Außer, daß eine Anlagenkapselung gefordert wird, wie sie heute schon bei Großanlagen vorgenommen wird, um Staubansatz auf frisch lackierten Oberflächen zu vermeiden, ist der Einsatz von Abgasreinigungsverfahren notwendig. Außer Lösemitteln, die dem Lack vorgegeben und zugemischt werden, sind in der Abluft auch Bestandteile enthalten, die als Abspaltprodukt bei der Vernetzungsreaktion des Lacks entstehen. Die über den Lösemittelemissionsstellen entstehende Abluft ist stets nur sehr gering belastet. Die eingesetzten Lösemittel sind brennbar und können mit Luft explosive Gemische bilden. Aus diesem Grund muß die Frischluftzufuhr an der Entstehungsstelle der Abluft so groß sein, daß der Lösemittelgehalt unterhalb des unteren Zündpunktes gehalten werden kann. Zur Aufkonzentrierung der Lösemittel werden in Lackieranlagen zum Beispiel Adsorptionsräder eingesetzt. Zur Adsorption werden Adsorber mit Aktivkohle- oder Zeolithfüllung verwendet. Nach Beladung des Adsorbers wird das adsorbierte Lösemittel desorbiert. Dazu wird die Adsorberfüllung mit Wasserdampf beschickt, der die Lösemittel austreibt. Es entsteht dann ein Wasser/Lösemittelgemisch, das u.U. wieder Probleme bereitet, weil viele Lösemittel ganz oder teilweise mit Wasser mischbar sind.

Eleganter ist es, wenn man die Lösemittel thermisch desorbiert. Man muß allerdings dabei daran denken, daß in der Desorption höherkonzentrierte Gas/Lösemittelgemische entstehen. In der zu diesem Zweck angebotenen Adsorptionsanlage der Firma Keramchemie [77] wird aus diesem Grund in der Desorptionsphase mit Stickstoff gespült und inertisiert. Der Kohlefüllung wird ein Anteil Graphit beigemischt, so daß die Packung dann direkt durch Widerstandsheizung elektrisch aufgeheizt werden kann. Eingesetzt wird dabei Wechselstrom mit 15 bis 40 Volt und sehr hoher Stromstärke, damit die Aufheizphase nach 20 bis 30 Minuten beendet werden kann.

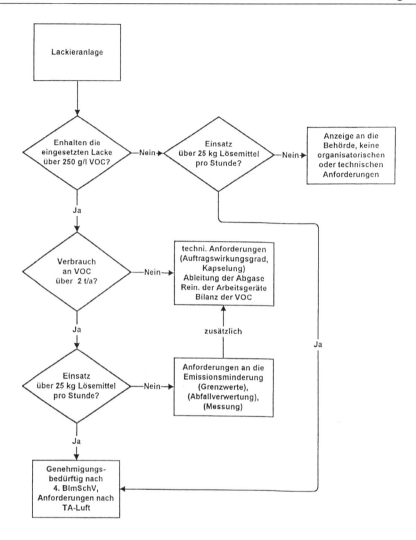

Bild 5-10: Entscheidungsschema der Lackieranlagenverordnung [76]

Der Adsorber ist konstruktiv als Ringschichtfilter ausgeführt, wobei die inneren und äußeren Rückhaltegitter gleichzeitig als Elektrode dienen. Die Organika werden dann mit Stickstoff ausgetragen und durch Kühlung in zwei Schritten kondensiert. Dabei werden Desorptionstemperaturen von 70 bis 250°C erreicht. Nach der Desorption wird das Adsorberbett mit Kaltgas in einem eigenen Kühlkreislauf auf Raumtemperatur abgekühlt. Bild 5-11 zeigt ein Verfahrensfließbild einer Anlage für Produktionsabluftmengen von 5000-10 000 m³/h.

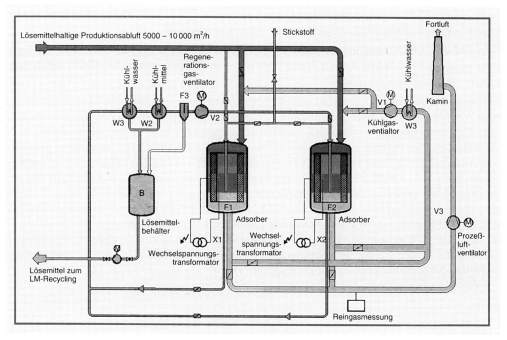

Bild 5-11: Elektroadsorptionsverfahren der Keramchemie [77]

Die Adsorption an Aktivkohle verbunden mit einer thermischen Desorption durch Heißgas wird in der Abluftreinigung als Konzentrationsverfahren eingesetzt. Dabei wird die Adsorptionsschicht in ein rotierendes Gerät eingebaut und an den Zuleitungen für Abluft und für Desorptionsgas vorbeigeführt. Die Desorption kann mit Heißdampf durchgeführt werden, so daß die Adsorber als klassische Adsorptionsanlagen betrieben werden. Die Desorption kann aber auch mit heißer, sauerstoffarmer Brennerabluft oder mit Inertgas durchgeführt werden. Es ist auch möglich, das Desorptionsgas abzukühlen und in einem Absorptionsbad, das mit flüssigem, tiefgekühltem Lösemittel gefüllt ist, zu kondensieren. In der in Bild 5-12 gezeigten Anlage besteht das Kältespeicherbad aus dem Lösemittel, das man aus dem Abluftstrom entfernen will. Die Tiefkühlanlage erreicht Temperaturen bis −45 °C. Das mit dem Lösemittel auskondensierende Wasser wird in Form von Eis abgeschieden, das z.B. als spezifisch schwerere Phase am Boden im Eistrichter abgezogen wird. Nach Auftauen wird das Wasser im Wasserscheider abgetrennt.

Andere Formen der Abluftreinigung zielen darauf ab, die Lösemittel nicht zurückzugewinnen, sondern thermisch zu verwerten. Das ist sicher immer dann vertretbar, wenn man nicht wieder verwendbare Lösemittelgemische oder Lösemittel wechselnder Zusammensetzung in der Abluft mitführt. Die thermische Verwertung kann dabei katalytisch oder durch direkte Verbrennung oder in Kombination Verbrennung/Katalyse erfolgen (Bild 5-13). Als Beispiel für eine katalytische Abluftreinigung kann z.B. die Abluftreinigung in einer Flexodruckerei angesehen werden, die beispielhaft für andere Tafelbeschichtungsanlagen zum Beispiel in der Blechemballagenherstellung (Blechdosen) dienen kann. Dabei wird die Abluft der Auftragsmaschine abgesaugt (Bild 5-14), ein Teil der Luft wird als Umluft weiterverwendet. Der zu entsorgende Teil der Abluft wird in einem als regenerativer Wärmetauscher dienenden und mit Keramik oder Emailstahl gefüllten Adsorptionsrad aufgeheizt, um die Reaktionstemperatur des Katalysators zu erreichen. Das Gas durchströmt den Katalysator und gibt danach seine Wärme an den kalten Teil des sich drehenden regenerativen Wärmetauschers ab.

Eine einfache Abluftreinigung für Autolackierereien zeigt Bild 5-15. Man verzichtet auf jeglichen weiteren technischen Aufwand und führt nur eine Teilentsorgung der Abluft durch thermische Nachverbrennung durch.

Biologische Abluftreinigungen sind wegen ihrer apparativen Einfachheit im Vormarsch. Außer einer Vorfiltration und einer Konditionieranlage sind keine sehr großen Investitionen zu tätigen. Eingesetzt werden biologische Abluftreinigungsanlagen z.B. in Metallgießereien, aber auch vermehrt im Bereich Lackieranlagen. Über eine Kombination von Gaswäscher, Biofilter und Adsorber (Bild 5-16) berichtet [83]. Die Gaswäscher (1) und (4) kühlen und befeuchten die zu reinigende Abluft vor Eintritt in die Biofilter (2). Der Adsorber (3) puffert die mit der Trocknerabluft entweichende Schadstoffkonzentrationsspitzen und speichert einen Teil der vom System zurückgehaltenen Schadstoffe. In Zeiten außerhalb der Produktion wird der Adsorber unter Einsatz von Wärme regeneriert. Die Wärme wird mit Hilfe einer Thermoölanlage (6) und über Wärmetauscherflächen in das Adsorbens übertragen. Die dadurch desorbierten Schadstoffe werden wieder der Biofilteranlage zugeführt und dort abgebaut. In dem Rohgas enthaltene Staubpartikel verbleiben im Wäscher (1).

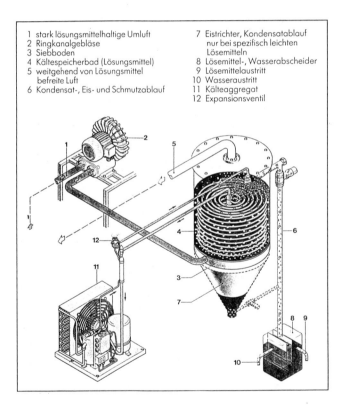

1 stark lösungsmittelhaltige Umluft
2 Ringkanalgebläse
3 Siebboden
4 Kältespeicherbad (Lösungsmittel)
5 weitgehend von Lösungsmittel
   befreite Luft
6 Kondensat-, Eis- und Schmutzablauf

7 Eistrichter, Kondensatablauf
   nur bei spezifisch leichten
   Lösemitteln
8 Lösemittel-, Wasserabscheider
9 Lösemittelaustritt
10 Wasseraustritt
11 Kälteaggregat
12 Expansionsventil

Bild 5-12:
Lösemittelrückgewinnung
durch Tiefkühl-
Kondensation [29]

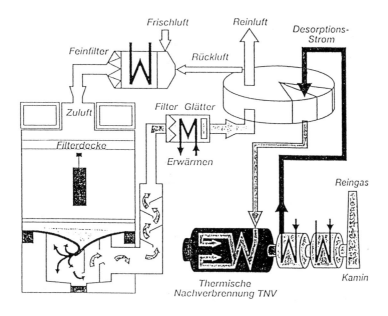

Bild 5-13: Entsorgung einer Lackierkabine mit Adsorptionsrad und TNV [79]

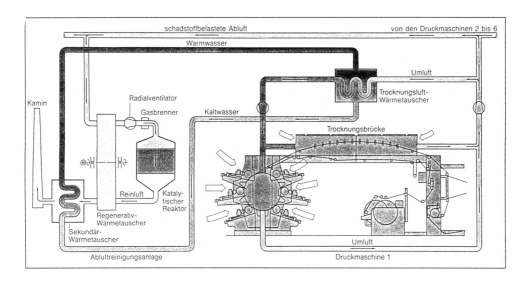

Bild 5-14: Katalytische Abluftreinigung in einem Flexodruckbetrieb [78]

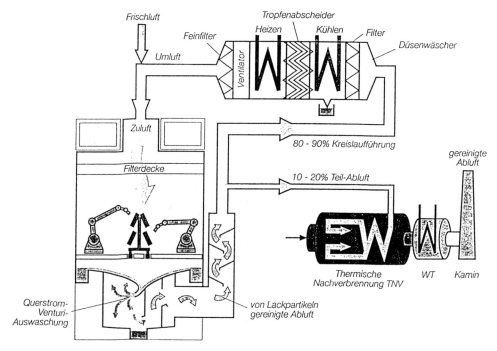

Bild 5-15: Abluftreinigung in einer Kraftfahrzeuglackiererei [79]

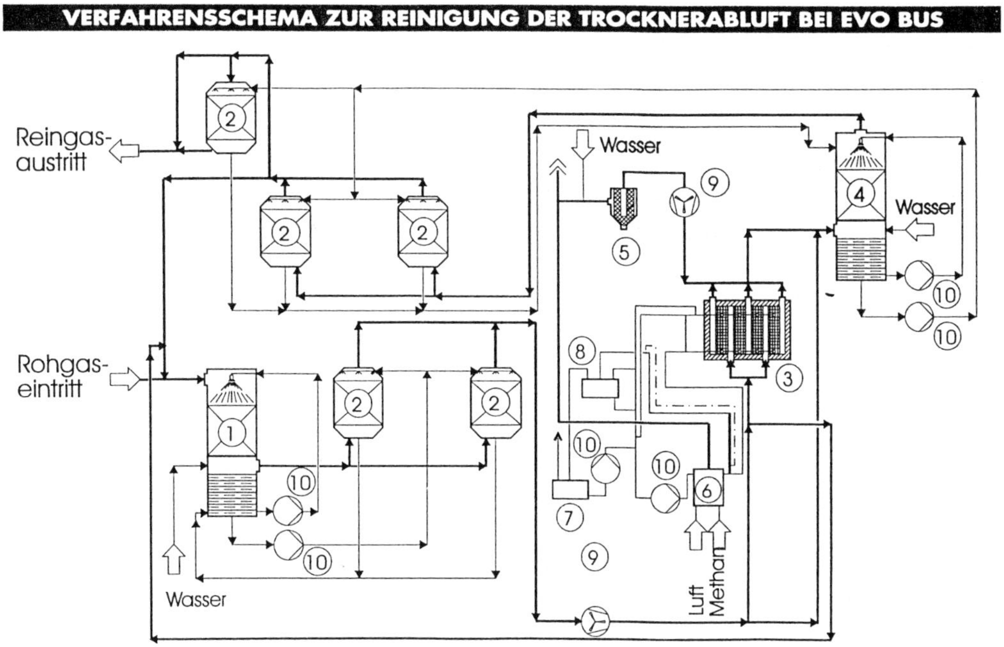

VERFAHRENSSCHEMA ZUR REINIGUNG DER TROCKNERABLUFT BEI EVO BUS

Dieses mehrstufige Verfahrenskonzept kombiniert Gaswäscher, Biofilter und einen Adsorber. Die Gaswäscher (1) und (4) kühlen und befeuchten die zu reinigende Abluft vor Eintritt in die Biofilter (2). Hier findet der biologische Abbau der Abluftschadstoffe statt. Der Adsorber (3) puffert die mit der Trocknerabluft entweichenden Schadstoffkonzentrationsspitzen und speichert einen Teil der vom System zurückgehaltenen Schadstoffe. In Zeiten außerhalb der Produktion wird der Adsorber unter Einsatz von Wärme regeneriert, die mittels einer Thermalölanlage (6) übertragen und über integrierte Wärmetauscherflächen in das Adsorbens eingekoppelt wird; dabei desorbierte Schadstoffe werden mit einem kleinen Gasstrom auf hohem Konzentrationsniveau im geschlossenen Kreislauf ohne zusätzliche Schadstoffemission über die Biofilter geleitet und dort abgebaut. Gegebenenfalls in der zu reinigenden Abluft enthaltene Staubpartikel werden im Gaswäscher (1) abgeschieden.

Bild 5-16: Biofilteranlage zur Reinigung von Trocknerabluft [83]

5.3 Abluftreinigungen an Emailschmelzen, Kraftwerksanlagen und Glasschmelzen

Sind in den Abgasen nicht verbrennbare anorganische Stoffe enthalten, so werden die Abluftströme chemisch behandelt. In der Emailindustrie treten bei Herstellung des Emails und beim Einbrennen als Schadstoffe Stickoxide und Flußsäure auf. Die Stickoxidmenge, die man bei den notwendigen Schmelztemperaturen von etwa 1300 °C zwangsweise produziert, kann reduziert werden, wenn man anstelle von Luft reinen Sauerstoff zur Verbrennung einsetzt. Die Stickoxidreduktion ist dann daran gebunden, daß der Abgasstrom durch das Fehlen des Stickstoffs (etwa 80% der Luft bestehen aus Stickstoff) um etwa 50% reduziert wird. Die Stickoxidbildung folgt einer Gleichgewichtsreaktion und ist exponentiell von der Temperatur abhängig. Die Gesamtmenge an emittiertem Stickoxid jedoch wird durch den Gleichgewichtsgehalt und die Abgasmenge bestimmt.

Die beim Emailschmelzen und beim Email-Einbrennen entwickelten Dämpfe aus Flußsäure HF dagegen werden so nicht beeinflußt. Die Abgase, die HF in der Größenordnung von etwa 20 mg/m^3 enthalten, werden daher durch Reaktion mit einem Feststoff beseitigt. Die Umsetzung ist nahezu quantitativ gemäß

$$CaCO_3 + 2\,HF = CaF_2 + CO_2 + H_2 \tag{5.2}$$

Eingesetzt wird Kalksplit der Körnung 4-6 mm oder pulverförmiger, gelöschter Kalk (Bild 5-17).

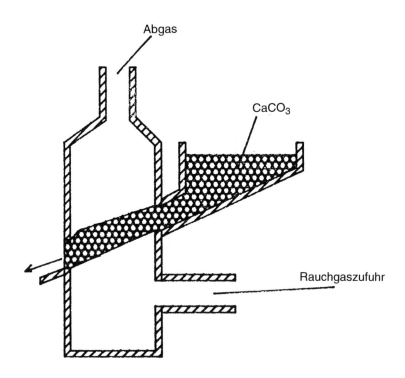

Bild 5-17: Fluoridabsorber in einem Emaillierwerk [80]

Umfangreich sind auch die Aufwendungen zur Reinigung von Abgasen aus Kraftwerksanlagen. Hier finden praktisch alle Techniken zur Abgasreinigung Anwendung: Entstaubung durch Elektrofilter, Schlauchfilter, Wärmetausch über drehbare regenerative Wärmetauscher und chemische Umsetzung in Feststoffabsorbern oder Wäschern. Zur Rauchgasreinigung kommen eine Reihe von Verfahren zum Einsatz.

Die Bilder 5-18 bis 5-20 zeigen die Verfahrensfließbilder für drei verschiedene Schaltungen des DENOX-Verfahrens: Man unterscheidet die High-Dust-Schaltung von der Low-Dust-Schaltung und der Reingasschaltung. In der High-Dust-Schaltung führt man das Rauchgas zunächst in die katalytische Entstickung an mit Schwermetallen dotierten TiO_2-Katalysatoren, kühlt das Gas in einem drehbaren Regenerator ab, scheidet den Staub in Elektrofiltern ab und führt das Gas dann zur Entschwefelung. Dieses Verfahren hat den Nachteil, daß der Katalysator durch Staub stark verschmutzt. Im Low-Dust-Verfahren wird das staubhaltige heiße Rauchgas zunächst in Elektrofiltern entstaubt und von Stickoxiden befreit. Anschließend wird das Gas regenerativ abgekühlt in zwei Stufen, von Schwefeldioxid befreit, aufgewärmt und dem Kamin zugeführt. Beim Reingasverfahren wird das Rauchgas zunächst über einen Regenerator abgekühlt, entstaubt und von Schwefeldioxid befreit. Das kalte Gas wird anschließend in einem Regenerator wieder aufgewärmt, passiert eine mit Erdgas betriebene Brennkammer und wird anschließend von Stickoxiden befreit. Das gereinigte Abgas wärmt den Regenerator wieder auf. In der Reingasschaltung erreicht der zur Stickoxidentfernung eingesetzte Katalysator die höchste Standzeit, weil die zur Entstickung anfallenden Gase weitgehend frei von Staub und Schwefeldioxid sind. Bei den gezeigten Verfahren wird zur Entstickung die Umsetzung von Stickoxiden mit Ammoniak verwendet:

$$4\,NO + 4\,NH_3 + O_2 = 4\,N_2 + 6\,H_2O \tag{5.3}$$

$$6\,NO_2 + 8\,NH_3 = 7\,N_2 + 12\,H_2O \tag{5.4}$$

Als regenerativen Wärmetauscher setzt man große Wärmetauscherräder mit etwa 50 m² Austauscherfläche ein. Die Wärmetauscher werden mit emaillierten Stahlblechen bestückt. Die Kapazität der Wärmetauscher wird durch eingesetzte emaillierte Stahlblechpakete gewonnen. Das emaillierte Stahlblech hat eine gewellte Struktur, so daß der Wärmetauscher dem Gasdurchtritt einen möglichst geringen Strömungswiderstand entgegenbringt. Bild 5-22 zeigt ein Schnittbild eines REA-GAVO mit dem Stator (Bild 5-21), der die Plattenpakete trägt, und den sich drehenden Abdeckhauben zur Luft und Gasführung.

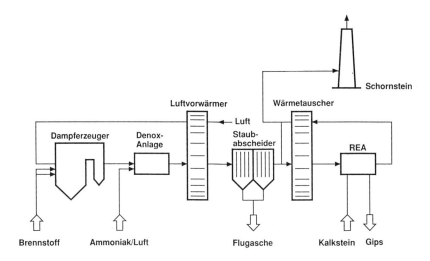

Bild 5-18: High-Dust-Schaltung einer Entstickungs- und Entschwefelungsanlage [5]

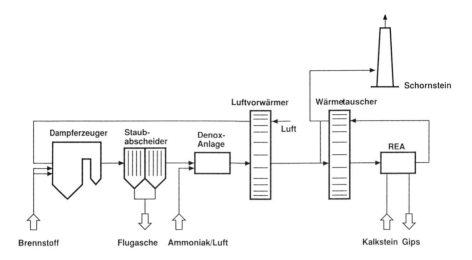

Bild 5-19: Low-Dust-Schaltung einer Entstickungs- und Entschwefelungsanlage [5]

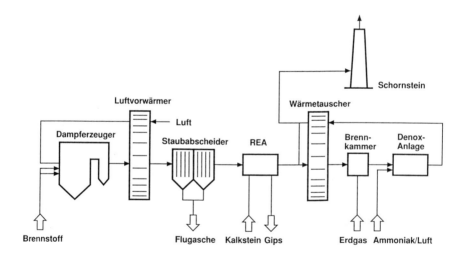

Bild 5-20: SCR-Verfahren (Reingasschaltung) [5]

Bild 5-21: Stator mit 18 m Durchmesser [81]

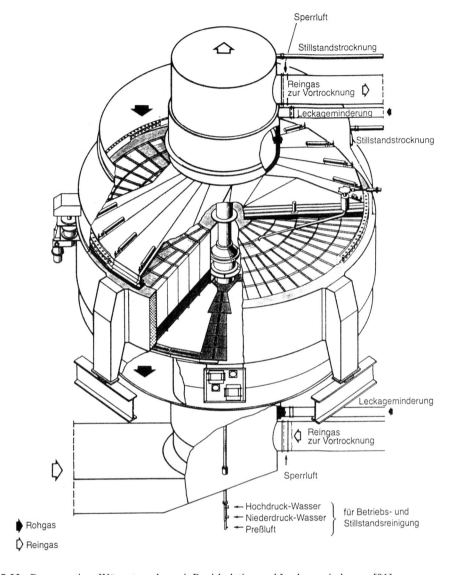

Sperrluft

Stillstandstrocknung

Reingas
zur Vortrocknung

Leckageminderung

Stillstandstrocknung

Leckageminderung

Reingas
zur Vortrocknung

Sperrluft

Hochdruck-Wasser
Niederdruck-Wasser } für Betriebs- und
Preßluft   Stillstandsreinigung

Rohgas

Reingas

Bild 5-22: Regenerativer Wärmetauscher mit Rezirkulation und Leckageminderung [81]

Der Bedarf der Rauchgasreinigung an gelöstem Kalk und Ammoniak ist beachtlich. Verbrauchszahlen enthalten die Diagramme 5-23 bis 5-25. Verwendet man schwefelfreie Brennstoffe, kann man auf die Entschwefelung verzichten. Im DENOX-Reaktor muß dann lediglich periodisch Ruß abgeblasen werden (Bild 5-26).

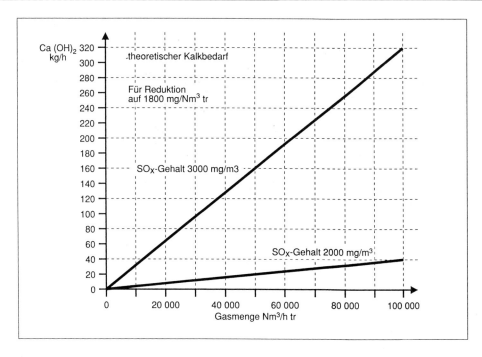

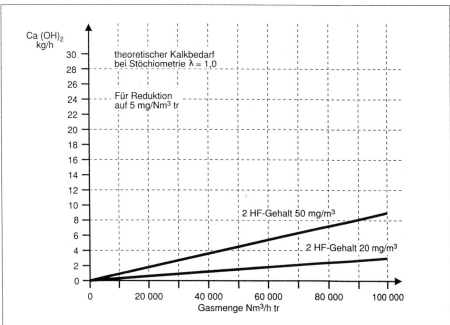

Bild 5-23: Bedarf an gelöschtem Kalk Entschwefelns und zur HF-Entfernung[5]

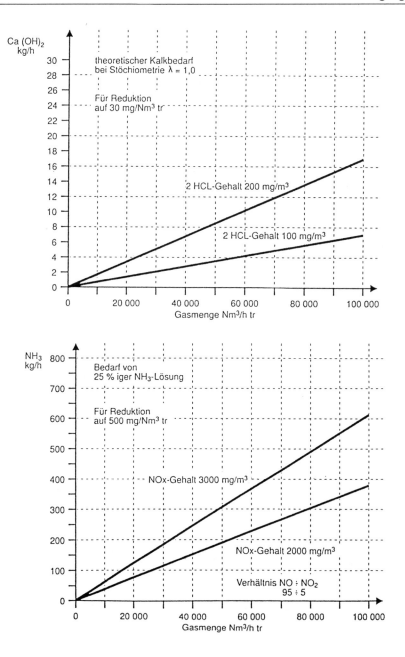

Bild 5-24: Bedarf an gelöschtem Kalk zur HCl-Entfernung und an Ammoniakwasser für das zum DENOX-Verfahren [5]

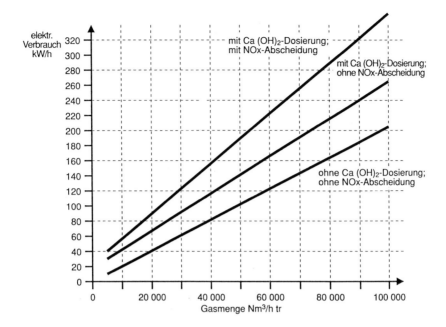

Bild 5-25: Energiebedarf einer Rauchgasreinigungsanlage [5]

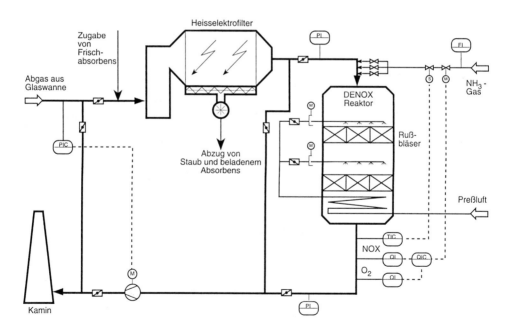

Bild 5-26: DENOX-Anlage für eine Glaswanne [5]

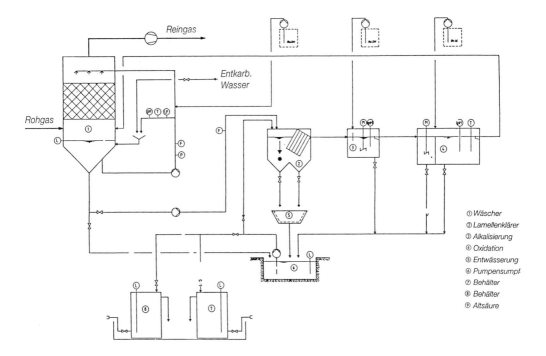

Bild 5-27: Reinigung der Abluft von Kernschießmaschinen und Gießeinrichtungen in einer Leichtmetallgießerei [82]

Wäscher zur Abgasreinigung sind zum Beispiel in Gießereien im Einsatz. Bei der Herstellung von Kernen und beim Abgießen treten u.a. Phenole und Formaldehyd in der Abluft auf. Bei der Cold-Box-Kernherstellung fallen u.a. Amine in der Abluft an. Die eingesetzte Waschlösung wird alkalisiert und nimmt dann die Schadstoffe gelöst auf. Dabei wird auch der Staub in Form von Schlamm mit ausgewaschen. Die umlaufende Lösung muß daher nicht nur eine Oxidationsstufe und eine Alkalisierungsstufe, sondern auch eine Entschlammung vorsehen. Im Fließbild 5-27 ist das Schema einer Abluftreinigung für eine Leichtmetallgießerei zu sehen.

5.4 Altölabtrennung und Entsorgung von Emulsionen

Altöl gelangt in das Abwasser durch Leckage in den einzelnen Maschinen oder Motoren oder durch Emulsionen, die innerbetrieblich bei der Metallbearbeitung eingesetzt werden. Methoden, Öl von Flüssigkeiten zu trennen, wurden bereits vorgestellt. Problematischer ist die Entsorgung von Öl in Wasser-Emulsionen (O/W-Emulsionen), weil die Größe der Öltropfen für alle Schwerkraft- und Zentrifugalabscheider mit etwa 60 bis 120 nm zu klein ist. Aufrahmen der Emulsionen wird zusätzlich dadurch erschwert, daß Emulgatoren diese Emulsionen stabil halten. Die Auftrennung einer Emulsion in Öl und Wasser wird „Spaltung" genannt. Emulgatoren wirken normalerweise bei Öltropfen dadurch, daß sie dem einzelnen Tropfen ein elektrisches Potential vermitteln. Emulgatoren sind wie Tenside aufgebaut und besitzen elektrisch polare Molekülenden oder endständige ionale Gruppen, die nach Absorption durch den Öltropfen in die wäßrige Phase hineinragen und dem Tropfen eine elektrische Ladung verleihen. Weil alle Tropfen die gleiche Ladung tragen, stoßen sich die Tropfen ab. Es erfolgt kein Aufrahmen.

Die Emulsion wird stabil. Um eine solche Emulsion in Öl und Wasser aufzutrennen, kann man entweder ein Filter nehmen, daß fein genug ist, um auch diese Tropfen noch abzutrennen (Ultrafiltration) oder man muß die elektrische Ladung kompensieren. Im einfachsten Fall setzt man daher den negativ geladenen Emulsionstropfen entgegengesetzt geladene Ionen zu, die eine Ladungskompensation bewirken, man säuert zum Beispiel an und läßt das Öl aufrahmen, oder man setzt organische, polymere Amine zu und neutralisiert damit die elektrisch negative Tropfenladung. Zum Ansäuern wird der Emulsion in einem Rührbehälter Säure zugeführt. Nach Auftrennung der Phasen wird die wäßrige Phase abgezogen und neutralisiert. Man kann dem Elektrolytzusatz auch ein festes Adsorbens mitgeben, und das sich abscheidende Öl binden. Dann wird das Öl als Schlamm entsorgt.

Als Säure kann auch CO_2 unter Druck verwendet werden [84]. Man dosiert Kohlendioxid in die Emulsion bis auf pH 6. Danach erhitzt man die Emulsion in einem abgeschlossenen Druckbehälter auf etwa 80°C, wodurch der Druck auf 4 bar ansteigt. Der pH-Wert der Emulsion wird durch die stärkere Dissoziation der Kohlensäure bei 80°C auf etwa 3,3 abgesenkt, so daß eine Emulsionsspaltung einer Säurespaltung entsprechend erfolgt.

Bei Anfall größerer Emulsionsmengen ist diese Methode nicht mehr praktikabel. Dann kann man die Emulsion mit Tauchbrennern erhitzen und das Wasser verdampfen (Bild 5-28). Die Emulsion bricht dabei zusammen und kann in einem Ölabscheider getrennt werden. Das Öl kann z.B. dem Heizöl zugemischt und zum Betrieb des Tauchbrenners eingesetzt werden.

Man kann Emulsionen auch schonender durch Einsatz preiswerter Umlaufverdampfer aufkonzentrieren. Dabei muß man nur darauf achten, daß es nicht zu Ablagerungen auf den Wärmetauscherflächen (Heizflächen) kommt. Bild 5-29 zeigt das Fließbild einer zweistufigen Verdampferanlage [87].

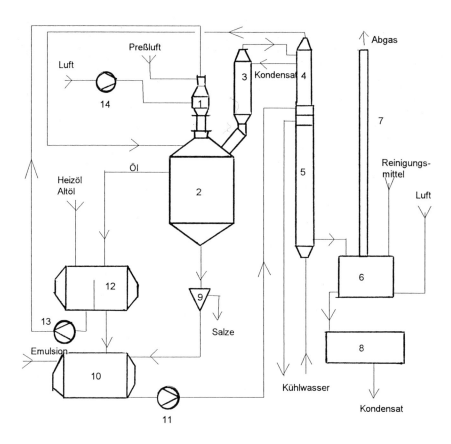

Bild 5-28: Emulsionsspaltung durch Verdampfen unter Einsatz von Tauchbrennern[86].

   Es bedeuten: 1 Tauchbrenner, 2 Verdampfer, 3 Waschkolonne, 4 Vorwärmer, 5 Kondensator,
   6 Kondensatbehälter, 7 Kamin, 8 Filter, 9 Salzabscheider, 10 Emulsionsbehälter, 11 Emulsionspumpe,
   12 Alt- und Heizölbehälter, 13 Ölpumpe, 14 Gebläse.

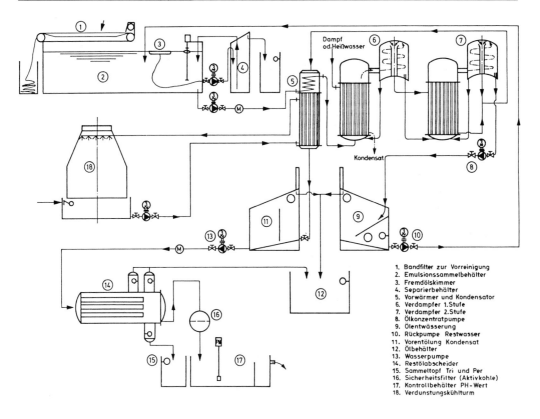

1. Bandfilter zur Vorreinigung
2. Emulsionssammelbehälter
3. Fremdölskimmer
4. Separierbehälter
5. Vorwärmer und Kondensator
6. Verdampfer 1.Stufe
7. Verdampfer 2.Stufe
8. Ölkonzentratpumpe
9. Ölentwässerung
10. Rückpumpe Restwasser
11. Vorentölung Kondensat
12. Ölbehälter
13. Wasserpumpe
14. Restölabscheider
15. Sammeltopf Tri und Per
16. Sicherheitsfilter (Aktivkohle)
17. Kontrollbehälter PH-Wert
18. Verdunstungskühlturm

Bild 5-29: Emulsionsspaltanlage mit zweistufigem Umlaufverdampfer [87]

Zur Vermeidung von Inkrustierungen werden Feststoffe und aufrahmende Fremdöle vor der Verdampfung durch ein Bandfilter und einen Ölskimmer entfernt. Auch andere Verdampfer-arten können zum Eindampfen von Emulsionen eingesetzt werden. Dünnschichtverdampfer schonen dabei das Öl besonders gut, weil die Kontaktzeiten zwischen Öl und Heizfläche sehr kurz sind. Beim Fallstromverdampfer (Bild 5-30) erfolgt die Verdampfung in einem Röhrener-hitzer. Die Emulsion gelangt in die von Heizdampf umspülten Rohre über den Einlauf A. In den Rohren bilden sich Dampfblasen, die die Flüssigkeit nach oben treiben. Am Kopf erfolgt die Trennung des Dampfes von der Flüssigkeit, die in den Konzentratbehälter überläuft und durch das Zirkulationsrohr (3) zurückgeführt wird. Das Öl passiert also mehrfach die Heizzone. Über C wird ein Teil des eingedampften Öls abgezogen. Der Wasserdampf verläßt den Ver-dampfer über B. D ist der Heizdampfeintritt, E ist der Kondensataustritt.

Man kann zur Energie-Einsparung die Verdampfer mehrstufig einsetzen und nach dem Prinzip der Wärmepumpe mit einer Brüdenkompression versehen (vgl. Abschnitt 6).

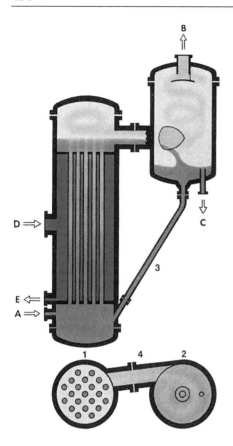

Bild 5-30:
Fallstromverdampfer [87]

Beim Dünnschichtverdampfer (Bild 5-31) wird die Emulsion mit Hilfe rotierende Wischer-blätter als dünner Film über die Heizfläche gestrichen, so daß nur ein dünner Flüssigkeitsfilm intensiv beheizt wird. Das ablaufende Öl kommt daher nur einmal mit der Heizfläche in Berüh-rung. Auch hier führt Brüdenkompression zu Energieeinsparungen.

Bei allen Verdampfungsvorgängen wird das leichter siedende Wasser verdampft. Da jedoch die Ölphase keine einheitliche Substanz ist, sondern auch leichtsiedende, niedermolekulare Sub-stanzen enthält, gehen auch geringe Mengen der Ölphase in das Kondensat über und müssen nachträglich abgetrennt werden. Dies kann nach Ansäuern in einem Ölabscheider und Weiter-behandlung in einer Kläranlage (Adsorption an $Fe(OH)_3$ Flocken) erfolgen. Ebenso verbleibt im Öl ein geringer Restwassergehalt, der sich absetzen oder durch Einsatz von Zentrifugen (Tellerseparator) abgeschieden werden kann.

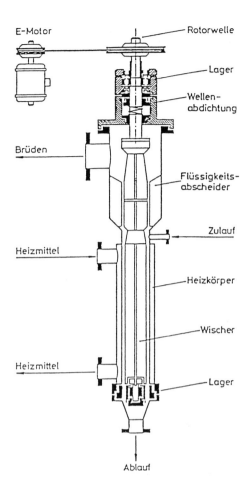

Bild 5-31:
Dünnschichtverdampfer [88]

Membrantechnologie wie Ultrafiltration kann im Entsorgungsprozeß von Emulsionen ebenfalls eingesetzt werden. Die Tropfengröße von Emulsionstropfen liegt in der Größenordnung von 60 bis 120 nm [89]. Allerdings kann die Ölphase lediglich bis auf maximal 50% aufkonzentriert und damit die zu entsorgende Emulsionsmenge reduziert werden. Bei einer höheren Aufkonzentrierung sinkt die Durchsatzleistung von Ultrafiltrationsanlagen [90]. Man kann eine Ultrafiltrationsanlage natürlich auch zum Vorkonzentrieren einsetzen und das anfallenden Retentat als angereicherte Ölphase in einem Dünnschichtverdampfer endbehandeln [91]. Derartige Anlagen sind wirtschaftlich im Bereich von 200 bis 1000 kg Emulsion/h zu betreiben. Man konzentriert die Retentatphase dabei auf etwa 20% Ölgehalt und arbeitet das Konzentrat dann im Verdampfer auf. Als Betriebskosten (Vollkosten) für einen Dünnschichtverdampfer werden dann 40 bis 60 DM/m^3 Retentat angegeben.

Große anfallende Emulsionsmengen können kostengünstig in einer Flotation entsorgt werden. Dazu wird die Emulsion zunächst angesäuert und mit Metallsalzen (Eisen-III-Sulfat) versetzt. Die Mischung wird dann neutralisiert, so daß Eisenhydroxidflocken entstehen. Man erzeugt dann innerhalb des schlammhaltigen Abwassers einen Gasstrom, der die Eisenhydroxidflocken an die Oberfläche treibt. Der ölhaltige Schlamm schwimmt bei der „Flotation" genannten Operation auf und kann von der Oberfläche abgezogen werden. Der Eisenhydroxidschlamm kann auch nach dem Klose-Clearox-Verfahren (vgl. Abschnitt 4) mit Hilfe einer Opferanode erzeugt werden. Zur Erzeugung der Gasblasen für die Flotation kann ein Teilstrom des Wassers unter Druck mit Luft gesättigt und anschließend im Flotationsbecken entspannt (Bild 5-32) werden, wodurch die bei Normaldruck nicht mehr in Wasser löslichen Luftmengen in Form von Gasblasen freigesetzt werden (Entspannungsflotation). Man kann das zur Flotation benötigte Gas aber auch durch Elektrolyse direkt im Flotationsbecken erzeugen (Elektroflotation). Um elektrisch gleichartig geladene Partikel zur Koagulation zu bringen, ist die Verminderung oder Kompensation der elektrischen Ladung Voraussetzung. Außer durch Gegenionen kann dies natürlich auch durch elektrischen Strom erfolgen. Dazu läßt man die Öltropfen in einem elektrischen Gleichspannungsfeld wandern (Elektrophorese), bis sie auf die Wandung der Gegenelektrode auftreffen, an der sie koagulieren. Um die Wanderungsgstrecken zu verkürzen und die Abscheidungsflächen zu vergrößern, bietet man die Elektroden in Form einer Schüttung an (Bild 5-33). Eine Bewertung der einzelnen Verfahren geben Teckentrup und Pahl [89] in nachfolgender Tabelle 5-4.

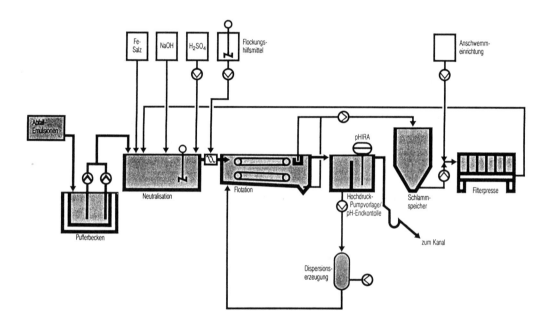

Bild 5-32: Entspannungsflotation [92]

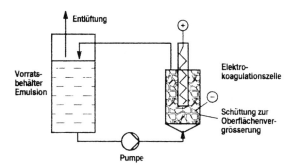

Bild 5-33:
Elektrokoagulation von
Emulsionen nach [89]

Tabelle 5-4: Bewertung von Emulsionsspaltverfahren nach [89]. Es bedeuten:
-- sehr wenig, sehr ungünstig, sehr langsam; - wenig, ungünstig, langsam; 0 Mittelmaß; + viel, gut, schnell; ++ sehr viel, sehr gut, sehr schnell.
1a Emulsionsspaltung durch Salzzusatz, 1b Emulsionsspaltung durch Säurezusatz, 2 durch Zusatz organischer Amin-Polymere, 3 durch Adsorption an Metallhydroxide bei einer Fällung, 4 Elektrokoagulation, 5 Entspannungsflotation, 6 durch Ansäuern mit Kohlensäure, 7 durch Flotation, 8 durch thermische Trennung, 9 durch Ultrafiltration. Ferner bedeuten A Salze, B Säure, C Trennmittel, D Metallsalze, E Metalle, F Wärme und Druck, G Dampf, H Membrane.

Verfahren	1a	1b	2	3	4	5	6	7	8	9
Kriterium										
Anlagenkosten	--	--	0	--	+	+	+	+	++	0
Betriebskosten	-	-	+	+	+	+	++	+	++	0
Entsorgungsaufwand	++	++	0	++	++	0	0	0	+	0
Trennqualität	--	+	+	0	0	0	0	+	++	++
Geschwindigkeit	-	+	+	0	--	--	--	++	+	+
Apparativer Aufwand	-	-	0	-	+	0	++	++	++	0
Selektivität	-	-	-	-	0	0	+	-	++	++
Hilfsstoffe	A	B	C	D	E	-	F	C	G,B	H
Kombinationsmöglichkeit	7,8	7,8,9	7,8,9	7,8,9	7,9	7,9	-	2	1,2,9	1-8

6 Methoden zum In-Process-Recycling

Am 6. Oktober 1994 wurde im Bundesgesetzblatt, Teil I, Nr. 66, S. 2705 das Gesetz zur Vermeidung, Verwertung und Beseitigung von Abfällen – kurz KrW-/AbfG oder Kreislaufwirtschafts- und Abfallgesetz – erlassen, das von den Betrieben ein Konzept zur Abfallvermeidung, -verwertung und -beseitigung verlangt, das erstmals zum 31.12.1999 vorausschauend für die nächsten 5 Jahre erstellt werden muß. Erstmals zum 1. April 1998 muß eine Abfallbilanz für das vorhergehende Jahr geschrieben werden. Dies ist keineswegs nur eine Belastung für die Betriebe. Es kann zu einer Kosteneinsparung führen, wenn man bedenkt, wie hoch die Entsorgungskosten mittlerweile sind (Tabelle 6-1).

Tabelle 6-1: Mittlere Entsorgungspreise für Abfälle aller Art [94]

Stoffstrom (Auswahl)	LAGA-Nr.	Spanne der mittleren Entsorgungspreise der Bundesländer Stand 1. 11. 1996
Abfälle aus der pharmazeutischen Produktion	53502	1000 DM ... 3650 DM
Altmedikamente	53501	450 DM ... 1700 DM
Altöle, Trafoöle, Betriebsmittel (PCB-haltig)	54110	370 DM ... 8600 DM
Anorganische Säuren, Säuregemische und Beizen	52102	165 DM ... 4000 DM
Bohr- und Schleifölemulsionen, Emulsionsgemische	54402	110 DM ... 700 DM
Chrom-(III)-haltiger Galvanikschlamm	51103	185 DM ... 860 DM
Chrom-(VI)-haltiger Galvanikschlamm	51102	185 DM ... 860 DM
Entwicklerbäder	52723	850 DM ... 2092 DM
Feinchemikalien und Laborchemikalien	59301/59302	2000 DM ... 20395 DM
Fixierbäder	52707	850 DM ... 2092 DM
gewerbliche und häusliche Sonderabfälle (Lackreste, Klebstoffe, Haushaltschemikalien u.ä.)	55502	175 DM ... 3395 DM
Klinikabfälle (Gruppen B, C, D, E)	971xx	655 DM ... 2000 DM
Lack- und Farbschlamm	55503	850 DM ... 1950 DM
Lösemittel und Lösemittelgemische (halogenhaltig)	55220	180 DM ... 2400 DM
Lösemittel-Wasser-Gemische (halogenhaltig)	55224	180 DM ... 3500 DM
Metallhydroxidschlämme	51113	185 DM ... 860 DM
Motoren-, Getriebe-, Maschinen- und Turbinenöle (frei von PCB)	51413	270 DM ... 550 DM
Öl- und Benzinabscheiderinhalte	54702	120 DM ... 487 DM
Pflanzenschutzmittel	53103	3000 DM ... 8463 DM
Schlämme aus Öltrennanlage	54703	120 DM ... 915 DM
Schlämme aus industrieller Abwasserreinigung	94801	175 DM ... 725 DM
Zinkhaltiger Galvanikschlamm	51105	185 DM ... 860 DM

Um innerbetrieblichen Nutzen aus dem Zwang zu ziehen, Abfallkonzepte zu erstellen, ist es notwendig, Vorstellungen über die technischen Möglichkeiten zur Reduzierung oder Vermeidung von Abfällen kennenzulernen und anhand von Analogiebeispielen zu entwickeln. Dies ist der Sinn dieses Abschnittes, der sich überwiegend auf Probleme aus der metallverarbeitenden Industrie beschränkt.

6.1 Pflege von Kühlschmierstoffen, Hydraulikölen und Waschflotten

Kühlschmierstoffe, Bearbeitungsemulsionen aber auch in Waschflotten dispergierte Öle und Feststoffe lassen sich mit Hilfe von Zentrifugen reinigen. Geeignet ist hierzu insbesondere der Tellerseparator, der außer Feststoffen auch in größeren Tropfen zerteiltes Fremdöl abscheidet. Emulsionspartikel haben mit einer Tropfengröße von 60 bis 120 nm einen zu kleinen Durchmesser. Dieser Tropfendurchmesser liegt unterhalb der Trennkorngröße eines Tellerseparators, so daß Emulsionen dieser Art den Tellerseparator ungetrennt wieder verlassen. Fremdöle, die in größeren Tropfen vorliegen, werden durch die Zentrifugalkräfte des Separators abgetrennt. Das Einsatzgebiet der Zentrifugentechnik ist sehr vielseitig.

Der Aufbau der Anlagen zur Reinigung von Kühlschmieremulsionen (Bild 6-1), Entwässerung von Schmierölen (Bild 6-2) und das In-Process-Recycling von Waschflotten (Bild 6-3) werden in den nachfolgenden Bildern gezeigt. In manchen Fällen ist es durchaus nicht notwendig, einen eigenen Tellerseparator anzuschaffen. Dann kann über Servicefirmen die Reinigung eines Hydrauliköls vorgenommen werden. In anderen Fällen ist es sinnvoll, anstelle eines Separators einen Dreiphasendekanter einzusetzen, wenn z.B. in eine Waschflotte Poliermittelreste eingetragen werden. Wenn der Feststoffgehalt zu groß wird, ist der Einsatz eines eventuell gepanzerten Dreiphasendekanters zweckmäßig. In anderen Fällen wiederum kann man Feststoffe mit Hilfe einer periodisch zu entleerenden Trommelzentrifuge aus Behandlungslösungen entfernen. Dies wird z.B. bei der Pflege von Gleitschleifzusätzen durchgeführt. Beim Gleitschleifen entsteht ein sehr feiner Abrieb an Material und Schleifkörper, der durch Querstrom-Mikrofiltration, aber auch kostengünstig mit Hilfe einer periodisch zu entleerenden Trommelzentrifuge entfernt werden kann. Trommelzentrifugen können auch als Dreiphasen-Trommelzentrifuge zur Reinigung von Berabeitungsemulsionen eingesetzt werden. Im Bild 6-5 werden eine Zwei- und eine Dreiphasen-Trommelzentrifuge gezeigt.

In all den Fällen, in denen mechanische Hilfsmittel zur Pflege eines Betriebsstoffs eingesetzt werden, erfolgt eine Standzeitverlängerung für das Betriebsmittel, die zumeist eine rasche Amortisation der Investitionskosten erlaubt. Als Beispiel für eine Kosteneinsparung durch Verbesserung des Umweltschutzes zeigt Tabelle 6-2 den Einsatz eines Tellerseparators zur Waschflottenpflege in einem metallverarbeitenden Betrieb.

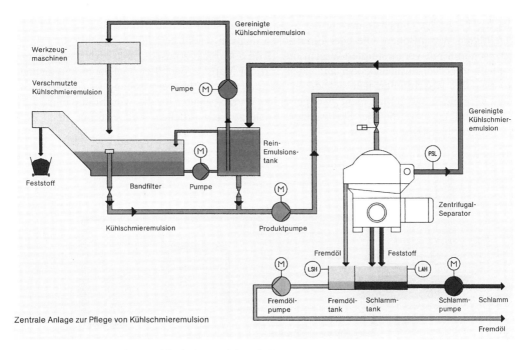

Bild 6-1: Reinigung einer Kühlschmieremulsion [95].

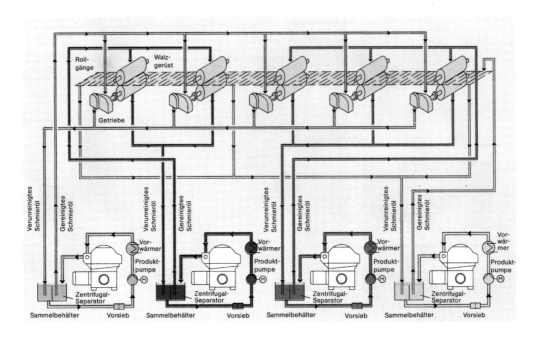

Bild 6-2: Reinigung und Entwässerung von Schmieröl in einem Walzwerk [95]

Bei der Frage der Dimensionierung der Zentrifugen besteht vielfach Unklarheit. Werden die gereinigten Waschflotten, Öle oder Emulsionen nicht in einem getrennten Behälter aufgefangen, sondern mit verunreinigter Waschflotte (Bild 6-4) rückvermischt, muß zwangsweise die Zentrifuge größer ausgelegt oder auf einen Teil der Vorteile der Pflegemaßnahme verzichtet werden. Bei Waschflotten läßt sich dieser Nachteil durch Rückvermischung im allgemeinen nicht vermeiden, wenn man nicht zwei getrennte Vorratsbehälter für die Waschflotte einsetzen will. Allerdings wäre dies bei Spritzanlagen leicht zu verwirklichen, weil man nur einen Zusatzbehälter benötigte.

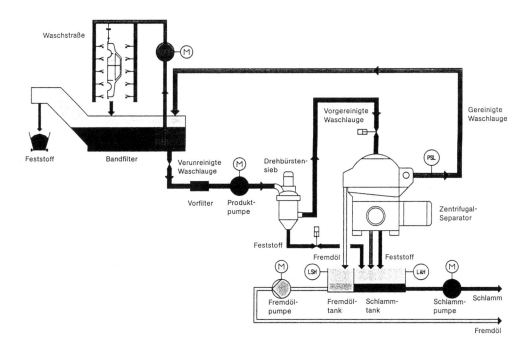

Bild 6-3: Waschflottenpflege in einer Waschanlage [95]

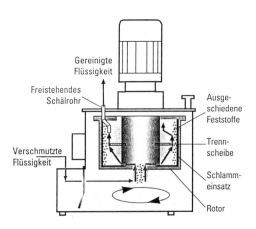

Bild 6-4:
Zweiphasen-Trommelzentrifuge [96]

Die meisten Kühlschmierstoffe besitzen einen pH-Wert von etwa 8-9, der sich im Verlauf des Gebrauchs durch Kohlensäureaufnahme erniedrigt. Die Emulsion wird dadurch instabiler. Zur Instabilität tragen eingeschleppte Salze wie Chloride, Sulfate, Nitrit oder Nitrat bei, die z.B. aus dem nachgesetzten Trinkwasser oder durch Aufnahme aus der Umgebungsluft stammen. Zur Verbesserung der Pflege einer Kühlschmierstoffemulsion sollte daher richtigerweise auch der Entzug von Salzen gehören und der pH-Wert der Emulsion auf 8-9 wieder angehoben werden. Um dies zu erreichen, wird ein Ultrafiltrations-Elektrodialyse-Verfahren angeboten, bei dem ein Teilstrom der Emulsion zunächst durch Ultrafiltration teilentwässert wird, das entzogene Wasser (Permeat) durch Elektrodialyse (vgl. Abschnitt 6.2) entsalzt und danach der Emulsion wieder zugeführt werden soll.

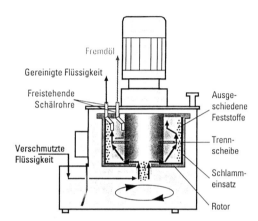

Bild 6-5:
Dreiphasen-Trommelzentrifuge [96]

Die Funktionsweise zeigt Bild 6-6. Dabei werden die An- und Kationen elektrisch durch ein Diaphragma aus dem Filtrat abgetrennt, so daß im Kathodenraum Lauge, im Anodenraum Säure entsteht. Die Erfinder der UFED-Verfahrens [97] schlagen dabei vor, die Flüssigkeit aus dem Kathodenraum zurückzuführen. Tatsächlich ist die Entnahme eines Teils des Wassers aus der Kühlschmieremulsion eine verständliche Maßnahme. Einfacher ist es jedoch dann, den durch Ultrafiltration entnommenen Anteil an Wasser durch Frischwasser unter Zusatz geringer Mengen an Lauge zu ergänzen und somit die Elektrodialyse einzusparen. Absinken des pH-Wertes ist oft auch mit Verkeimung verbunden, was dadurch ebenfalls unterdrückt werden kann.

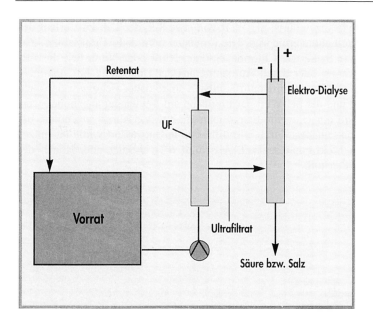

Bild 6-6:
Das Prinzip des UFED-
Verfahrens [97]

6.2 Berechnung der Spülwassermengen

Für die Berechnung der Spülwassermengen, die notwendig sind, um eine verschleppte Produktmenge in einer Fließspüle abzuspülen, sind in der Literatur zahlreiche Formeln aufgestellt worden. Dabei geht man davon aus, daß ein zu spülendes Werkstück in ein Spülbad eingetaucht und daraus wieder entfernt wird. Dann regeneriert sich das Spülbad und wird erneut beladen. In der Praxis hat das Spülbad jedoch keine Zeit dazu, sich zu regenerieren. Es wird fortlaufend neu mit Ware beschickt. Die für ein Einzelstück geltende „Sägezahnkurve" der Salzkonzentration im Spülbad entsteht dadurch nicht. Das Spülbad wird quasi kontinuierlich mit Reaktionslösung beschickt und kann daher als kontinuierlich betriebener Rührkesselreaktor ohne chemische Reaktion behandelt werden. Die Durchmischung in diesem Reaktor wird dabei durch die Durchströmung und die Bewegung der Waren erreicht. Betrachtet man eine einfache Fließspüle, so ergibt sich die Mengenbilanz entsprechend Bild 6-7 aus den Zu- und Abflüssen des Spülbehälters.

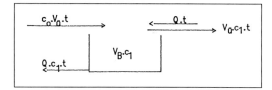

Bild 6-7:
Mengenbilanz einer Fließspüle [47]

Spülen werden im Betrieb in rascher Folge beschickt. Die Zuführung produktbeladener Oberflächen erzeugt einen nahezu kontinuierlichen Chemikalienzustrom in das Spülbad. Betrachtet man daher die Fließspüle als allgemeinen Fall eines idealen Rührkessels ohne chemische Reaktion, so gilt, daß die Differenz zwischen den Mengen der eintretenden Stoffe, m_E, und der aus der Spüle austretenden Stoffe, m_A, gleich der Menge der in der Spüle verbleibenden Stoffe, m_B, sein muß. In diesem Fall kann daher die Aufsalzung einer Spüle durch Gleichung (6.1) beschrieben werden.

$$m_E - m_A = \frac{dm_B}{dt} \tag{6.1}$$

Dabei wird die Menge der eintretenden Stoffe durch die Überschleppung bestimmt. Ist $V_\ddot{U}$ das pro Zeiteinheit mit den Waren überschleppte Volumen und c_0 die Chemikalienkonzentration, so kann man mit Gleichung (6.2) m_E errechnen.

$$m_E = V_\ddot{U} c_0 \tag{6.2}$$

Der Fließspüle wird Frischwasser in der Menge Q (Volumen/Zeiteinheit) zugeführt. Damit die Spüle nicht überläuft, muß die gleiche Menge an Flüssigkeit pro Zeiteinheit abgeführt werden. Daraus folgt die Produktausschleppung m_A in Gleichung (6.3).

$$m_A = c_A Q + V_\ddot{U} c_A \tag{6.3}$$

Einsetzen von Gleichung (6.2) und (6.3) in (6.1) ergibt Gleichung (6.4).

$$\frac{dm_B}{dt} = c_0 V_\ddot{U} + c_A (Q + V_\ddot{U}) \tag{6.4}$$

Weil m_B aus dem Produkt aus Volumen des Spülbades V_B und der Konzentration c berechnet wird, kann man das Differential aus Gleichung (6.4) in (6.5) umwandeln. Nach Integration ergibt sich daraus (6.6).

$$\frac{V_B dc}{dt} = c_0 V_\ddot{U} - (Q + V_\ddot{U}) \tag{6.5}$$

$$V_B c = V_\ddot{U} c_0 t - (Q + V_\ddot{U}) \cdot c_A t \tag{6.6}$$

Da im Spülbehälter keine chemische Reaktion abläuft, kann man die Konzentration c durch die Konzentration c_A ersetzen (6.7) und aus (6.7) die zeitliche Aufsalzung eines Fließspülbades (6.8) errechnen.

$$V_B c_A + (Q + V_\ddot{U}) \cdot c_A t = V_\ddot{U} c_0 t \tag{6.7}$$

$$c_A = \frac{V_\ddot{U} c_0 t}{V_B + (Q + V_\ddot{U}) \cdot t} \tag{6.8}$$

Die Berechnungsformeln sind in Tabelle 6-2 noch einmal zusammengestellt worden. Man kann den Wasserzufluß Q und die Überschleppung $V_\ddot{U}$ auf das Volumen des Spülbades V_B normieren und erhält dann die dimensionslose Gleichung (6.9) mit $q = Q/V_B$ und $v = V_\ddot{U}/V_B$. Bild 6-8 zeigt den zeitlichen Verlauf der Aufsalzung bei einer Überschleppung von 10% des Spülbades je Stunde. Schon nach kurzer Zeit stellt sich je nach Frischwasserzulauf Q ein Gleichgewichtszustand ein, dessen Wert man aus Gleichung (6.9) berechnen kann. Im Falle eines Gleichgewichts sind die zeitabhängigen Glieder der Gleichung (6.9) wesentlich größer als die zeitunabhängigen, wodurch der Gleichgewichtszustand einer solchen Spüle mit (6.10) beschrieben werden kann.

$$m_E - m_A = \frac{dm_B}{dt} \tag{6.1}$$

$$m_E = V_{\ddot{U}}c_0 \tag{6.2}$$

$$m_A = c_A Q + V_{\ddot{U}}c_A \tag{6.3}$$

$$\frac{dm_B}{dt} = c_0 V_{\ddot{U}} - c_A(Q + V_{\ddot{U}}) \tag{6.4}$$

$$\frac{V_B dc}{dt} = c_0 V_{\ddot{U}} - c_A(Q + V_{\ddot{U}}) \tag{6.5}$$

$$V_B c = V_{\ddot{U}}c_0 t - (Q + V_{\ddot{U}})c_A t \tag{6.6}$$

$$V_B c_A + (Q + V_{\ddot{U}})c_A t = V_{\ddot{U}}c_0 t \tag{6.7}$$

$$c_A = \frac{V_{\ddot{U}}c_0 t}{V_B + (Q + V_{\ddot{U}})t} \tag{6.8}$$

$$\frac{c_A}{c_0} = \frac{v\,t}{1 + (q + v)t} \tag{6.9}$$

$$\text{mit } q = \frac{Q}{V_B} \text{ und } v = \frac{V_{\ddot{U}}}{V_B}$$

$$\frac{c_A}{c_0} = \frac{v}{q + v} \tag{6.10a}$$

$$c_A = \frac{V_{\ddot{U}}c_0}{Q + V_{\ddot{U}}} \tag{6.10b}$$

Tabelle 6-2: Berechnung des zeitlichen Verlaufs der Aufsalzung einer Fließspüle.

$$c_A = \frac{V_{\ddot{u}} * c_o}{V_B + V_{\ddot{u}} * t} \tag{6.11}$$

$$\frac{c_A}{c_o} = \frac{v * t}{1 + v * t} \tag{6.12}$$

$$t_g = \frac{\left(\dfrac{c_A}{c_o}\right)_g}{v * \left[1 - \left(\dfrac{c_A}{c_o}\right)_g\right]} \tag{6.13}$$

Tabelle 6-3:
Berechnung der Aufsalzung einer Standspüle

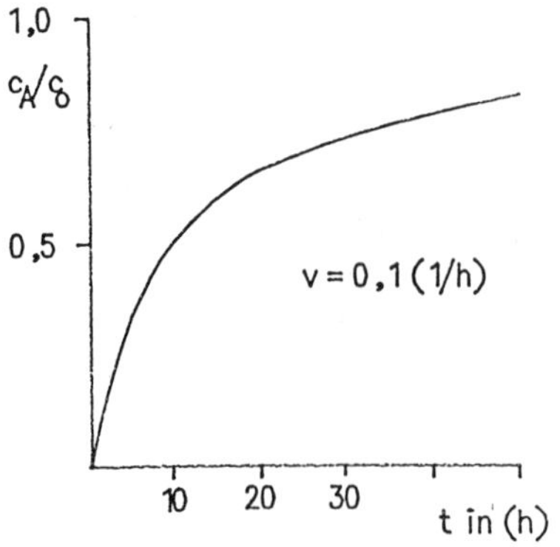

Bild 6-8:
Aufsalzkurve einer Standspüle [47]

Gleichung (6.10) gilt etwa ab einem Verhältnis von $(Q + V_{\ddot{U}}) \cdot t / V_B > 10$. Schaltet man den Frischwasserzulauf der Fließspüle ab, erhält man eine Standspüle.

$$\frac{c_A}{c_0} = \frac{v \cdot t}{1 + (q + v) \cdot t} \qquad (6.9)$$

$$\frac{c_A}{c_0} = \frac{v}{q + v} \qquad (6.10)$$

Aus (6.8) wird dann mit $Q = 0$ die Gleichung (6.11).

$$c_A = \frac{V_{\ddot{U}} \cdot c_0}{V_B + V_{\ddot{U}} \cdot t} \qquad (6.11)$$

$$\frac{c_A}{c_0} = \frac{v \cdot t}{1 + v \cdot t} \qquad (6.12)$$

Mit der Normierung auf V_B entsteht Gleichung (6.12). Will man die Standspüle nur bis zu einer vorgegebenen Aufsalzung betreiben und dann wechseln, so kann man aus (6.12) die Betriebszeit der Standspüle (6.13) bis zum Erreichen dieser Aufsalzung berechnen. Tabelle 6-3 zeigt noch einmal die Formelzusammenstellung. Standspülen salzen sich schon nach kurzer Betriebszeit bis auf die Konzentration des vorhergehenden Behandlungsbades auf.

Gleichung (6.7) stellt die Mengenbilanz (Bild 6-9) für den gelösten Stoff im allgemeinen Fall einer Fließspüle dar. Besteht die Fließspüle aus zwei hintereinander angeordneten Becken, von denen nur das zweite Becken Frischwasser erhält, so liegt eine Kaskadenspüle mit zwei Becken vor. Das erste Becken wird dann mit dem gleichen Mengenstrom Q gespeist wie an Frischwasser zuläuft, aber mit belastetem Wasser. In der Praxis werden in diesen Fällen im allgemeinen Becken gleichen Rauminhaltes verwendet. Es wird daher im Folgenden stets mit gleich großen Becken mit dem Rauminhalt V_B gerechnet. Ebenso ist die Überschleppung weniger von den geringen Schwankungen in den Eigenschaften verdünnter wäßriger Lösungen als von der zeitlich durchgesetzten Oberflächengröße und der Konstruktion der Werkstücke abhängig. Man kann daher mit guter Näherung die Überschleppung längs einer Kaskade als konstant ansetzen. In Gleichung (6.2) und (6.3) muß dann berücksichtigt werden, daß das erste Spülbecken der Zweierkaskade mit schon belastetem Wasser gespeist wird (Gleichung 6.14 und 6.15). Bildet man wieder die Differenz zwischen m_E und m_A, so erhält man nach Umformen den zeitlichen Verlauf der Aufsalzung im ersten und zweiten Spülbecken einer frisch angesetzten Zweierkaskade (Gleichung 6.16 bis 6.20). Normieren auf die Größe des einzelnen Spülbeckens V_B und Vernachlässigen der von der Zeit unabhängigen Summanden, ergibt wiederum die Gleichgewichtskonzentration in den beiden Bädern einer Zweierkaskadenspüle (Gleichung 6.21 und 6.22) nach längerer Betriebszeit. Daraus kann man wiederum die zeitliche Aufsalzung von zwei hintereinander geschalteten Standspülen gleicher Größe berechnen (Gleichung 6.11 und 6.23), wenn man den Wasserzufluß $q = 0$ setzt.

Tabelle 6-4 zeigt die Berechnung des Konzentrationsverlaufs in einer Zweierkaskade und in zwei gleichgroßen, hineinander geschalteten und zur gleichen Zeit angesetzten Standspülen.

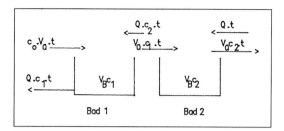

$$m_E = c_o * V_\ddot{u} * t + Q * c_2 * t \tag{6.14}$$

Tabelle 6-4:
Berechnung der Aufsalzung einer
Zweier-Kaskadenspüle und zweier gleich großer, hintereinander
geschalteter Standspülen [47]

$$m_A = Q * c_1 * t + V_\ddot{u} * c_1 * t \tag{6.15}$$

$$c_1 = \frac{(V_\ddot{u} * c_0 + Q * c_2) * t}{V_B + (Q + V_\ddot{u}) * t} \tag{6.16}$$

$$V_B * c_2 = V_\ddot{u} * c_1 * t - Q * c_2 * t - V_\ddot{u} * c_2 * t \tag{6.17}$$

$$c_2 = \left\{ \frac{V_\ddot{u} * c_1 * t}{\left[V_B + (Q + V_\ddot{u}) * t \right]} \right\} - V_\ddot{u} * \frac{c_o}{Q} \tag{6.18}$$

$$c_2 = \frac{c_o * (V_\ddot{u} * t)^2}{\left[V_B + (V_\ddot{u} + Q) * t \right]^2 - Q * V_\ddot{u} * t^2} \tag{6.19}$$

$$c_1 = \frac{c_o * V_\ddot{u} * t \left[V_B + (V_\ddot{u} + Q) * t \right]}{\left[V_B + (V_\ddot{u} + Q) * t \right]^2 - V_\ddot{u} * Q * t^2} \tag{6.20}$$

$$\left(\frac{c_1}{c_o} \right) * t \to \infty = \frac{(q + v) * v}{(q + v)^2 - q * v} \tag{6.21}$$

$$\left(\frac{c_2}{c_o} \right) * t \to \infty = \frac{v^2}{(q + v)^2 - q * v} \tag{6.22}$$

$$\left(\frac{c_1}{c_o} \right)_{Q=0} = \frac{v * t}{1 + v * t} \tag{6.11}$$

$$\left(\frac{c_2}{c_o} \right)_{Q=0} = \frac{(v * t)^2}{(1 + v * t)^2} \tag{6.23}$$

$$c_o * V_{\ddot{u}} * t + Q * c_2 * t = V_{\ddot{u}} * c_1 * t + V_B * c_1 + Q * c_1 * t \quad (6.24)$$

$$c_1 * V_{\ddot{u}} * t + Q * c_3 * t = V_{\ddot{u}} * c_2 * t + Q * c_2 * t + V_B * c_2 \quad (6.25)$$

$$c_2 * V_{\ddot{u}} * t = V_{\ddot{u}} * c_3 * t + Q * c_3 * t + V_B * c_3 \quad (6.26)$$

$$c_1 = \frac{c_o * V_{\ddot{u}} * t \left(Z^2 - Q * V_{\ddot{u}} * t^2 \right)}{\left(Z^2 - 2 * Q * V_{\ddot{u}} * t^2 \right) * Z} \quad (6.27)$$

$$c_2 = \frac{c_o * V_{\ddot{u}}^2 * t^2}{Z^2 - 2 V_{\ddot{u}} * Q * t^2} \quad (6.28)$$

$$c_3 = \frac{c_0 * V_{\ddot{U}}^3 * t^3}{Z * (Z^2 - 2 * Q * V_{\ddot{U}} * t^2)} \quad (6.29)$$

$$Z = V_B + \left(Q + V_{\ddot{u}} \right) * t \quad (6.30)$$

$$\left(\frac{c_1}{c_o} \right)_{t-)oo} = \frac{v * \left(q^2 + q * v + v^2 \right)}{\left(q + v \right) \left(q^2 + v^2 \right)} \quad (6.31)$$

$$\left(\frac{c_2}{c_o} \right)_{t-)oo} = \frac{v^2}{\left(q^2 + v^2 \right)} \quad (6.32)$$

$$\left(\frac{c_3}{c_o} \right)_{t \to \infty} = \frac{v^3}{\left(q + v \right) \left(q^2 + qv + v^2 \right)} \quad (6.33)$$

Der Verlauf der Aufsalzung in einer Dreierkaskade kann analog zur Zweierkaskade berechnet werden. Den Rechengang zeigt Tabelle 6-5. Auch hier interessiert für die Praxis die sich einstellende Gleichgewichtskonzentration. Bild 6-10 zeigt die Mengenbilanz einer Dreierkaskade. Die sich nach längerem Betrieb einstellende Gleichgewichtskonzentration in den drei Spülbädern berechnet sich nach Gleichung 6.31 bis 6.33. Drei hintereinander geschaltete, gleich große Standspülen lassen sich daraus wieder für den Fall Q = 0 berechnen.

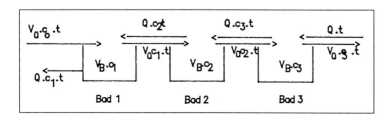

Tabelle 6-5:
Berechnung der Aufsalzung einer Dreier-Kaskadenspüle [47]

Bild 6-10:
Mengenbilanz einer Dreier-Kaskade [47]

Anwendung der Berechnungen:

Man kann Gleichung (6.33) dazu verwenden, die Mindestspülwassermenge in einer Dreierkaskade zu berechnen. Dazu führt man den Spülquotienten

$$x = q/v = Q/V_{\ddot{u}} \tag{6.34}$$

ein und erhält die Gleichung

$$c_3 = c_0 \{ [(x+1)^2 - 2x](x+1) \}^{-1} \tag{6.35}$$

Daraus ergibt sich die Interpolationstabelle 6-6. Ebenso kann man die nach längerer Betriebszeit im letzten Spülbad sich einstellende Konzentration in einer Fließspüle und einer Zweierkaskade berechnen. Die Werte wurden in Tabelle 6-6 ebenfalls erfaßt. Die Anwendung der Interpolationstabellen kann an folgendem Beispiel gezeigt werden:

Zugelassen sei auf der Oberfläche eines Werkstücks eine Restsalzkonzentration von 30 mg/m². Die Mindestüberschleppung einer glatten, mit einem Flüssigkeitsfilm von 0,1 mm Dicke bedeckten Fläche beträgt 0,1 l/m². Der Restsalzgehalt im Spülbad darf daher 300 mg/l nicht überschreiten. Die Badkonzentration des letzten Reinigerbades betrage 3 % Reinigerzusatz oder 30 g Reiniger/l. Daraus folgt für das dritte Bad der Dreierkaskade

$$c_3/c_0 = 0,300/30 = 0,01 \tag{6.36}$$

Tabelle 6-6 gibt für eine Dreierkaskade für c_3/c_0 Spülkoeffizienten x = 4 an. Werden stündlich 500 m² Blech, entsprechend 1000 m² Oberfläche durchgesetzt, beträgt die stündliche Überschleppung $V_{\ddot{U}}$ = 100 l/h. Multipliziert mit dem Spülwasserkoeffizienten x = 4 ergibt sich damit, daß stündliche 400 l Frischwasser durch die Dreierkaskade gesandt werden müssen, um den gewünschten Spüleffekt zu erzielen. Der ermittelte Spülwasserbedarf ist der Wert, den man bei Verwendung von vollentsalztem Wasser oder Kondensat als Spülwasser verwenden muß. Enthält das Frischwasser (Brunnenwasser, Leitungswasser) jedoch selbst Salze, muß die Spülwassermenge zur Einstellung einer vorgegebenen Restsalzmenge auf der Werkstückoberfläche erhöht werden. Für das durchgerechnete Beispiel ändern sich die Zahlen, wenn das verwendete Frischwasser zum Beispiel 60 mg Salz/l enthält, wie folgt:

Sollwert des Salzgehalts in der dritten Spüle der Kaskade: c_3 = 0,300 g/l. Konzentration im letzten Reinigerbad c_0 = 30 g/l. Zuwachs durch Überschleppung:

$$(c_3/c_0)_{t=oo} = (c_3 - 0,060)/c_0 = 0,240/30 = 0,008.$$

Der Tabelle entnimmt man dafür den Spülkoeffizienten x = 4,5, was bedeutet, daß im Rechenbeispiel jetzt 450 l/h an Frischwasser durchgesetzt werden müssen.

Man erkennt an diesem Rechenbeispiel, daß es durchaus lohnend sein kann, wenn man die Endspüle in einem Behandlungsgang mit vollentsalztem Wasser anstelle von Brunnen- oder Leitungswasser betreibt, weil die durchzusetzenden Wassermengen insbesondere, wenn nur hartes oder salzhaltiges Wasser zur Verfügung stehen, sinken.

Tabelle 6-6: Spülwasserkoeffizient für eine Fließspüle und für Zweier- und Dreier-Kaskadenspülen

$x = Q/V_{\ddot{u}}$	Dreierkaskade $(c_3 / c_0)_{t=\infty}$	Zweierkaskade $(c_2 /c_0)_{t=\infty}$	Fließspüle $(c_A/c_0)_{t=\infty}$
1,0	0,2500	0,333	0,500
1,5	0,1231	0,211	0,400
2,0	0,0667	0,143	0,333
2,5	0,0394	0,103	0,286
3,0	0,0250	0,077	0,250
3,5	0,0168	0,060	0,222
4,0	0,0118	0,048	0,200
4,5	0,0086	0,039	0,182
5,0	0,0064	0,032	0,167
5,5	0,0049	0,027	0,154
6,0	0,0039	0,027	0,143
7,0	-	0,0175	0,125
8,0	-	0,0137	0,111
9,0	-	0,0110	0,100
10,0	-	0,0090	0,091
15	-	-	0,0625
20	-	-	0,0476
25	-	-	0,0385
40	-	-	0,0244
99	-	-	0,0100
104	-	-	0,0095

6.3 Methoden zum Spülwasserrecycling

Spülwässer enthalten alle Salze und Organika, die in dem davor liegenden Behandlungsbad enthalten waren. Dazu zählen Alkalisalze, Schwermetallsalze, Säuren, Laugen, Tenside, Emulgatoren aber auch Fette und Öle und feste Schmutzteilchen. Zu diesen Verunreinigungen kommen dann noch jene, die vom Frischwasser mit eingeschleppt werden können, im wesentlichen also Bestandteile des Leitungs- oder Brunnenwassers, falls kein vollentsalztes Wasser verwendet wird. Das Problem, Spülwasserrecycling zu betreiben, ist daher nicht nur auf eine Entsalzung zu beschränken. Insbesondere die Organika komplizieren die Verfahren.

6.3.1 Spülwassereindampfung

Am einfachsten ist es, verschmutzte wäßrige Lösungen einzudampfen und das Destillat zu gewinnen. Diese Aufgabe ist jedoch weit weniger einfach, als sie zunächst aussieht. Zunächst besitzt Wasser eine relativ hohe spezifische Wärme und eine große Verdampfungsenthalpie. Wäßrige Lösungen müssen vor dem Verdampfen bis zum Siedepunkt aufgeheizt werden. Dann muß die Verdampfungsenthalpie aufgebracht werden. Um diesen Gesamtvorgang wirtschaftlich rentabel durchführen zu können, wird die Verdampfung mit Wärmerückgewinnung und unter Einsatz der Vakuumverdampfung mit Brüdenkompression durchgeführt. Vakuumverdampfung mit Brüdenkompression arbeitet nach dem Prinzip einer Wärmepumpe, also eines

„umgekehrten Kühlschranks". Bild 6-11 zeigt das Prinzipienschaltbild einer Brüdenkompressi-on. Die einzudampfende Lösung mit der Konzentration c_a und dem Stoffstrom m_a wird einem Wärmetauscher zugeführt und vorgewärmt (Leitung 1). Die vorgewärmte Lösung wird dem Verdampfer über die Leitung 2 zugeführt. Dort entsteht eine Auftrennung in eine Dampfphase und eine konzentriertere Lösung. Der Dampf wird über Leitung 3 abgesaugt. Er kann theore-tisch als reiner Lösemitteldampf angesehen werden, wenn eine wäßrige Salzlösung einge-dampft wird. Der abgesaugte Dampf kann jetzt mit einem Kompressor verdichtet und damit auf höheren Druck P_i gebracht werden. Dieser Dampf besitzt jetzt einen höheren Energieinhalt und dient zur Beheizung der Verdampfung. Er wird über die Leitung 4 dem Verdampfer zugeführt. Das Kondensat dieses Dampfes wird dann über Leitung 5 dem Wärmetauscher zur Vorwär-mung des einlaufenden Produktes zugeleitet. Ebenso wird der Wärmeinhalt des Konzentrates, das über Leitung 7 abläuft, zur Vorwärmung des Zulaufs verwendet. Zum Start benötigt dieser Verdampfer mit Brüdenkompression Zusatzdampf, der über H zugeführt und dessen Kondensat über Leitung 5 abgeführt wird.

Die Stoff- und Energiebilanzen berechnen sich wie folgt:

Stoffbilanz: $m_a = m_r + m_D$ (6.37)

Salzbilanz: $m_a c_a = m_r c_r$ (6.38)

Wärmebilanz: $Q_a + Q_{Pi} + Q_H = Q_r + Q_D$ (6.39)

oder $m_a i_1 + m_D (i_4 - i_3) + m_H i_H = m_r i_8 + (m_D + m_H) \cdot i_6$ (6.40)

Darin bedeuten m die Stoffströme, Q die Wärmeströme, i die Enthalpien im Mollier-Diagramm (i,s-Diagramm) in Bild 6-12, c die Salzkonzentration und die Indices a einströmende, ver-dünnte Lösung, r Konzentrat, D Dampf aus der Verdampfung, H Zusatzdampf beim Anfahren der Anlage und Pi die Leistung des Verdichters. Die elektrische Leistung bei direktem Antrieb des Verdichters berechnet sich dann zu

$$A_{el} = \frac{m_D (i_4 - i_3)}{\beta}$$ (6.41)

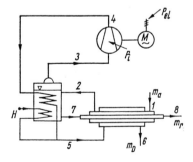

Bild 6-11:
Prinzip der Schaltung eines Verdampfers mit Brü-denverdichtung [98]

Man kann anstelle der direkten Verdichtung des Brüdens auch einen Wärmeträger (Kältemit-tel) einsetzen, und dies im Kreislauf führen. Bild 6-13 zeigt das Prinzip. Das Kältemittel kühlt den Wasserdampf im Dampfraum des Verdampfers und nimmt die Kondensationswärme auf. Es wird von einem Kompressor angesaugt und verdichtet. Das verdichtete Kältemittel gibt seine Wärme im Sumpf des Verdampfers ab, wodurch Wasser verdampft. Das Kältemittel wird dann in einem Luftkühler abgekühlt und dem Kondensator wieder zugeführt.

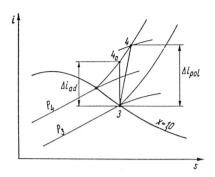

Bild 6-12:
i-s-Diagramm für die Verdichtung von Wasserdampf [98]

Man hat so den Kondensationskreislauf vom Verdampfungskreislauf getrennt, indem man mit einem Zwischenwärmeträger arbeitet. In beiden Fällen sinkt der Heizdampfbedarf beträchtlich (Bild 6-14). Die direkte Brüdenverdichtung ist energetisch günstiger als die Destillation unter Fremdbeheizung und Verwendung eines Sekundärkreislaufs. Setzt man die Energiekosten bei Destillation ohne Brüdenverdichtung mit 100 % an, so sinken diese bei Verwendung eines Sekundärkreislaufs auf 25 % und bei direkter Brüdenverdichtung auf 8 %, wenn man alle Energieverbraucher zusammenaddiert (Bild 6-16).

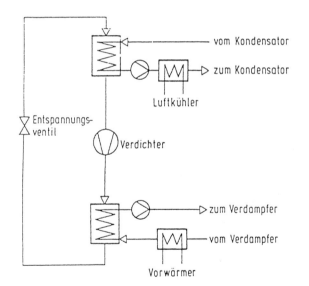

Bild 6-13:
Wärmepumpe mit getrennten Kreis-
läufen des Energieübertragermediums
[99].

Der Aufbau der verwendeten Verdampfer ist denkbar einfach. Bild 6-15 zeigt das Funktionsprinzip einer Skizze eines technisch eingesetzten Apparates, bei dem der Brüden abgezogen und komprimiert und in den Raum unter der Destillationsblase eingespeist wird. Das Schmutzwasser dient gleichzeitig dazu, den Dampf zu kondensieren. Bild 6-17 zeigt eine Anlage, bei der der Brüden seine Wärme an einen Freonkreislauf abgibt, der dann Betriebsmittel der Wärmepumpe ist. Nachteilig bei allen auf dem Markt befindlichen Anlagen ist, daß die auf Hochleistung ausgelegten Anlagen keinen vollständigen Schutz gegen das Übergehen von Tropfen bieten. Dies hat sicher Kostengründe, macht aber die Wiederverwendung des Brüdenkondensats schwierig. Je nach Zusammensetzung des einzudampfenden Schmutzwassers muß man Schutzmaßnahmen gegen die Verunreinigungen ergreifen. Bei Eindampfen von reinen

Salzlösungen genügt dabei ein kleiner Mischbettaustauscher. Werden fetthaltige Salzlösungen wie z.B. Spülwässer nach einem Reinigungsbad eingedampft, sollte vor den Mischbettaustauscher eine Aktivkohleadsorption eingebaut werden.

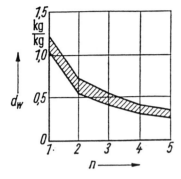

Bild 6-14:
Dampfverbrauch je kg zu verdampfenden Wassers bei mehrstufigem Verdampfen mit Brüdenkompression [98]

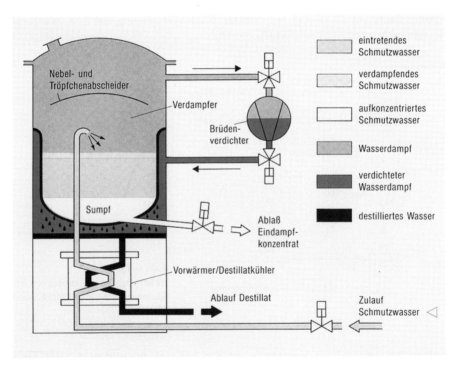

Bild 6-15: Verfahrensfließbild einer zweistufigen Schmutzwassereindampfung mit direkter Brüdenkompression Typ PROWADEST [99]

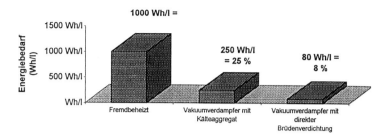

Bild 6-16: Energiebedarf von unterschiedlichen Verdampfersystemen [101]

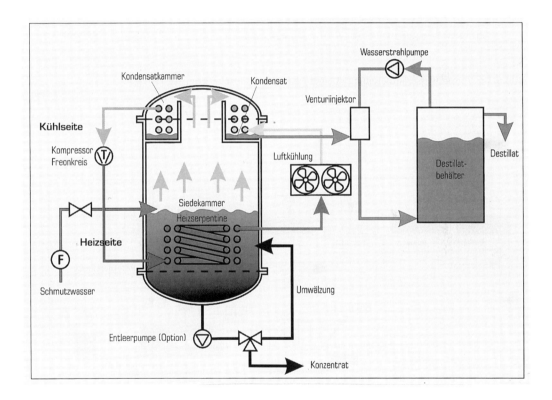

Bild 6-17: Zweistufige Eindampfung mit Freonkreislauf [100]

Die Destillation wird im allgemeinen so geführt, daß man das Schmutzwasser in Reinwasser und zu entsorgendes Konzentrat auftrennt. Dabei werden Aktivbäder und Spülbadabläufe miteinander gemischt, so daß in den Aktivbädern eine kontinuierliche Produktzudosierung und eine ständige Entsorgung stattfinden müssen. Beispiele dafür zeigen die Bilder 6-18 und 6-19.

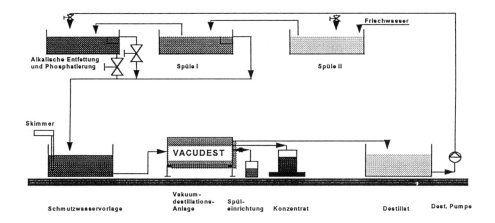

Bild 6-18: Prozeßwasseraufbereitung in einer Eisenwaschphosphatieranlage [101]

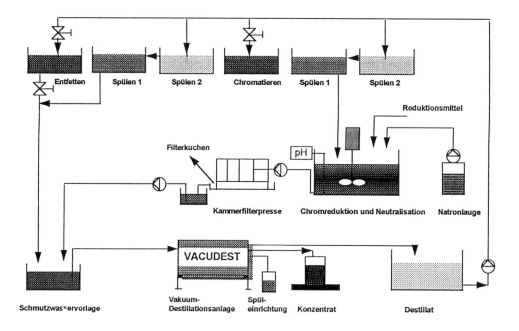

Bild 6-19: Prozeßwasseraufbereitung in einer Aluminium-Chromatierung [101]

Bei sehr weitgehender Eindampfung entstehen hochkonzentrierte Salzlösungen, in denen Zersetzungsprodukte organischer Stoffe entstehen, die ebenfalls in das Destillat übergehen können. Auch dies ist ein Grund, warum das Destillat nachträglich über Aktivkohle und einen kleinen Ionenaustauscher nachgereinigt werden sollte. Die Eindampftechnik hat sich bislang insbesondere in der Oberflächentechnik sehr bewährt. Beispiele aus der Vorbehandlung, der Lackiertechnik und der Emailliertechnik sind bekannt.

Sammelt man die Spülwässer der einzelnen Spülstufen getrennt und dampft sie getrennt ein, kann man die Destillation so regeln, daß das Sumpfprodukt (Konzentrat der Spülwassereindampfung) nur bis auf die Konzentration des Aktivbades eingedampft wird. In diesem Fall kann das Konzentrat wieder in das Aktivbad zurückgegeben werden.

6.3.2 Der Ionenaustausch

Fixiert man eine Säuregruppe auf einem polymeren Makromolekül, so wird die Säure in Wasser unlöslich, verliert aber ihre Säurefunktion nicht. Ebenso kann man mit basischen Gruppen verfahren. Im Fall, daß mehrere Säuregruppen auf einem Makromolekül fixiert worden sind, erhält man also eine "polymere Polysäure" und entsprechend bei Fixieren basischer Gruppen eine „polymere Polybase". Das Proton der Säuregruppe und das Hydroxylion der Base sind dabei frei beweglich und können durch Kationen bzw. Anionen anderer Art ersetzt werden. Diesen Vorgang nennt man Ionenaustausch. Bild 6-20 zeigt die Struktur zweier unterschiedlich starker Kationenaustauscher. Je nach Art der funktionellen Gruppe unterscheiden sich die Austauschharze und damit ihre Einsatzgebiete. Entsprechend der Zahl an funktionellen Gruppen je Gramm besitzen die Austauscherharze eine bemessene Austauschkapazität. Ist diese erfüllt, ist der Ionenaustauscher beladen und muß regeneriert werden. Die Harze werden in Perlform geliefert und vielfach als Schüttung in einen geschlossenen Behälter eingeschlämmt, damit Luftblasen vermieden werden. Wie bei jeder Schüttung besteht dann das Problem der Kanalbildung, wenn die Schüttung beim Beladen oder Regenerieren von wäßrigen Lösungen durchströmt wird. Kanalbildung bedeutet, daß ein Durchbruch der aufgegebenen Lösung schon erfolgt, wenn das Harz noch nicht erschöpft ist.

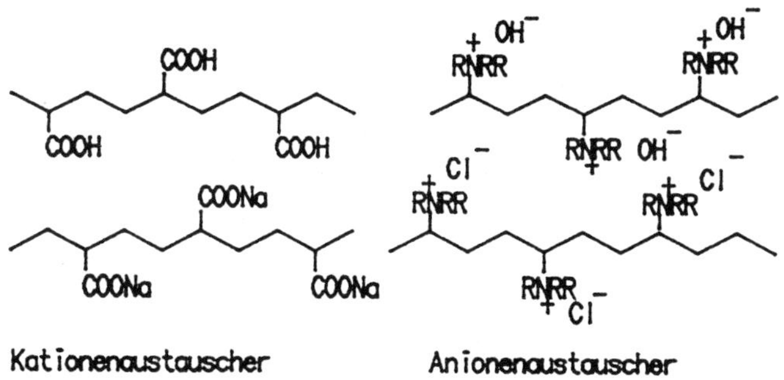

Bild 6-20:
Struktur zweier verschieden starker Ionenaustauscherharze

Ionenaustauscher halten mehrwertige Kationen oder Anionen stärker gebunden als einwertige. Sie nehmen an einem chemischen Gleichgewicht in wäßriger Lösung teil. Das bedeutet, daß man z.B. einen mit mehrwertigen Kationen beladenen Ionenaustauscher durch Zufuhr einer konzentrierteren Lösung eines einwertigen Elektrolyten regenerieren und das mehrwertige Kation wieder durch ein einwertiges ersetzen kann. Dies ist der Vorgang, den man beim Regenerieren eines Ionenaustauschers vollzieht. Eine vollständige Ausnutzung der Austauschkapazität eines Ionenaustauscher ist in einer Schüttung nicht gegeben. Anders liegen die Verhältnisse in einer Fließbettanlage. Da die Ionenaustauschgleichgewichte praktisch sehr weitgehend auf der gewünschten Seite der Fixierung von Schwermetallionen durch das Harz liegen, kann man die Schüttung auch durch die Strömung aufwirbeln und ein Wirbel- oder Fließbettverfahren durchführen. Dann wird die Ionenaustauscherkapazität vollständig genutzt.

Die Regenerierung von Kationenaustauschern kann mit Säuren wie Schwefelsäure oder mit Salzen wie Natriumsulfat durchgeführt werden. Ebenso können Anionenaustauscher durch Natronlauge oder z.B. Natriumsulfatlösungen regeneriert werden. Kationen- und Anionenaustauscher können auch in einem Behälter übereinander geschichtet werden. Dann liegt ein sogenannter Mischbettaustauscher vor, der allerdings nur mit Salzlösungen regeneriert werden kann. Ionenaustauscher nehmen auch organische Produkte aus den zu behandelnden Lösungen auf, geben diese aber beim Regenerieren nicht immer vollständig wieder ab. Bekannt ist z.B. die Aufnahme von nichtionischen Tensiden durch An- und Kationenaustauscherharze. Günstig ist es daher, wenn man in diesem Fall vor den Ionenaustausch eine Aktivkohleadsorption schaltet, um neutrale Organika aus den Spülwässern zu entfernen.

Tabelle 6-7: Die wichtigsten Ionenaustauschertypen

Austauschertypen	Aktive Gruppe	Arbeits-pH	Totale Kapazität	Nutzbare Kapazität
Stark saurer Kationenaustauscher	-SO3H	0 - 7	1,4 - 1,9 val/l	0,8 - 1,5 val/l
Schwach saurer Kationenaustauscher	-COOH	4 - 7	3,5 - 4,5	1 - 3
Schwach saurer, komplexbildender Kationenaustauscher	$-N(CH\ COOH)$	3 - 7	metallspezifisch	
Schwach basischer Anionenaustausch	$-N(R)_2$ tertiäres Amin	1 - 14	1,5 - 2	1 - 1,5
Stark basische Anionenaustauscher	$-N(CH_3)_3\ OH$ (Typ I) $-N(CH_3)_2(C_2H_4\ OH)\ OH$ (Typ II)	1 - 14	ca. 1,2	0,4 - 0,6 ca. 0,7

Der Betrieb geschütteter Austauscherbetten kann im Gleichstrom- oder im Gegenstrom-, als Wirbel-(Fließ- oder Schwebebett) oder im Rinsebettverfahren erfolgen. Die Unterschiede im Betrieb zeigt Bild 6-21. Die bei der Regenerierung anfallenden Konzentrate stellen für kleinere Betriebe ein Entsorgungsproblem dar. Für solche Betriebe wurde daher ein Kassettensystem entwickelt, daß es gestattet, die beladene Austauscherkassette gegen eine unbeladene auszuwechseln und die Regenerierung einem Lohnbetrieb (dem Hersteller) zu übergeben. Dieses REMA [153] genannte Verfahren (6-22) bietet Anionen- und Kationenaustauscher an und ist insbesondere für Kleinbetriebe eine Alternative zu einer teuren Entsorgung durch Abführen der Abfallösungen.

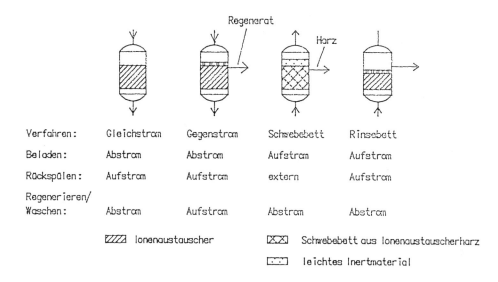

Bild 6-21: Betriebsmöglichkeiten von Ionenaustauscherkolonnen [102]

Bild 6-22:
REMA-Anlage [154]

Kontinuierlich betriebene Ionenaustauscheranlagen müssen immer berücksichtigen, daß der erschöpfte Austauscher während der Regenerierung nicht zur Verfügung steht. Diese Anlagen müssen also doppelt ausgerüstet werden, z.B. mit zwei Kationen- und zwei Anionenaustauschern.

Ionenaustauscher werden vor allem zur Gewinnung von enthärtetem oder vollentsalztem Wasser eingesetzt. Dabei kann man drei Fälle unterscheiden:

- Entfernen der temporären Härte durch Entcarbonatisieren

- Entfernen der temporären und der permanenten Härte durch Austausch der zweiwertigen Ionen gegen Natrium (Enthärten)

- Vollentsalzen des Wassers.

Beim Entcarbonatisieren des Wassers wird das Wasser über einen schwach sauren Kationenaustauscher geführt, wobei ein Teil der Calcium- und Magnesiumionen gegen Wasserstoffionen ausgetauscht wird. Danach muß das Wasser entgast werden, um die Kohlensäure zu entfernen. Die Regenerierung des Ionenaustauschers erfolgt mit HCl. Beim Enthärten des Wassers werden stark saure Kationenaustauscher eingesetzt, die mit NaCl regeneriert werden. Es erfolgt ein Austausch aller mehrwertigen Kationen gegen Natrium. Beim Vollentsalzen des Wassers, das man z.B. günstig als Ansatzwasser und Spülwasser verwendet, werden stark oder stark und schwach saure Kationenaustauscher kombiniert und stark oder kombiniert stark und schwach basische Anionenaustauscher eingesetzt. Die Regeneration erfolgt mit HCl beim Kationenaustauscher und mit NaOH beim Anionenaustauscher.

6.3.3 Umkehrosmose

Werden eine salzhaltige Lösung und reines Lösungsmittel von einander durch eine semipermeable Membran getrennt, so wandern Lösungsmittelmoleküle durch diese Wand und verdünnen die Salzlösung. Dadurch wird die Flüssigkeits-menge der salzhaltigen Lösung vermehrt. Der Flüssigkeitsspiegel in dem salzhaltigen Gefäß steigt an. Zwischen beiden Lösung bildet sich damit ein Druckgefälle aus, das man als osmotischen Druck bezeichnet. Gibt man auf die salzhaltige Lösung einen äußeren Druck, der größer als der osmotische ist, kann man umgekehrt das Lösungsmittel aus der Salzlösung durch die semipermeable Wand drücken. Diesen Vorgang nutzt man technisch aus, um Wasser zu entsalzen (Süßwasser aus Brackwasser).

Rechnerisch läßt sich der osmotische Druck einer Salzlösung der Gesamtkonzentration c aus der Van't Hoffschen Gleichung berechnen, in der R die universelle Gaskonstante und T die absolute Temperatur (K) darstellen:

$$P_{osm.} = c \cdot R \cdot T \hspace{4cm} (6.42)$$

Das Verfahren ist wirtschaftlich aber auf verdünnte und nicht sehr konzentrierte Lösungen begrenzt. Die maximale Trennleistung und die mögliche Aufkonzentrierung für Ionen durch Umkehrosmose zeigt Tabelle 6-7. Organische, polymere Membranwerkstoffe sind nur bei Temperaturen bis etwa 80 °C verwendbar. Die Kosten einer Entsalzung durch Umkehrosmose sinken mit steigender Anlagengröße (Bild 6-23). Dies macht die Umkehrosmose sowohl für die Erzeugung von vollentsalztem Wasser wie auch zur Reinigung von Spülwässern interessant. Schwermetallhaltige Spülwässer können in ein Konzentrat, das elektrolytisch aufgearbeitet werden kann, und ein wiederverwendbares Spülwasser aufgetrennt werden. Die wiedergewonnenen Spülwässer sind insbesondere zur Zwischenspülung geeignet, weil sie noch geringe Restmengen an Salzen enthalten. Sie sind nicht geeignet zur Schlußspüle, wenn spezielle Haftungsprobleme auftreten oder hochglänzende Artikel produziert werden. Bild 6-24 zeigt eine Großanlage zur Umkehrosmose. Umkehrosmoseanlagen sollten stets kontinuierlich rund um die Uhr betrieben werden, um Belagbildung zu vermeiden. Sie sollten nicht eingesetzt werden, wenn bei pH-Wertänderung eine Belagbildung erfolgen kann, z.B. zum Recycling von Phosphatierspülbädern. Umkehrosmoseanlagen haben sich auch zur Erzeugung von vollentsalztem

Wasser für Spülzwecke in der Oberflächentechnik bewährt. Dazu muß das Rohwasser vorher konditioniert, d.h. von belagbildenden Erdalkalisalzen befreit werden. Dies geschieht herkömmlich in einer vorgeschalteten Enthärtungsanlage mit einem Mischbettionenaustauscher (Bild 6-25). Nach einem Verfahren der haco-Abwassertechnik (Bild 6-26, [112]) kann die Konditionierung durch ein Zusatzpräparat ersetzt werden, daß die Bildung von Belägen aus Gips etc. verhindert. Es kann damit kostengünstig Spülwasser mit etwa 25 µS elektrischer Leitfähigkeit hergestellt werden, was für viele Zwecke der Oberflächentechnik ausreichend rein ist.

Ionen	Maxim. Trennleis-tung(%)	Ionen	Maxim. Trennleis-tung(%)
Na	94-96	Chlorid	94-95
NH_4^+	88-95	Fluorid	94-96
Ag	94-96	Nitrat	93-96
Ca	96-98	Cyanid	90-95
Mg	96-98	Sulfat	99
Cd	95-98	Silikat	95-97
Fe-II	98-99	Chromat	90-98
Ni	97-99	Phosphat	99
Zn	97-99		
Cu-II	96-99		
Al	99		

Tabelle 6-8:
Maximale Trennleistung und mögliche Aufkonzentrierung durch Umkehrosmose [107,105]

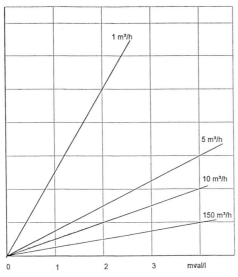

Kosten/m³

1 m³/h

5 m³/h

10 m³/h

150 m³/h

0   1   2   3   mval/l

Bild 6-23:
Kosten//eistungsverhältnis der Umkehrosmose [106]

Bild 6-24: Umkehrosmoseanlage der Fa. Dürr für eine Leistung von 100 m³/h [106]

Auch in diesem Fall sollte die Anlage ständig in Betrieb sein. Das bedeutet, daß man den Wasserbedarf des Betriebes für 7 x 24 h Betriebszeit herstellt und in entsprechenden Vorratsgefäßen aufbewahrt.

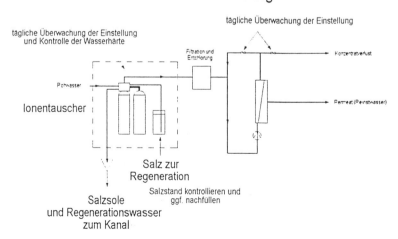

Bild 6-25: Herkömmliches Umkehrosmosesystem zur Bereitung von VE-Wasser [112]

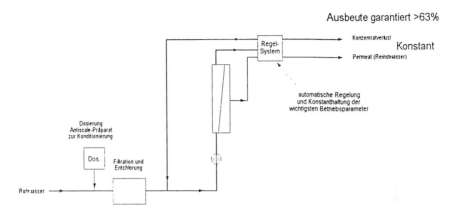

Bild 6-26: Umkehrosmosesystem mit Antiscaledosierung [112]

6.3.4 Elektrodialyse und Dialyse

Unter Elektrodialyse versteht man einen Vorgang, bei dem unter der treibenden Kraft eines elektrischen Gleichspannungsfeldes Ionen zum Wandern durch Ionenaustauschermembranen gezwungen werden. Man unterteilt also eine Elektrolysezelle durch Kationen- und Anionenaustauschermembranen in mehrere Räume und zwingt die Kationen und die Anionen zum Durchwandern der Membran (Bild 6-27).

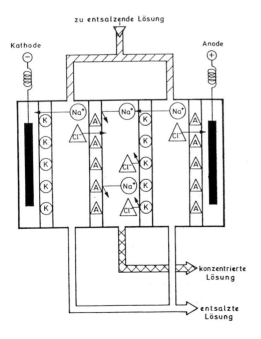

Bild 6-27:
Elektrodialyse [107]

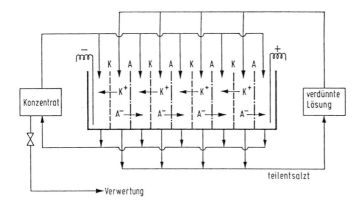

Bild 6-28:
Funktionsprinzip einer
Elektrodialysezelle in
Reihenschaltung [47]

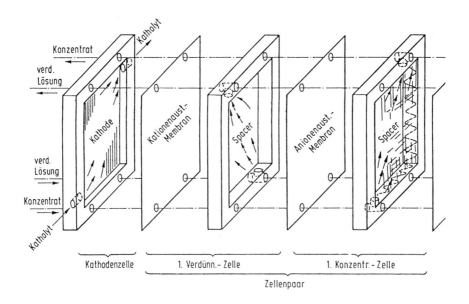

Bild 6-29: Aufbau einer Elektrodialysezelle [47]

Die Elektrodialysezellen werden aus einem Stapel von Membranen und Abstandshaltern aufgebaut (Bild 6-28 und 6-29) und werden möglichst dünn gehalten (0,5 bis 1 cm), um die Spannung klein halten zu können. Die Strommenge, die benötigt wird, ist der Salzkonzentration direkt proportional. Den Zwischenraum zwischen den Membranen kann man mit strömungsbrechendem Kunststoffgewebe ausfüllen, um die Transportwege der Ionen zur Membran durch Erzeugen einer turbulenten Strömung zu verkürzen. Die Ionen werden also durch Strömung an die Membranen geführt. Dem Elektrodialysestapel entnimmt man dann einen Katholyten, einen Anolyten, eine verdünnte Lösung und ein Konzentrat. Im Falle der Auftrennung einer Alkalisalzlösung ist der Katholyt z.B. NaOH, der Anolyt z.B. HCOOH und das Konzentrat und der Restsalzgehalt bestehen aus HCOONa. Das Verfahren wird vorwiegend zum Konzentrieren, wie z.B. der Rückgewinnung von Prozeßlösungen aus Spülwässern, und zur Entfernung unerwünschter Ionen aus Prozeßlösungen eingesetzt. Im Falle einer Konzentrierung verwendet man eine Zelle, die mit zahlreichen Membranen aber nur einem Elektrodenpaar ausgestattet ist. Zur Entfernung unerwünschter Ionen dagegen wird jede Einzelzelle mit einem Elektrodenpaar ausgerüstet.

Die Dialyse unterscheidet sich von der Elektrodialyse dadurch, daß die treibende Kraft der Ionenwanderung das Konzentrationsgefälle und damit die Diffusion ist. Im Zellenstapel fehlen daher die Elektroden (Bild 6-30).

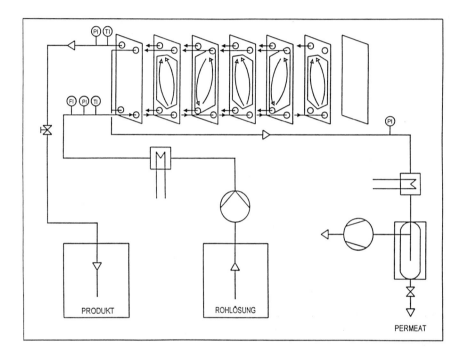

Bild 6-30: Strömungsverlauf in einer Dialysezelle

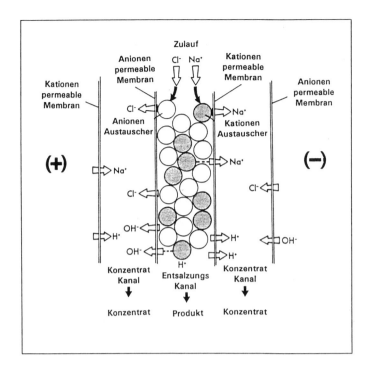

Bild 6-31: Der CDI-Entsalzungsprozeß[111]

6.3.5 Elektrolyse

Standspülen dienen in galvanotechnischen Anlagen dazu, den größeren Anteil an überschleppten Schwermetallionen aus den Aktivbädern abzufangen, um die Verschleppung in die Fließspüle zu vermindern. Man kann die schwermetallhaltige Lösung jedoch nicht unmittelbar in die Aktivbäder zurückführen, weil dies u.a. die Bilanz in den Bädern stören würde. Durch Elektrolyse kann man den Metallgehalt vermindern und andere Bestandteile der Spülwässer anodisch oxidieren und damit aus der Lösung entfernen.

Die Elektrolysezellen können dabei unterschiedlichste Formen besitzen. Wichtig ist, daß die Diffusionsstrecke der Ionen bis zur Elektrode möglichst klein gehalten werden kann.

Bekannt sind daher Platteneinrichtungen mit einer Vielzahl an Edelstahlplatten (z.B. zur Rückgewinnung von Edelmetallen) oder aus dem abzuscheidenden Metall wie Kupfer, Nickel oder Zink, Wirbelbettzellen mit leitenden Feststoffpartikeln im Kathodenraum, der vom Anodenraum durch ein Sieb getrennt ist, oder mit nicht leitenden Glaskugeln im Elektrolyseraum, die für eine turbulente Durchmischung in der Elektrolysezelle sorgen. Andere Konstruktionen verwenden als Elektrode eine Festbettschüttung aus leitfähigem Material, an der Oxidationsvorgänge (Anode) oder Metallabscheidungen (Kathode) der großen Oberfläche wegen schneller von Statten gehen. Auch gewickelte Rundzellen, bei denen Anode und Kathode durch einen porösen Scheider aus Kunststoff von einander getrennt werden (vergleichbar einer wiederaufladbaren Batterie), werden eingesetzt.

Die Elektrolyse kann jedoch schon theoretisch (Nernstsche Gleichung) wegen der Konzentrationsabhängigkeit der Zersetzungsspannung nicht bis zur vollständigen Elimination eines Schwermetallions getrieben werden, weil die Stromausbeute mit sinkender Schwermetallkonzentration ab- und die Wasserstoffentwicklung zunimmt.

Nernstsche Gleichung:

$$E = E_0 + (RT/n \cdot F) \cdot \ln [Me^{n+}] \tag{6.43}$$

Tabelle 6-8 gibt die realen Möglichkeiten für Standspülen aus galvanischen Bädern wieder. Die in der Tabelle aufgeführten Modelle der Elektrolysezellen sind Produkte der Firma CHEMELEC. Die unter wirtschaftlichen Gesichtspunkten erreichbare Endkonzentration liegt in der Größenordnung von weniger als 10 g Schwermetall/l.

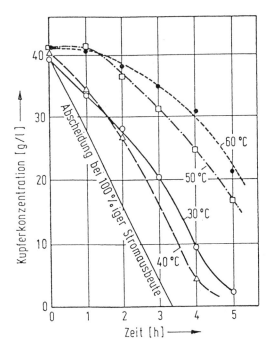

Bild 6-32:
Entfernung von Kupfer aus ammoniakalischen Ätzlösungen durch Elektrolyse
[113]

Tabelle 6-9: Leistungsdaten für Elektrolysezellen [165]

Elektrolytart	Metallgehalt der Sparspüle in mg/l	AH-Verbrauch/gr. zurückgewonnenes Metall	Stromausbeute in %	Zurückgewonnenes Metall pro Woche in kg für Modelle PMR	P	S
Gold	20 - 50	1,37	5 - 10	0,4	1,6	7
Silber	50 - 100	0,75	33	0,6	2,5	19
Cadmium	50 - 100	1,44	33	0,3	1,3	10
Kupfer sauer	500	1,06	80	1,5	6,0	45
Kupfer cyan. 2)	500	0,64	50	1,5	6,0	45
Kupfer Pyroph.	500	1,28	70 - 80	0,8	3,0	25
Nickel 1)	1.000	1,55	60	1,0	4,5	34
Nickel	800	1,90	50	0,7	3,0	21
Nickel	500	2,13	45	0,5	1,9	15
Zink sauer 1)	500	1,71	20	0,7	1,8	14
Zink cyan. 2)	500	2,53	34	0,6	2,5	19
Zinn	500	1,33	34	1,2	4,8	36

1) Die Einhaltung des richtigen PH-Wertes ist bei diesen Verfahren sehr wichtig. Durch entsprechende Zusatzausstattungen der Anlage wird der PH-Wert durch die Anlage automatisch konstant gehalten.

2) Bei cyanidischen Verfahren werden von 1 Amp. als Nebeneffekt ca. 0,6- 1 g Natriumcyanid pro Stunde zum Cyanat aufoxydiert.

6.4 Spülwasserrecycling

Spülen ist genauso wichtig für den Erfolg einer Vorbehandlung wie die Vorbehandlung selber. Gerade beim Spülen versucht man Kosten einzusparen. Man erreicht meist genau das Gegenteil. Man kann jedoch nicht generell eine Vorschrift für richtige Spültechnik geben, weil hier individuelle Prozeßfragen Varianten erforderlich machen. In den folgenden Abschnitten werden daher einige Fälle diskutiert, die als typisch für ihre Sparte anzusehen sind und zu denen Vorschläge für Recyclingverfahren gemacht werden.

6.4.1 Spülen nach alkalischen Reinigungsprozessen

Alkalische Produkte sind von Metalloberflächen nur mit großem Spülaufwand vollständig zu entfernen. Deshalb sind Spülen, die nur einmal befüllt und nach einiger Zeit wieder entleert werden – „Standspülen" – das ungeeignetste Mittel. Werden Standspülen betrieben, so muß die Qualität des Spülwassers überwacht werden, damit der Spülwasserwechsel rechtzeitig erfolgt. Eine derartige Überwachung kann z.B. durch Messung der elektrischen Leitfähigkeit und Ermittlung des Leitwertzuwachses durchgeführt werden.

Aus der Überschleppung und dem gewünschten Reinheitsgrad der Oberfläche nach dem Spülen kann man den Mindestspülwasserbedarf berechnen. In der Literatur wird empfohlen, den Reinigern hydrophobierende Tenside zuzusetzen, um die Überschleppung ins Spülwasser auf 0,07 l/m^2 zu senken. Dies ist ein gefährlicher Vorschlag. Hydrophobierende Tenside stören alle nachfolgenden oberflächentechnischen Prozesse sehr empfindlich. Will man den Spülprozeß mit Standspülen durchführen, so sollten wenigstens 2 Spülbäder eingesetzt werden.

Geeignete Spültechnik verwendet Fließspülen als Kaskadenspülen, die so konstruiert werden müssen, daß der Überlauf der Spüle längs der gesamten Fläche des Spülbades angeordnet wird, damit die gesamte Oberfläche stets erneuert und aufrahmende Produkte sofort abgeschoben werden. Spülbecken müssen mit der Wasserwaage ausgerichtet werden. Der Frischwasserzulauf sollte am Boden des letzten Spülbeckens erfolgen. Ebenso sollte das vom letzten Bad überlaufende Spülwasser durch Einbauten dem unteren Teil des vorletzten Spülbades zugeführt werden, damit der Badinhalt auch wirklich erneuert wird.

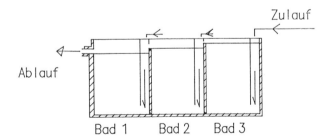

Bild 6-33:
Konstruktion der Zu- und
Abläufe einer Kaskadenspüle

Um den Wasserverbrauch einzuschränken und um den Spülwasserzulauf unabhängig vom Personal zu gestalten, sollte die Spülwasserqualität automatisch überwacht werden. Dazu genügt es, wenn man bei alkalischen Reinigern den pH-Wert des letzten Spülwassers überwacht und bei Überschreiten eines Grenzwertes über ein Magnetventil den Frischwasserzulauf öffnet. Wo dieser Grenzwert liegt, muß im Einzelnen bestimmt werden, weil dieser Wert von der Reinigerzusammensetzung abhängig ist. Um zu einer labormäßigen Aussage zu kommen, sollte als Grenz-pH-Wert der pH-Wert einer Lösung von etwa 30 bis 300 mg Reiniger in 1 l Frischwasser gewählt werden in Abhängigkeit von den Anforderungen des nachfolgenden Verfahrensschrittes.

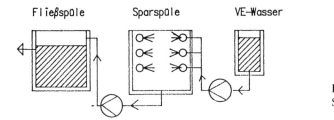

Bild 6-34:
Sparspüle

Man kann zur Regelung des Frischwasserzulaufs auch auf Leitfähigkeitsmessungen zurückgreifen. Dies empfiehlt sich insbesondere dann, wenn stark gepufferte Reiniger oder Neutralreiniger eingesetzt werden. Man muß dann nur beachten, daß auch das Frischwasser eine nicht zu vernachlässigende Eigenleitfähigkeit besitzt. Zur Festlegung des Grenzwertes verfährt man wie geschildert.

Das aus dem ersten Spülbecken ablaufende Spülwasser muß nicht verworfen werden. Es kann direkt zum Auffüllen der Reinigungsbecken und Ersatz der Verdampfungs- und Verschleppungsverluste eingesetzt werden. Dabei wird jedoch ein erheblicher Teil an überschüssigem Spülwasser anfallen, so daß besser ein Spülwasserrecycling eingesetzt werden sollte. Spülen von Reinigungsbädern enthalten die Bestandteile der Reinigungsbäder. Wenn man nicht im Reinigungsprozeß Metalloxide von den Oberflächen der Werkstücke ablöst (z.B. ZnO von verzinktem Blech in alkalischen Reinigern), so ist die Eindampfung des Spülwassers als besonders günstig anzusehen. Dabei sollte man die Eindampfung nur so weit betreiben, bis man im Sumpfprodukt die Konzentration erreicht, die der Reiniger im ersten Reinigungsbad aufweist. Nur aus dem ersten Reinigungsbad wird Flüssigkeit überschleppt. Im ersten Reinigungsbad wird das Werkstück erstmals benetzt. Alle nachfolgenden Reinigungsbäder werden durch Überschleppung aus den vorhergehenden wieder aufgefüllt, so daß Flüssigkeitsdifferenzen nur durch Verdunstung entstehen. Das bedeutet, daß zum Beispiel das Sumpfprodukt im Verdampfer auf 5 % aufkonzentriert werden sollte, wenn das erste Reinigungsbad mit 5 % Reinigerzusatz betrieben wird. Vorteil dieses Verfahrens ist nicht nur eine Ersparnis an Verdampferleistung, sondern auch der, daß die einzige Entsorgungsstelle in der Reinigungsanlage das erste Reinigungsbad ist.

6.4.2 Spülen nach Phosphatierprozessen

Das Spülen nach einem Phosphatierprozess sollte mit Hilfe einer Fließspüle, die VE-Wasser (VE = vollentsalztes) betrieben wird, durchgeführt werden. Phosphatierverfahren und deren Spülbecken, sind empfindlich gegen Chlorid – und Sulfationen. Es sind jeweils saure Lösungen bzw. Spülwässer in den Anlagen, so daß insbesondere auch bei Anlagen aus legierten Stählen Lochfraßkorrosion entstehen kann, wenn auch nur geringfügig erhöhte Chlorid- oder/und Sulfatmengen im Wasser enthalten sind. Die Spülwasserqualität wird wieder durch den gewünschten Reinheitsgrad nach der Spülung bestimmt. Daraus kann dann die Mindestspülwassermenge berechnet werden. Als geeigneten Wert kann man den Gesamtsalzgehalt des letzten Spülwassers am Einlauf der Spülwasserkaskade oder Fließspüle mit weniger als 30 mg/l

ansetzen, weil sonst staubförmige Salzrückstände die Lackierung stören oder bei Elektrotauchlackierungen zu viele Ionen in das Lackierbad eingetragen werden. Deshalb muß auch die Wasserhärte entfernt werden. Als Spülwasser geeignet wären allenfalls noch Weichwässer mit weniger als 3 °DH. Gegebenenfalls, insbesondere bei nachfolgender Elektrotauchlackierung, sollte die Spüle mit vollentsalztem Wasser betrieben werden, das man über Ionenaustauscheranlagen oder günstiger mit Hilfe von Umkehrosmoseanlagen gewinnt. Mancherorts werden sogenannte Sparspülen eingesetzt, bei denen man die Oberfläche mit Frisch- oder VE-Wasser zuletzt abduscht (Bild 6-34). Solche Spülen haben aber nur dann Sinn, wenn die Werkstücke vereinzelt sind und von außen leicht zugängliche Oberflächen besitzen.

Beim Spülen in Spritzanlagen gilt ebenfalls die Regel, daß richtigerweise Kaskadenspülen eingesetzt werden. Hier liegen dann Werkstücke mit leicht zugänglichen Oberflächen vor, so daß der letzte Sprühkranz günstig mit dem zulaufenden Frisch- oder VE-Wasser betrieben werden kann. Auch bei Phosphatieranlagen kann der Spülwasserzulauf über pH-Wert- oder Leitwertmessungen geregelt werden. Der Spülwasserablauf aus dem mit VE-Wasser betriebenen Spülbecken kann zum Ergänzen des Füllstandes im Phosphatierbad verwendet werden. Dabei entsteht allerdings ein beträchtlicher Wasserüberschuß, weil nur Teile des Spülwassers genügen, um den Füllstand im Phosphatierbad wieder aufzufüllen. Auch hier ist für ein Spülwasserrecycling die Eindampfmethode zu empfehlen, wobei günstigerweise für ein schlammarmes Spülwasser dadurch gesorgt wird, daß man die Phosphatierbäder selbst entschlammt. Eindampfen bis auf die Konzentration des Phosphatierbades ergibt ein Sumpfprodukt, dessen Menge zum Auffüllen des Phosphatierbades ausreicht. Der Vorteil ist nicht nur eine Einsparung an Verdampferleistung sondern auch, daß die Entsorgung der Phosphatieranlage an einer einzigen Stelle erfolgt.

6.4.3 Spülen nach sauren Beizprozessen und Austauschmetallisierungen

Saure Beizprozesse sind dadurch gekennzeichnet, daß man in der Beize Metallionen einlöst. Metallsalze haben jedoch die Eigenschaft, bei Auflösen in Wasser zu hydrolysieren. Ist der pH-Wert des Wassers im schwach sauren Bereich, so führt die Hydrolyse zum Ausflocken von Metallhydroxiden. Der Flockungs-pH-Wert hat für jedes Metall einen etwas anderen Wert. Bei Beizen für Eisenwerkstoffe muß beachtet werden, daß Eisen-II-Salze leicht zu Eisen-III-Salzen durch Sauerstoff aufoxidiert werden, so daß schon oberhalb von pH-Werten von 3,5 $Fe(OH)_3$-Flocken auftreten. Um in der Spüle daher keine Beläge von Metallhydroxiden zu bekommen, sollte man nach einer sauren Beize zunächst eine Standspüle einrichten, die schon durch die Überschleppung angesäuert wird. Bei Eisen und Stahl sollte diese Spüle bei etwa pH 2,0 bis 3,3 betrieben werden. Die Standspüle sollte dann gewechselt werden, wenn der Metallgehalt etwa 10 g/l erreicht oder der pH-Wert von 2,0 unterschritten wird. Man kann auch hier eine Leitwertmessung zur Kontrolle einsetzen, weil die elektrische Leitfähigkeit im sauren Bereich praktisch ausschließlich durch die Säure bestimmt wird. Glaselektroden zur Messung des pH-Wertes sind im stark sauren Bereich nicht unbedingt zu empfehlen, weil die Elektroden bei ständigem Kontakt mit Säure ihre Charakteristik ändern (Säurefehler), teilweise sogar bald zerstört werden können. Das Spülwasser der ersten Spüle nach einer sauren Beize muß entsorgt werden. Es kann nicht zum Auffüllen des Säurebades eingesetzt werden, weil der Säuregehalt zu gering ist. Anschließend an die Standspüle sollte auch hier eine Fließspüle oder besser eine Kaskadenspüle nachgeschaltet werden, deren Wasserzulauf durch Leitfähigkeits- oder durch pH-Wert-Messungen geregelt werden kann.

Auch Säurereste lassen sich kaum vollständig von Metalloberflächen entfernen. Deshalb sollte man den Spülpropzeß nach einer Beize mit einem schwach alkalischen Neutralisationsbad, das etwa 0,5 % Soda enthält, gefolgt von einer weiteren Stand- oder Fließspüle abschließen.

In manchen Betrieben wird versucht, zur Neutralisation nach einer sauren Beize das Spülwasser einer alkalischen Reinigung zu verwenden. Diese Arbeitsweise ist grundsätzlich zu vermeiden. Sie führt unweigerlich zu Betriebsstörungen. In alkalischen Reinigern werden Bestandteile der Fette und Öle mehr oder weniger stark verseift. Dabei entstehen Natriumseifen. Werden Natriumseifen angesäuert, entsteht freie Fettsäure, die sofort auf Metalloberflächen aufzieht, weil sie in Wasser schwer löslich ist. Die Fettsäuren bilden mit dem Oxidfilm, der bei Eisen sehr rasch wieder entsteht, schwer entfernbare Eisenseifen. Die Eisenseifen können weder alkalisch noch sauer in den vorhandenen Bädern entfernt werden und wirken ebenso wie ein hydrophobierendes Tensid oder eine Rückbefettung störend auf nachfolgende Bearbeitungsschritte. Bei silikathaltigen Reinigern, die oft eingesetzt werden und preiswert sind, werden die Silikate, die in das Spülwasser mit eingeschleppt werden, in der sauren Beize durch Säuren zersetzt. Es entsteht gelförmige Kieselsäure, die nur durch Flußsäurebehandlung wieder entfernbar ist. Restgehalte an Silikaten auf der Werkstückoberfläche machen sich in Form von „Silikatflecken" bei allen nachfolgenden Beschichtungsprozessen bemerkbar.

Man kann mit sauren Spülwässern aus Beizprozessen ebenfalls ein Recycling durchführen, um das Spülwasser zurückzugewinnen. Dazu sind mehrere Verfahren einsetzbar: Ionenaustausch, wenn die Spülwässer Schwermetalle wie Nickel, Kupfer etc. enthalten, Elektrodialyse oder auch Eindampfverfahren in säurefesten Verdampfern, die wiederum bis zur Konzentration der Beizsäure geführt werden sollten. Enthält das Spülwasser nur Eisenionen, kann das Sumpfprodukt der Eindampfung natürlich auch zum Behandeln der Abwässer eingesetzt werden. Eindampfung ist aber das einzige einzusetzende Verfahren zum Spülwasserrecycling, wenn in den Beizen organische Produkte wie Beizentfetter oder Inhibitoren enthalten sind. Diese Produkte werden im Ionenaustauscher oder bei der Elektrodialyse nicht mit abgetrennt und reichern sich im regenerierten Spülwasser an, was zu Störungen führt.

Austauschmetallisierungen sind Verfahren, bei denen ein in der Spannungsreihe der Elemente elektropositiver stehendes Element sich aus der Elektrolytlösung auf der Oberfläche eines unedleren Metalls (elektronegativer in der Spannungsreihe) abscheidet und ein gleiches Äquivalent des unedleren Metalls dafür in Lösung geht. Technisch interessant ist ein solcher Prozeß nur für Kupfer und Nickel, insbesondere in der Emailindustrie.

Spülwässer aus der Austauschvernickelung in der Emailindustrie enthalten z.B. neben Nickelionen auch Eisenionen, die durch den chemischen Prozeß in Lösung gehen. Für diese Spülwässer hat es sich bewährt, die Kationen in einem Ionenaustauscher aufzufangen und den Austauscher mit Schwefelsäure zu regenerieren. Das ablaufende Regenerat wird dann direkt dem Austauschvernickelungsbad wieder als Frischsäure zugesetzt, um den pH-Wert des Bades aufrecht zu erhalten. Nach dem Ionenaustausch kann das Spülwasser wieder eingesetzt werden.

6.4.4 Spülen nach galvanischen Verfahren

Spülwässer aus galvanischen Anlagen enthalten neben den Ionen auch alle Organika, die den Aktivbädern zur Verbesserung der Abscheidung zugesetzt werden, und deren Abbauprodukte. Man kann den Schwermetallgehalt in Spülwasserabläufen dadurch reduzieren, daß man im ersten Spülschritt die Hauptmenge der Schwermetallionen in einer stets wieder zu erneuernden Standspüle abfängt. Die Überschleppung von Schwermetallen in die Fließspülen erfolgt dann aus einem Bad (der Standspüle) mit schon verringertem Schwermetallgehalt und ist dadurch bereits vermindert. Die restlichen Schwermetallionen können dann selektiv aus dem Spülwasserablauf durch Ionenaustausch entfernt werden, bevor man durch Eindampfung das Wasser zurückgewinnt. Recycling des Spülwassers ohne Eindampfung ist nur dann möglich, wenn Bäder ohne organische Zusätze eingesetzt werden. Die Bilder 6-35 bis 6-38 zeigen solche Beispiele aus der Leiterplattenindustrie.

Spülwässer aus galvanischen Prozessen, in denen Bäder mit organischen Zusätzen wie z.B. Glanzbildner etc. eingesetzt werden, können auch ohne Verwendung einer Standspüle betrieben werden, wenn die abzuspülenden Schwermetallionen zweiwertig sind, also nicht schon bei niedrigem pH-Wert hydrolysieren und als Hydroxide ausfallen wie z.B. Eisen-III-Salze. Betreibt man nach dem galvanotechnischen Beschichtungsprozeß eine Kaskadenspüle mit vollentsalztem Wasser, deren Mindestwasserbedarf berechnet werden kann, so kann man das ablaufende Spülwasser zum Auffüllen des galvanischen Bades verwenden. Überschußwasser sollte mit Hilfe eines Ionenaustauschers von überschüssigem Metall befreit und danach eingedampft werden, um die Organika aus dem Spülwasserkreislauf abzuziehen. Verzichtet man auf den Entzug der Organika durch Eindampfen, so reichern sich die Organika im Spülwasserkreislauf an, so daß die Spülung unzureichend wird. Dies kann bei nachfolgenden, weiteren galvanischen Beschichtungen zu erheblichen Störungen führen, weil bei Naß-In-Naß-Arbeiten die Organika über den Spülwasserkreislauf in das nachfolgende galvanische Bad überschleppt werden. Das Sumpfprodukt der Spülwassereindampfung ist dann schwermetallfrei und kann als Konzentrat mit hohem organischen Anteil entsorgt werden. Es empfiehlt sich nicht, daß Sumpfprodukt in das galvanische Bad zurückzugeben, weil eine Ausschleusung und Erneuerung der Organika und ihrer Abbauprodukte durchaus erwünscht ist.

Die Ionenaustauscher müssen von Zeit zu Zeit regeneriert werden. Dazu empfiehlt es sich, die Regenerierung der Kationenaustauscher mit Schwefelsäure vorzunehmen. Das ablaufende Konzentrat kann dann durch Elektrolyse abgereichert werden, so daß Überschußmetall aus dem galvanischen Prozeß ausgeschleust wird. Dadurch erübrigen sich dann alle technischen Verfahren, die man anwendet, um eine Anreicherung des Metalls im galvanischen Bad der unterschiedlichen Stromausbeuten an Kathode und Anode wegen [47] zu kompensieren.

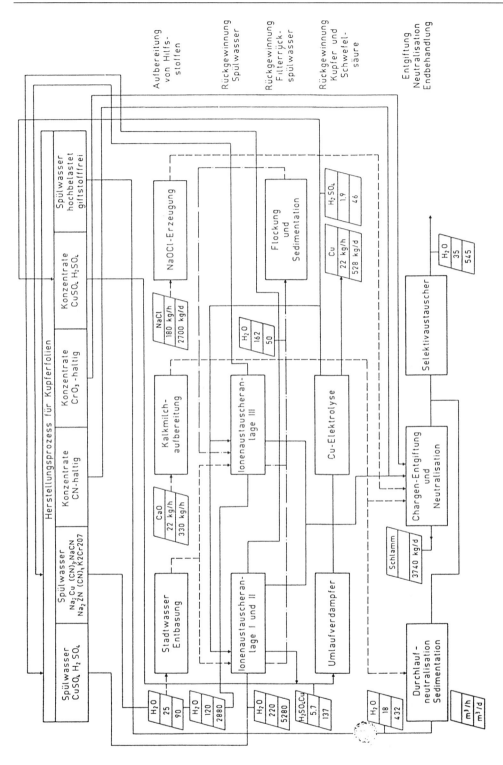

Bild 6-35: Blockschema der Entsorgungsanlage [103]

Abwasserart	Abwasserinhaltsstoffe	Abwasser-menge m^3/h	Abwasser-menge m^3/d
Spülwasser	$CuSO_4$, H_2SO_4 $C_{Kat./An.} < 1,0/1,9 mval/l$	220	5280
Spülwasser	$Na_2Cu(CN)_3$, $NaCN$, $Na_2Zn(CN)_3$, $K_2Cr_2O_7$, H_2SO_4 $C_{Kat./An.} < 1,8/1,0 mval/l$	120	2880
Spülwasser hochbelastet	Neutralsalze 4–150 m val/l	18	432
Konzentrate Halbkonzen-trate	$CuSO_4$ 5–40 g/l H_2SO_4 10–35 g/l	4,87	117
Konzentrate CN-haltig	$Na_2Cu(CN)_3$ 1–6 g/l $NaCN$ 0,1–1 g/l $Na_2Zn(CN)_3$ 0,4–4,5 g/l	2,62	63
Konzentrate CrO_3-haltig	$K_2Cr_2O_7$ 1–3,3 g/l	1,52	36

Bild 6-36:
Konzentration und Menge der anfallenden Lösungen [103]

Anlage I, II		
Leistung		$2 \times 110\ m^3/h$
Auslegungs-salzgehalt	Kationen Anionen	1,0 m val/l 1,9 m val/l
Rückspül-wassermenge	Vorfilter	61 m^3/Spülung 61–122 m^3/Woche
Harztrans-portmenge	Kationenaust. Anionenaust.	2×168 l/h $2 \times 454,5$ l/h
Regenerier-mittelmenge	Kationenaust. Anionenaust.	2×33 kg H_2SO_4 32%ig/h 2×33 kg $NaOH$ 42%ig/h
Eigenwasser-bedarf	Kationenaust. Anionenaust.	$2 \times 3,7\ m^3/h$ $2 \times 1,2\ m^3/h$
Anlage III		
Leistung		$120\ m^3/h$
Auslegungs-salzgehalt	Kationen Anionen Anionen st.dis.	1,8 m val/l 1,0 m val/l 0,2 m val/l
Rückspül-wassermenge	Vorfilter	65 m^3/Spülung 65–130 m^3/Woche
Harztrans-portmenge	Kationenaust. Anionenaust.	330 l/h 261 l/h
Regenerier-mittelmenge	Kationenaust. Anionenaust. Anionenaust. stark basisch	65 kg H_2SO_4 32%ig/h 19 kg $NaOH$ 42%ig/h 300 kg $NaOH$ 42%ig/Reg.
Eigenwasser-bedarf	Kationenaust. Anionenaust. Anionenaust. stark basisch	$1,4\ m^3/h$ $0,95\ m^3/h$ $22,4\ m^3/Reg.$

Bild 6-37:
Betriebsdaten der Ionenaustauscher-Kreislaufanlage [103]

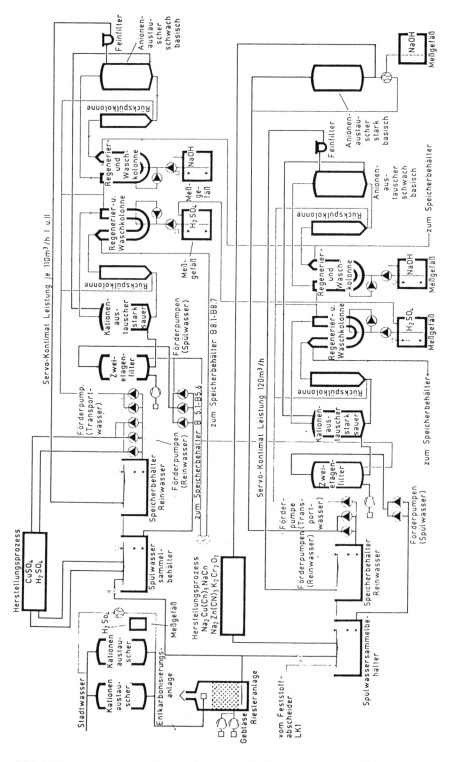

Bild 6-38: Ionenaustauscher Kreislaufanlage zur Spülwasserentsalzung [103]

Spülen aus Chrombädern werden günstigerweise mit Hilfe der Abwärme der Chrombäder eingedampft. Zur Entfernung unerwünschter Kationen, die von den zu verchromenden Werkstücken eingeschleppt werden, können dann Kationenaustauscher eingesetzt werden, deren Regenerat durch Elektrolyse von Schwermetallionen wie Kupfer befreit werden kann. Man kann die Regeneriersäure im Kreislauf fahren, so daß die Abreicherung durch Elektrolyse nicht vollständig, sondern nur bis zum wirtschaftliche vertretbaren Maß durchgeführt werden muß (vgl. Kap. 7).

6.4.5 Spülwässer aus Lackier- und Emaillieranlagen

Bei Elektrotauchlackierungen entfernt man überschüssigen, noch nicht abgeschiedenen Lack durch Spülen mit Wasser. Um diesen Lack zurückzugewinnen und das Spülwasser im Kreislauf fahren zu können, wird eine Ultrafiltration, gegebenenfalls verbunden mit einer Umkehrosmose oder Elektrodialyse zur Entfernung gelöster Moleküle eingesetzt. Ein Anlagenbeispiel zeigt Kap. 7. Bei der Elektrotauchemaillierung wird völlig analog verfahren. Es wird das Email elektrophoretisch auf der Werkstückoberfläche abgeschieden und überschüssiges Email durch Wasser abgespült. Zur Rückgewinnung von Email und Spülwasser wird außer Absitzbehältern eine Mikrofiltration eingesetzt, die die Emaildispersion aufkonzentriert. Das Konzentrat (Retentat) wird direkt dem Prozeßbad wieder zugeführt. Das Permeat enthält zwar geringen Mengen an anorganischen Ioen, die jedoch im Gegensatz zum Lackierprozeß auf der Oberfläche des Werkstücks verbleiben können, weil sie beim Einbrennen im Email mit aufgenommen werden.

6.4.6 Spülwässer aus Härtereianlagen

Spülwässer aus Härtereianlagen enthalten anorganische Salze, vorwiegend Alkalisalze (Durferrit-Verfahren). Derartige Spülwässer können nur durch Eindampfen im Kreislauf gefahren werden. Das Sumpfprodukt muß dann entsorgt werden und kann keine Verwendung mehr finden.

6.4.7 Spülwassertemperaturen

Bei der Wahl der Spülwassertemperatur müssen eine Reihe von Fragen berücksichtigt werden. Je heißer man spült, desto weniger Aufwand ist bei der Trocknung zu erbringen. Massive Werkstücke können so z.B. nach einer Reinigung mit Dampfstrahlgeräten ohne weitere äußere Wärmezufuhr trocknen. Bei Werkstücken mit geringer Wärmekapazität dagegen wird nicht genügend Wärme aufgenommen, selbst wenn das Spülwasser heiß genug ist. Man sollte deshalb in diesen Fällen möglichst energiesparend spülen. Bedenkt man, daß viele Bestandteile von Reinigungsbädern und von Phosphatierbädern bei Raumtemperatur schon sehr gut, teilweise sogar besser als bei erhöhter Temperatur löslich sind, so sollten Spülwassertemperaturen von maximal 40 °C ausreichend sein. Vielfach wird das Spülwasser durch die Werkstücke genügend erwärmt, so daß keine Beheizung der Spülwässer erfolgen muß.

7 In-Process-Recyling von Aktivbädern

Aktivbäder unterscheiden sich qualitativ nicht von den nachfolgenden Spülbädern. Probleme treten aber auf, weil die Aktivbäder um ein Vielfaches konzentrierter als die Spülbäder sind. Ebenso ist das In-Process-Recycling bei Aktivbäden eine Badpflege und keine Wertstoffrückgewinnung wie bei den Spülen, obgleich auch in einigen Fällen die Wertstoffrückgewinnung anstelle der Badpflege tritt.

7.1 Regenerierung von Beizbädern

Obgleich in vielen Fällen Beizsäuren auch heute noch nach Verbrauch des Bades entsorgt werden, sind zahlreiche Methoden bekannt, um Beizsäuren zu regenerieren. In großen Beizereibetrieben, z.B. bei Feuerverzinkungsanlagen, in denen Salzsäure eingesetzt wird, hat sich die destillative Regenerierung durchgesetzt.

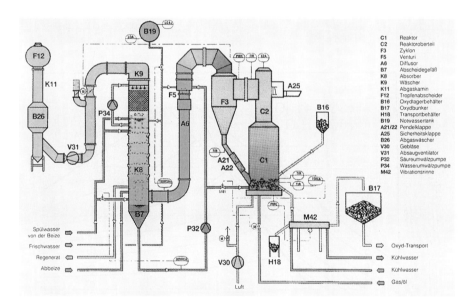

Bild 7-1: Wirbelschichtverfahren zur HCl-Regeneration [77].
Im Bild bedeuten: A 6 Diffuser, A 21/22 Pendelklappen, A 25 Sicherheitsklappe,
B 7 Abscheidegefäß, B 16 Oxidlagerbehälter, B 17 Oxidbunker, B 19 Notwassertank,
B 26 Abgaswäscher, C 1 Reaktor, C 2 Reaktoroberteil, F 3 Cyclon, F 5 Venturiwäscher,
F 12 Tropfenabscheider, H 18 Transportbehälter, K 8 Absorber, K 9 Wäscher,
K 11 Abgaskamin, M 42 Vibrationsrinne, P 32 Säureumwälzpumpe, P 34 Wasserumwälzpumpe, V 30 Gebläse, V 31 Absaugventilator.

Die verbrauchte Säure wird in diesem Verfahren verdampft. Dabei hydrolysieren die Eisen-chloride. Zufuhr von Luft sorgt für eine Aufoxidation der Eisensalze zu Eisen-III-Chloriden, die wesentlich leichter hydrolytisch gespalten werden können. Auf diese Weise wird die Ge-samtmenge an Salzsäure zurückgewonnen. Daneben fällt Eisen-III-Oxid an, das zur Weiterver-wendung abgegeben werden kann.

Die Zersetzung der Eisenchloride erfolgt nach den Reaktionsgleichungen

$$FeCl_2 + 2\,H_2O + \tfrac{1}{2}\,O_2 = 4\,HCl + Fe_2O_3 \tag{7.1}$$

$$FeCl_3 + 3\,H_2O = 6\,HCl + Fe_2O_3 \tag{7.2}$$

bei etwa 850 °C im Wirbelschichtreaktor C 1. Die Wirbelschicht besteht dabei aus Eisenoxid-granulat. Die entweichende Salzsäure wird im Cyclon F 3 entstaubt und im Venturiwäscher (F 5, A 6) mit Wasser gekühlt und auf dem Weg über K 8, K 9, B 26 und F 12 vollständig absor-biert. Die regenerierte Salzsäure geht in die Produktion zurück. Bei der Regeneration entsteht ein staubfreies Eisenoxidgranulat von 0,5 bis 2,5 mm Körnung (Schüttgewicht 3,5 t/m^3), das als Rohstoff für Magnetwerkstoffe etc. wieder verwendet wird. Die verbrauchte Salzsäure wird am Boden der Absorbers eingespeist und kann durch Zumischen zum Venturiwäscher gegebe-nenfalls aufkonzentriert werden. Nach dem gleichen Prinzip arbeiten die Röstverfahren anderer Hersteller. Der Verbrauch an Frischsäure kann damit auf 0,2 kg HCl/t Beizgut herabgedrückt werden [108].

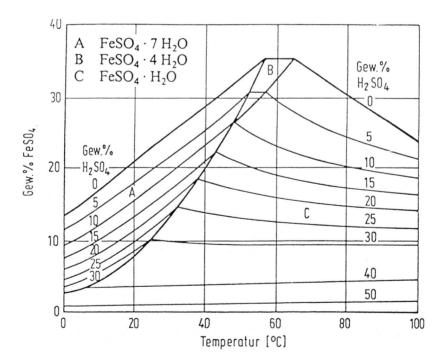

Bild 7-2: Löslichkeit von Eisen-II-Sulfat in Schwefelsäure nach H. Dembeck, B. Meuthen [115]

Die Aufbereitung von Schwefelsäurebeizen oder von Beizen mit Schwefelsäure als Hauptkomponente erfolgt bei Großanlagen durch Ausfrieren und Kristallisation. Schwefelsäure ist nicht verdampfbar. Das Verfahren beruht darauf, daß die Löslichkeit von Salzen mit sinkender Temperatur abnimmt. Dies gilt sowohl für $FeSO_4$ in Schwefelsäure (Bild 7-2) wie auch für $FeCl_2$ in HCl. Das Verfahren wird z.B. bei Edelstahlbeizen angewendet, wobei $FeSO_4$ x 7 H_2O gewonnen wird.

Das Verfahren wird auch beim Beizen von Kupfer angewendet, wobei $CuSO_4$ x 5 H_2O auskristallisiert. Bild 7-3 zeigt das Verfahrensfließbild einer Beizsäureregenerierung durch Kühlkristallisation. Der Kristallisator ist ein Umlaufkristallisator, der die auskristallisierende Lösung durch ein Rührwerk derart in Bewegung hält, daß feinteilige Kristalle mit der umgewälzten Lösung nach oben mitgerissen werden. Sie dienen als Kristallkeime für die weitere Kristallisation. Grobe Kristalle dagegen setzen sich ab und werden mit Hilfe einer Austragsschnecke ausgetragen (Bild 7-4).

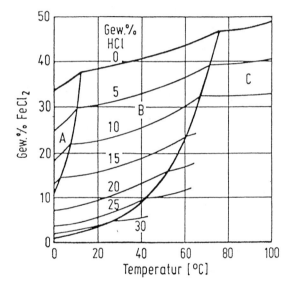

Bild 7-3:
Löslichkeit von Eisen-II-chlorid in Salzsäure nach H. Dembeck, B. Meuthen [115]

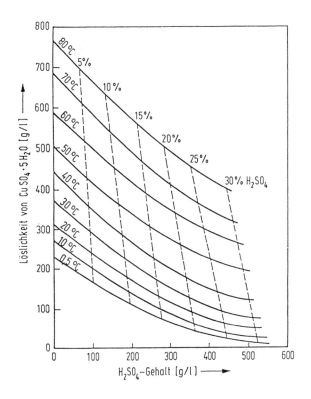

Bild 7-4:
Löslichkeit von Kupfersulfat in Schwefelsäure [114]

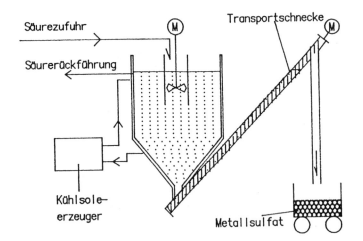

Bild 7-5:
Regeneration einer schwefelsauren Kupferbeize durch Kühlkristallisation [109]

Zur Regeneration der Beizsäure in kleineren Beizanlagen hat sich in den letzten Jahren ein Chromatographieverfahren durchgesetzt. Bestimmte stark basische Anionenaustauscherharze haben die Eigenschaft, freie Säuren adsorptiv zu speichern und die Salze hindurchzulassen. D.h. die freie Säure dringt undissoziiert oder assoziiert in den Ionenaustauscher ein, währen die Metallsalze durch die Zwischenräume der Ionenaustauscherschüttung durchlaufen. Man kann nun eine Schüttung mit Säure beladen, wodurch zunächst eine säurearme Metallsalzlösung austritt, und anschließend durch Verdrängen mit Wasser die Säure freisetzen. Das Verfahren wird „Retardationsverfahren" genannt und wird von einer Reihe von Firmen angeboten. Tabelle 7-1 zeigt die Stoffbilanz einer solchen Anlage nach [110]. Die Bilder 7-6 und 7-7 zeigen Retardationsanlagen. Um wirkungsvoll arbeiten zu können, wird zur Beschickung der Retardationsanlage eine vorgegebene Menge an Beizsäure entnommen, die behandelt und danach in die Beize zurückgegeben wird, wobei im Entnahmebehälter eine Abtrennung von Feststoffpartikeln durch Sedimentation erfolgt.

Komponenten des Bades	Gehalt in (g/l) im		
	Bad	Regenerat	Abwasser
Salpetersäure	125	115	5–10
Flußsäure	30	25–28	3–5
Schwermetall (Fe,Ni,Cr)	30	13	15
Schwefelsäure	130	120–125	5–10
Eisen	60	28	32
Schwefelsäure	180	175	5–10
Aluminium	10	5	5
Schwefelsäure	130	120–125	5–10
Kupfer	25	10	14
Schwefelsäure	150	130–140	10–15
Salpetersäure	50	35–45	5–10
Zink	50	19	29

Tabelle 7-1:
Stoffbilanz einer Retardationsanlage [110]

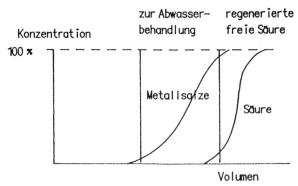

Freisetzen der Produkte durch Wasser

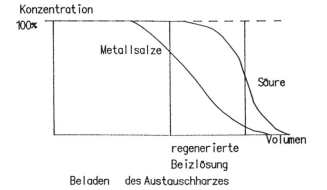

Beladen   des Austauschharzes

Bild 7-6:
Beladen und Desorbieren
des Harzes einer Retardationsanlage.

Bild 7-7: Retardationsanlage, Schaltschrank [77]

Auf dem gleichen Prinzip wie das Retardationsverfahren beruht auch das Dialyseverfahren, das zur Beizäureregeneration ebenfalls angewendet wird. Bei der Dialyse werden im Gegensatz zur Elektrodialyse ausschließlich Anionenaustauscher-Membranen eingesetzt, wobei die Apparate ebenfalls aus Membranpaketen mit Distanzhaltern bestehen. Treibende Kraft ist bei der Dialyse das Konzentrationsgefälle längs der Membran, die durchlässig für die Säuren aber undurchlässig für die Metallsalze ist. Während die Metallsalze durch die Membran zurückgehalten werden, wandert die freie Säure undissoziiert oder in assoziierter Form durch den Anionenaustauscher hindurch. Man baut das Membranpaket also so auf, daß man immer abwechselnd eine Kammer mit Rohsäure und die nächste mit Wasser beschickt (Bild 7-8). Es treten dann eine säurearme Lösung und aus der mit Wasser beschickten Kammer eine angereicherte Säure aus. Die Trennleistung zeigt Tabelle 7-2 für saure Metallsalzlösungen. Tabelle 7-3 zeigt das Ergebnis für eine Eloxalanlage.

Tabelle 7-2: Wirkungsgrad einer Säurerückgewinnung aus Metallsalzlösungen [116]

Betriebsparameter		Zulauf		Ablauf	
	Lösung	**Wasser**		**säurereich**	**säurearm**
Volumenstrom (l/h)	830	830		700	960
HCl (g/l)	100	-		85	25
$AlCl_3$ (g/l)	78,5	-		1,8	68
Volumenstrom(l/h)	20	20		14	26
H_2SO_4 (g/l)	32	-		26	12
Ni (g/l)	1,7	-		<0,04	1,6

Tabelle 7-3: Dialyse in einer 1000 t/Monat Eloxalanlage. Daten [117]

Rohsäure:	Wasserzusatz:	Dialysat:	Abwasser:
275,5 l/h	257 l/h	243,2 l/h	289,3 l/h
150 g H_2SO_4 /l		127,4 g H_2SO_4 /l	35,7 g H_2SO_4 /l
18 g Al^{3+} /l		1,0 g Al^{3+} /l	16,3 g Al^{3+} /l

Das Verfahrensfließbild einer Diffusionsdialyseanlage zeigt Bild 7-9. Das Verfahren wurde z.B. zur Regenerierung von Beizsäuren für Aluminiumfolien großtechnisch eingesetzt (Bild 7-10). Im Kostenvergleich war die Diffusionsdialyse günstiger als die Retardation (Bild 7-11). Die Massenbilanz für die Regeneration einer Edelstahlbeize (Bild 7-12) zeigt, daß die Beizsäure mit etwa 20 % Verlust zurückgewonnen werden kann.

Zur Regeneration von Beizen für Messing auf Schwefelsäurebasis wurde das Zinkron-Verfahren entwickelt [118]. Dabei wird die Beize kontinuierlich elektrolytisch entkupfert, wobei ein minimaler Kupfergehalt von 10 g/l vorhanden sein soll. Die gebeizte Ware wird anschließend in einer Standspüle gespült. Aus diesem Spülwasser wird dann nach Durchlaufen eines Anionenaustauschers elektrolytisch Zink abgeschieden. Zuletzt gelangen die Werkstücke in eine Fließspüle, die über Kationen- und Anionenaustauscher vollentsalzt wird. Die Regenerierung des Kationenaustauschers erfolgt mit Schwefelsäure. Das Regenerat wird deshalb zur Ergänzung des Beizbades verwendet. Bild 7-13 zeigt ein Verfahrensfließbild des Zinkron-Verfahren.

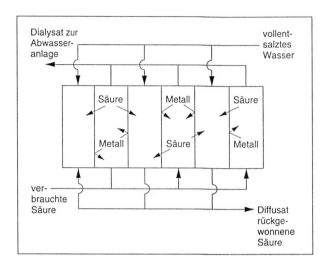

Bild 7-8:
Diffusionsdialyse zum Reinigen
von Säuren [155]

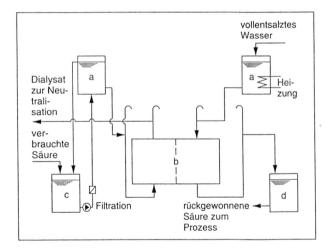

Bild 7-9:
Aufbau einer Diffusionsdialyse-
Anlage.
Es bedeuten:
a Hochbehälter,
b Membranstapel,
c Vorlagebehälter,
d Diffusatbehälter [155]

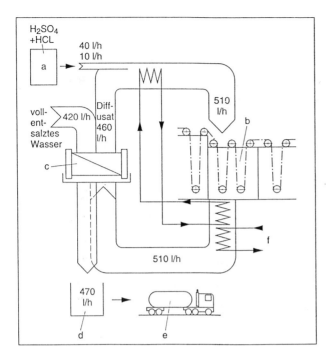

Bild 7-10:
Rückgewinnung von Mischsäure aus Ätzbädern für Aluminium-folie [155].
Es bedeuten:
a Nachdosierung,
b Prozeßbad,
c Diffusionsdialyse,
d Dialysatbehälter,
e Aluminiumsulfatlösung zur Verwendung als Fällmittel.

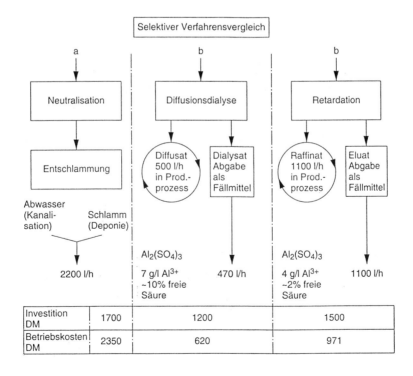

Bild 7-11: Vergleich der Kosten einer Beizregeneration für eine Aluminiumfolien-Beizanlage.
a herkömmliche Entsorgung, b Diffusionsdialyse, c Retardationsverfahren [155]

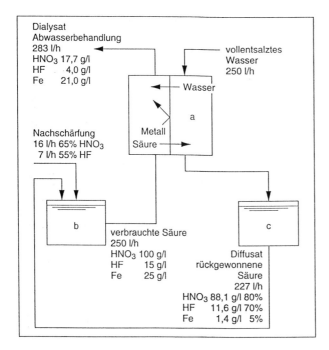

Bild 7-12:
Massenbilanz einer Diffusionsdialyseanlage für eine Edelstahlbeize [155].
Es bedeuten
a Membranstapel,
b Beizbad,
c Puffertank

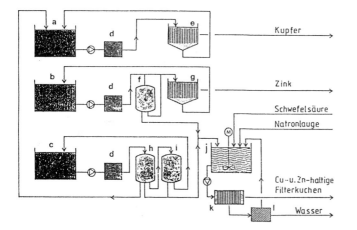

Bild 7-13:
Verfahrensfließbild des Zinkron-Verfahrens [118].
a Beizbad,
b Standspüle,
c Fließspüle,
d Feststoffabscheider,
e Kupfer-Elektrolyse,
f Anionenaustauscher,
g Zink-Elektrolyse,
h Kationenaustauscher,
i Anionenaustauscher,
j Standentgiftung,
k Filterpresse,
l Schlußfiltration

Die Regeneration einer schwefel- oder salzsauren Eisenbeize und einer salpetersauren Beize durch Elektrodialyse erfolgt nach dem bereits unter Spülwässer beschriebenen Verfahren, dessen Prinzip dort erklärt wurde. Die Bilder 7-14 und 7-15 zeigen den Verfahrensablauf bei Einsatz der Elektrodialyse zur Regenerierung von Beizsäuren und zur Rückgewinnung von EDTA aus chemischen Kupferbädern (7-15) der Leiterplattenindustrie. Bei allen Membranverfahren ist die Membran Verbrauchsmaterial. In Bild 7-16 werden die Produktionskosten für NaOH über die Lebensdauer der Membran dargestellt. Die Membrankosten gehen direkt in die Produktionskosten mit ein [119].

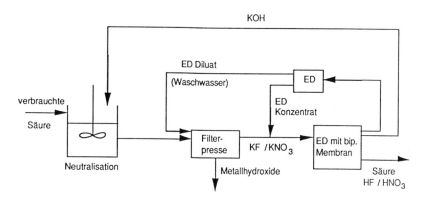

Bild 7-14: Regeneration verbrauchter Säuren aus der Oberflächenbehandlung von Metallen durch Elektrodialyse [120]

Zu Bild 7-15 ist anzumerken, daß EDTA ein biologisch nicht abbaubarer starker Komplexbildner ist, der in chemisch Kupferbädern verwendet wird. Die stark alkalische Lösung enthält Kupferionen, etwas Formaldehyd, Ameisensäure und Natriumsulfat. Man überführt durch Elektrodialyse das EDTA in die freie Säure (EDTAH), die bei pH 1,7 unter Kühlung auskristallisiert. Damit wird der Komplexbildner dem Abwasser entzogen und kann im Prozeß wieder eingesetzt werden [121].

Zur Aufarbeitung saurer zink- und eisenhaltiger Entmetallisierungsbeizen kann auch ein Flüssig-Flüssig-Extraktionsverfahren eingesetzt werden. Als Extraktionsmittel, mit dem Eisen extrahiert werden kann, werden Di-2-ethylhexyl-phosphorsäure, sekundäre Amine, Tributylphosphat oder Methylisobutylketon angegeben. Aus der verbleibenden wäßrigen Phase kann dann Zink elektrolytisch oder durch Eindampfen abgeschieden werden. Die Reextraktion der Eisensalze erfolgt dann mit den gleichen Säure, z.B. HCl oder H_2SO_4. Bekannt sind auch Versuche, die Entrostung von Eisen durch siderophile Mikroorganismen durchzuführen. Dieses Verfahren hat jedoch bislang keine technische Anwendung gefunden.

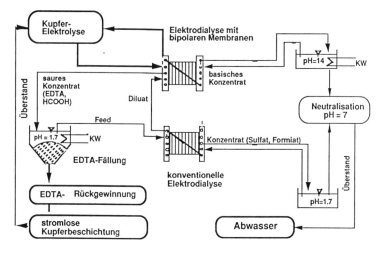

Bild 7-15: Rückgewinnung von Ethylendiamintetraessigsäure (EDTA) aus chemisch Kupferbädern [121]

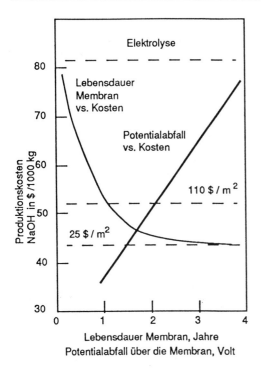

Bild 7-16:
Produktionskosten von NaOH durch Elektrodialyse in Abhängigkeit von der Lebensdauer,
den Membrankosten und dem Potentialabfall
[119]

In alkalischen Beizen für Aluminium kann der Aluminiumgehalt relativ hoch werden. Man kann aus diesen Beizlösungen das Natriumaluminat $NaAlO_2$ durch Kühlkristallisation auskristallisieren und mit Hilfe von Zentrifugaldekantern abtrennen. Man kann aber auch die Beizlösung verdünnen, so daß das Na-aluminat hydrolytisch gespalten und Al-Hydroxid abgeschieden wird. Bei der Regenerierung erzeugt die Recyclingtechnik in beiden Fällen ein wiederverwertbares Produkt im Rahmen der Regeneration der alkalischen Beize.

7.2 Recycling von Lacken

Vom Standpunkt der Recyclingtechnik kann man Lacke in drei verschieden zu behandelnde Produkte unterteilen: Pulverlacke, lösemittelhaltige Lacke und Wasserlacke. Pulverlacke sind Produkte der Pulvertechnologie und müssen staubtechnologisch behandelt werden. Wasserlacke sind Flüssigprodukte und können mit Recycling-Techniken für wäßrige Lösungen behandelt werden. Lösemittellacke sind organische Lösungen mit brennbaren und leicht verdunstenden Lösemitteln, die eine Sonderbehandlung notwendig machen.

7.2.1 Recycling von Pulverlacken und Pulveremails

Pulver werden mit speziellen Auftragspistolen elektrostatisch unterstützt auf Werkstückoberflächen aufgetragen. Der dabei am Werkstück vorbeifliegende Anteil des Lacks wird Over-Spray genannt. Die Auftragskabinen werden deshalb mit einer Abluftentsorgung mit Pulverrückgewinnung ausgestattet. Das Pulver, Lack- oder Emailpulver, wird abgesaugt und unter Einsatz eines Zyklons und eines nachgeschalteten Filters (Bild 7-17) aufgefangen und nach Passieren eines Siebes der Produktion wieder zugeführt. Eine andere Anlagenausführung arbeitet mit einem umlaufendem Bandfilter und Zyklon in umgekehrter Reihenfolge. Dies hat den Vorteil, daß es bei Störungen in der Luftführung der Kabine zu keinen Ablagerungen grobkörniger Pulverteile auf dem Kabinenboden kommen kann, eine Erscheinung, die der Anlagenbetreiber oft als „Mahlen" bezeichnet (Bild 7-18).

Zyklonanlage

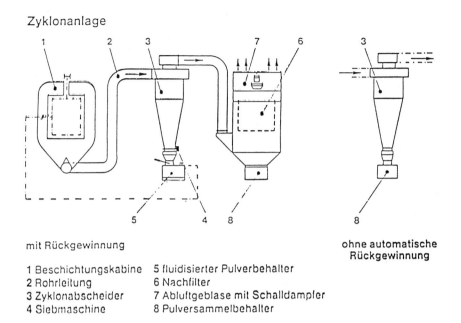

mit Rückgewinnung

1 Beschichtungskabine   5 fluidisierter Pulverbehalter
2 Rohrleitung   6 Nachfilter
3 Zyklonabscheider   7 Abluftgebläse mit Schalldampfer
4 Siebmaschine   8 Pulversammelbehalter

ohne automatische Rückgewinnung

Bild 7-17: Rückgewinnung von Email- oder Lackpulver [156]

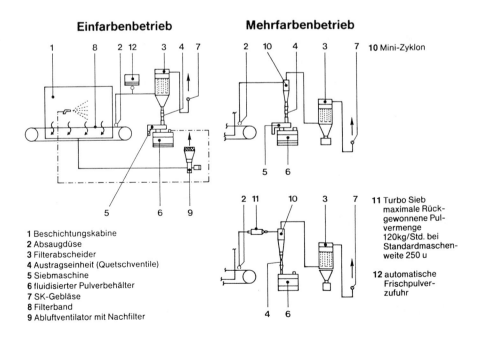

Einfarbenbetrieb   **Mehrfarbenbetrieb**

10 Mini-Zyklon

1 Beschichtungskabine
2 Absaugdüse
3 Filterabscheider
4 Austragseinheit (Quetschventile)
5 Siebmaschine
6 fluidisierter Pulverbehälter
7 SK-Gebläse
8 Filterband
9 Abluftventilator mit Nachfilter

11 Turbo Sieb maximale Rück-gewonnene Pul-vermenge 120kg/Std. bei Standardmaschen-weite 250 u

12 automatische Frischpulver-zufuhr

Bild 7-18: Pulverrückgewinnung mit umlaufendem Filter [156]

7.2.2 Recycling lösemittelhaltiger Lacke

Der Over-Spray lösemittelhaltiger Lacke ist nur schwierig wieder zu verwenden. Die meisten Anlagen sind dazu ausgestattet, den Overspray aus dem Kreislauf zu entfernen und zu einem nicht klebenden Produkt zu koagulieren. Für das Lackkoagulat wird dann versucht, eine Anwendung als Zuschlag zu Kunststoffen zu finden. Die Resultate dieser Technik sind nur als bescheiden zu beziffern. Da die Kunststoffe (Bindemittel) in lösemittelhaltigen Lacken im allgemeinen schon bei geringeren Temperaturen von Raumtemperatur bis maximal 180 °C aushärten müssen, können sie als Füllstoff zu solchen Kunststoffen, die für Kunststoffartikel eingesetzt werden (Phenol-Formaldehyd-Harzen etc.) nur bedingt eingesetzt werden, weil sie sich bei den notwendigen Verformungstemperaturen schon teilweise zersetzen. In den Handel gekommene Artikel beseitigten zwar die Lackkoagulate, gaben aber geruchlich merkbare Formaldehydmengen ab. Nur dort, wo der geformte Kunststoffartikel unter einer Verkleidung oder Beschichtung verschwindet also nicht als Dekoroberfläche sichtbar ist, ist eine Verwendung der Koagulate sinnvoll.

Um lösemittelhaltige Lacke wieder verwenden zu können, kann man den Overspray in manchen Fällen durch eine Auffangvorrichtung in Form einer sich drehenden Scheibe mit Abstreifer auffangen. Der Over-Spray fliegt auf diese Scheibe und wird durch den Abstreifer davon heruntergeholt. Das funktioniert in den Fällen, in denen vorwiegend mit einer einzigen Farbe gearbeitet wird, insbesondere wenn kein sehr hochwertiges Dekor dabei erzeugt werden muß. Farbwechsel machen eine Totalreinigung der Anlage notwendig, es sei denn, daß man mit dem Overspray Nichtsichtflächen lackieren kann. Bild 7-19 zeigt das Recyclingprinzip.

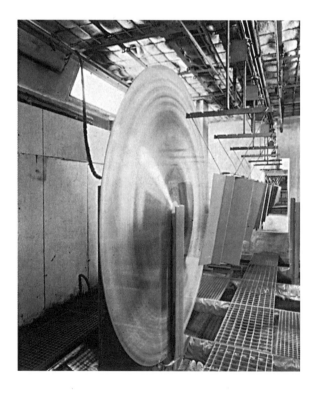

Bild 7-19:
Overspray-Rückgewinnung:
Lackabscheidung an einer
Scheibe [92]

Feine Lacktropfen tragen in Wasser eine elektrische Aufladung, das sogenannte Zeta-Potential. Aufgrund dieser Aufladung wandern Lacktropfen in Wasser in einem elektrischen Feld, was zur Abscheidung des Oversprays genutzt wird. Der Overspray wird von einer Flüssigkeitsströmung aus der Lackierkabine fortgetragen, aber nicht koaguliert. Wenn der Lack spezifisch leichter als Wasser ist, schwimmt er auf der Oberfläche und kann durch ein elektrisches Gleichspannungsfeld zu einer Abscheideelektrode geführt werden. Der so abgeschiedene Lack kann ebenfalls wieder zum Lackieren von Nichtsichtflächen eingesetzt werden.

7.2.3 Recycling von Wasser- und Elektrotauchlacken und Emailschlickern

Fängt man den Overspray bei der Verarbeitung von Wasserlacken mit Hilfe einer Wasserwand auf, so erhält man eine verdünnte wäßrige Lacklösung, die – wie jede Lösung eines Kolloids – wieder aufkonzentriert werden kann. Man kann die Lösung im Vakuum eindampfen (Bild 7-20), wobei die Gefahr besteht, daß leichtflüchtige Lackbestandteile, insbesondere solche, die mit Wasser ein Azeotrop bilden (Tabelle 7-4), mit in das Destillat überführt werden und dem recyclierten Lack nachgesetzt werden müssen. Man kann den Lack auch durch eine Ultrafiltration aufkonzentrieren (Bild 7-21), wobei ebenfalls kleine Moleküle der Lackkomposition nachgesetzt werden müssen. Ultrafiltration ist der Mikrofiltration eng verwandt, ein „Membran-Siebverfahren", bei dem gewickelte Kunststoffmembrane oder Rohrmodule mit definierter Porengröße eingesetzt werden. Diese Technik wird beim Betrieb von Elektrotauchlackieranlagen genutzt und ist bestimmend für die Durchführung dieser Lackierverfahren (KTL und ETL). Bild 7-22 läßt die zentrale Rolle, die die Ultrafiltration in einer Elektrotauchlackierung spielt, erkennen. Weitere Möglichkeiten bestehen in der Lackabtrennung durch Elektrophorese (Bild 7-23), bei der der Lack als freier Lack abgeschieden und zurückgewonnen wird, und die Bestandteile des Kations des Lacks nachgesetzt werden müssen. Dies führt aber zu einem sehr reinen recyclierten Lack. Bei der Elektrophorese wird die Tatsache technisch genutzt, daß die kolloidalen Lackpartikel von Elektrotauchlacken wie auch von Wasserlacken eine ionische elektrische Ladung tragen und deshalb im elektrischen Gleichspannungsfeld wandern und abgeschieden werden können.

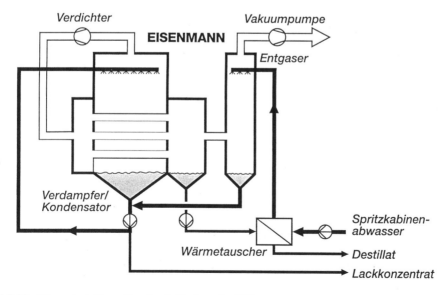

Bild 7-20: Wasserlack-Recycling durch Eindampfen [30]

Da die Ultrafiltration den Nachteil besitzt, daß sie umso langsamer abläuft, je konzentrierter der Lack wird, wurde aus Ultrafiltration und Elektrophorese eine Kombination entwickelt, die den Lack zunächst in einer Ultrafiltration aufkonzentriert und anschließend in einer Elektrophorese zurückgewinnt (Bild 7-18) Anstelle einer mit Wasser berieselten Wand kann auch Wasserlack eingesetzt werden. Diese Ausführung macht es jedoch notwendig, möglichst in einer geschlossenen Spritzkabine zu arbeiten, um die Aufnahme von Staub und um Eindunstungen zu vermeiden. Geeignet ist dabei eine Lackierung mit der Zerstäuberscheibe in einer geschlossenen Spritzkabine mit Omega-Führung des Warenstroms oder auch eine einseitig offene Spritzkabine (Bild 7-25).

Tabelle 7-4: Zusammensetzung und Siedepunkte von im Destillat von Wasserlacken vorkommenden Azeotropen [122]

Azeotrop	Gewichtsprozente	Siedepunkt °C
Isopropanol/Wasser	87,4/12,6	80,1
n-Butanol/Wasser	62/38	92,4
Butylacetat/Wasser	71,3/28,7	90,2
Diacetonalkohol/Wasser	15,7/84,3	99,5
Ethylglykol/Wasser	28,8/71,2	99,4
Buthylglykol/Wasser	20,8/79,2	98,8
Metoxypropanol/Wasser	51,5/48,5	98,3

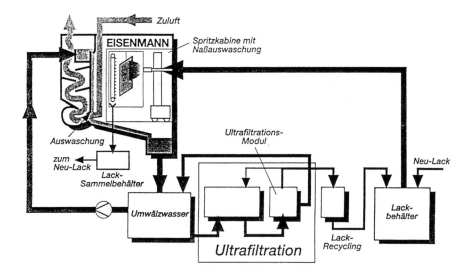

Bild 7-21: Wasserlack-Recycling durch Ultrafiltration [30]

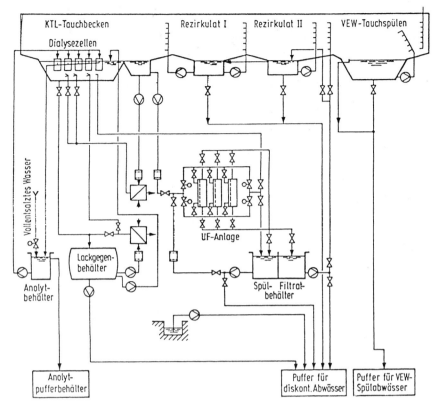

Bild 7-22: Fließbild eines Anolytkreislaufs [106].

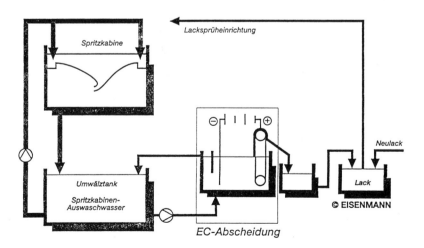

Bild 7-23: Wasserlack-Recycling durch Elektrophorese [30]

Der Flüssigemailauftrag ist mit der Flüssiglackapplikation eng verwandt. Emaillierbetriebe unterscheiden sich von Lackierbetrieben dadurch, daß sie eine anorganische Beschichtung durch Einbrennen bei erheblich höheren Temperaturen erzeugen und dadurch, daß sie ihren flüssigen Auftrag meist selber herstellen. In Emaillierbetrieben wird das Email in feinstdisperser Form als wäßrige Dispersion (Emailschlicker) eingesetzt. Diese Dispersionen werden entweder durch Ansetzen eines Vorproduktes mit Wasser („Ready-to-Use" Emails) oder durch Vermahlen des glasartigen Rohstoffs (Emailfritte) in Kugelmühlen hergestellt. Es wird dabei ein Dispersionsgrad erreicht, der den Einsatz normaler Filter zur Rückgewinnung des Dispersanten nicht erlaubt. Die fertigen Emailschlicker werden dann, analog zum Lackauftrag, durch Tauchen, Spritzen oder im Elektrotauchauftrag appliziert. Beim Spritzauftrag entsteht ebenfalls ein Overspray, der auf einer hinter dem Werkstück aufgestellten, sich drehenden Säule aufgefangen werden kann. Die Säule ist geerdet, so daß der elektrostatisch unterstützte Spritzauftrag des Emails unterstützt wird. Um den aufgefangenen Schlicker wieder verwendbar zu machen, wird die Säule mit einer einstellbaren Wassermenge berieselt, die die Verdunstungsverluste abdeckt (Bild 7-26). Emailschlicker wird im ETE-Verfahren analog zu den Elektrotauchlacken im elektrischen Feld auf der Werkstückoberfläche abgeschieden. Im Gegensatz zum Lack trägt das einzelne Schlickerpartikel keine ionale Ladung sondern ein Zeta-Potential, auf Grund dessen es im elektrischen Gleichspannungsfeld wandert und abgeschieden werden kann. Dabei werden die feinsten Emailpartikel durch das Wasser der Dispersion etwas ausgelaugt, so daß im Schlicker des ETE-Verfahrens sich Elektrolyt ansammelt, der durch seine erhöhte elektrische Leitfähigkeit zur Störung führt. Das ETE-Verfahren verwendet daher als zentrale Recycling-Einheit eine Mikrofiltration mit keramischen Rohrmodulen, um das elektrolythaltige Wasser vom Schlicker zu trennen (Bild 7-27).

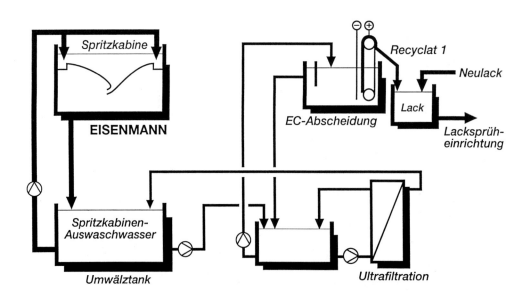

Bild 7-24: Wasserlack-Recycling im Hybridverfahren [30]

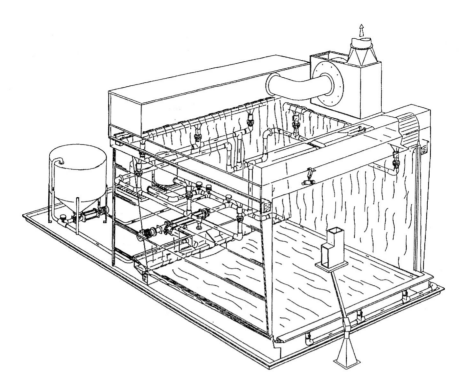

Bild 7-25: Over-Spray-Aufnahme durch eine mit Wasserlack berieselte Wand [157]

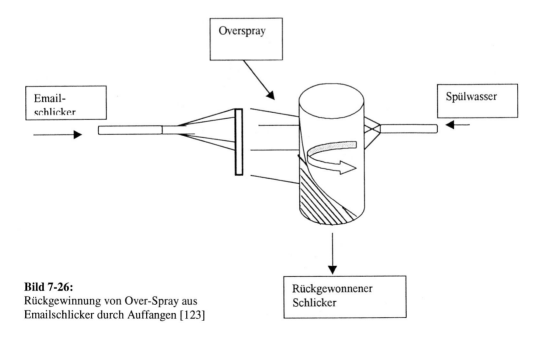

Bild 7-26:
Rückgewinnung von Over-Spray aus
Emailschlicker durch Auffangen [123]

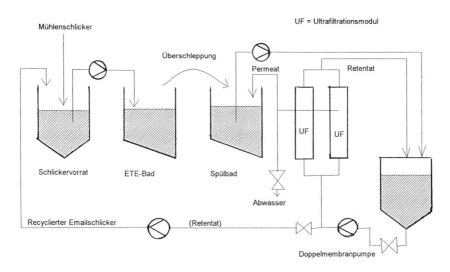

Bild 7-27: Emailrückgewinnung an einer ETE-Anlage [124]

7.3 In-Process-Recycling von Hydraulikölen und Kühlschmierstoffen

Hydrauliköle werden insbesondere durch Abrieb und Abbauprodukte des Öls verunreinigt. Der Abrieb zeichnet sich dadurch aus, daß er sehr feinkörnig ist aber ein hohes spezifisches Gewicht besitzt und vorwiegend aus Metalloxid besteht. Bild 7-28 zeigt die Partikelverteilung [125]. Die Feinkörnigkeit führt dazu, daß herkömmliche Filter zur Abtrennung versagen. Die Möglichkeit, durch Filter Feststoffe abzutrennen, wird allein durch die Korngröße bestimmt. Bessere Abreinigung erreicht man daher durch Zentrifugen, bei denen die Trennkorngröße auch durch die Dichtedifferenz zwischen Feststoff und Flüssigkeit bestimmt wird.

Als Zentrifuge genügt ein Modell, das per Hand entleert werden muß (Bild 7-29), weil die Feststoffmenge im Hydrauliköl gering ist. Das gleiche gilt im Prinzip auch für die Abtrennung von Feststoffen aus Kühlschmierstoffen und Emulsionen.

Hydrauliköle sind weitgehend als Isolatoren anzusehen. Die in diesen Isolatoren feinst verteilten Feststoffpartikel besitzen wie jeder Dispersant ein Zeta-Potential, das durch die an der Grenzfläche vorhandene elektrische Doppelschicht entsteht. Das Zeta-Potential ist ein elektrisches Potential meßbarer Größe. Legt man daher durch den Elektrolyten ein elektrisches Gleichspannungsfeld möglichst hoher Feldstärke, so wandern die elektrisch geladenen Partikel zur Gegenelektrode. Um hohe Abscheidungsraten zu erhalten, müssen die Wanderungsstrecken für die Partikel klein und die Feldstärken hoch werden. Daraus resultiert, daß man möglichst viele eng gesetzte Elektrodenpaare in den Reinigungsraum bringt, wie es Bild 7-30 zeigt. Bild 7-31 zeigt die Abnahme des Verschmutzungsgrades durch Wirkung einer im Bypass geschalteten Anlage [127].

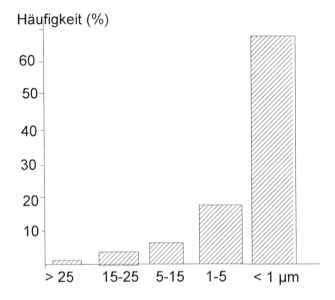

Bild 7-28:
Korngrößenverteilung der Partikel in Hydraulikölen [125].

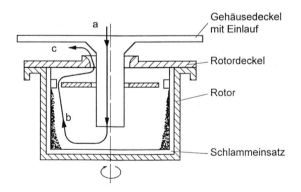

a - Zulauf der verschmutzten Flüssigkeit im freien Gefälle.
b - Ausseparieren der Schmutzpartikel aus der Flüssigkeit; die Schmutzpartikel setzen sich an der Wand des Schlammeinsatzes fest.
c - Die gereinigte Flüssigkeit verlässt den Rotor und fließt in einen Behälter.

Bild 7-29:
Zentrifuge mit Wechseleinsatz [126]

Bild 7-30:
Elektrostatische Reinigungselemente einer Friess-
Anlage [127].

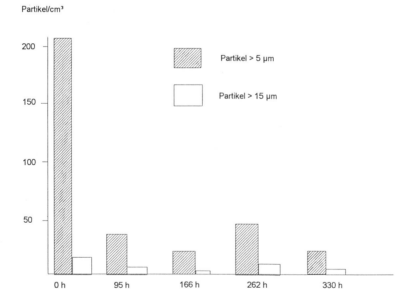

Bild 7-31: Wirkung der elektrostatischen Reinigung auf Hydrauliköl nach [125]

Wassermischbare Kühlschmierstoffe sind Emulsionen, die zum Schmieren und Kühlen während der Fertigung eingesetzt werden. Sie enthalten dementsprechend Korrosionsschutzmittel auf Aminbasis und die Inhaltsstoffe des Wassers, das zum Ansetzen der Emulsion und zum Ergänzen des verdunsteten Wassers verwendet wird. Dadurch, daß man kein vollentsalztes Wasser einsetzt, entstehen mit der Zeit Aufsalzungen, kenntlich durch ein Anwachsen der elektrischen Leitfähigkeit der Kühlschmierstoffemulsion. Wird das Wachstum von Mikroorganismen nicht unterdrückt, bildet sich aus eingeschlepptem Nitrat und Amin Nitrosamin (krebserregend), und es entstehen Geruchsstoffe. Nitrosamine können auch durch Aufnahme von Stickoxiden aus der Luft z.B. bei offenen Vorratsbehältern und Betrieb von Gabelstaplern mit Explosionsmotor gebildet werden. Die Aufnahme von CO_2 aus der Luft senkt den pH-Wert durch Reaktion mit den korrosionsschützenden Aminen, wodurch die Korrosionsschutzwirkung zurückgeht. Zur Pflege und Standzeitverlängerung von wassermischbaren Kühlschmierstoffen bestehen zwei Möglichkeiten:

> Abtrennen des in der Emulsion enthaltenen salzhaltigen Wassers durch Ultrafiltration und Ansetzen und Ergänzen der Flüssigkeit mit entionisiertem (vollentsalztem) Wasser,

oder

> Abtrennen des in der Emulsion enthaltenen salzhaltigen Wassers durch Ultrafiltration und Aufarbeiten des Salzhaltigen Wassers durch Elektrodialyse.

Im ersten Fall wird zwar der Betrieb einer Elektrodialyse eingespart, es muß aber vollentsalztes Wasser vorhanden sein. Im zweiten Fall kann man den Katholyten der Elektrodialyse ebenfalls wieder dem Kühlschmierstoff zuführen (Bild 7-32), wenn der pH-Wert nicht im alkalischen pH-Bereich liegt, und benötigt keine Wasser-Entsalzungsanlage. Der Anbieter zeigt, daß die Kombination von Ultrafiltration mit Elektrodialyse, deren technische Daten Tabelle 7-5 enthält, wirtschaftlich ist.

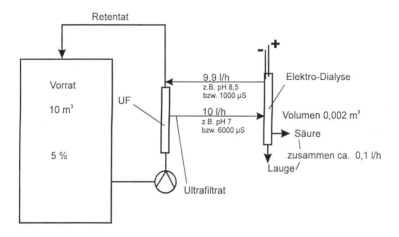

Bild 7-32: Bilanz eines Emulsionsrecyclings mit Ultrafiltration und Elektrodialyse [128]

Tabelle 7-5: Technische Daten einer Anlage zur Pflege einer Kühlschmiermittelvorrats von 10 m³ [128]

Ultrafiltration:	
Fläche	0,2 m²
Energieverbrauch je 1000 l Ultrafiltrat	140 Kwh
Elektrodialyse:	
Spannung	20-30 V Gleichstrom
Stromstärke	1,5 bis 2 A
Behandlungsdauer für 1000 l Ultrafiltrat	200 Stunden
Energieverbrauch für 1000 l Ultrafiltrat	6-12 Kwh/h

7.4 In-Process-Recycling in der Galvanik

Galvanische Aktivbäder sind solche Bäder, in denen der galvanische Prozeß, die mit Hilfe von Gleichstrom durchgeführte kathodische Metallabscheidung, durchgeführt wird. Diese Bädern enthalten außer dem Salz des Metalls, das abgeschieden werden soll, Zusätze anorganischer und organischer Zusammensetzung. In diesen Bäder wird das Metall, das galvanisch abgeschieden werden soll, in Form des Anodenmaterials oder in Form eines vorher chemisch erzeugten Metallsalzes zugeführt. Im Falle der Zufuhr als Anodenmaterial, wie es am häufigsten erfolgt, treten Metallbilanzprobleme auf, wenn die anodische Stromausbeute größer als die kathodische ist. Unter anodischer Stromausbeute versteht man den Anteil des fließenden Stromes, der zum Auflösen der Anoden verbraucht wird. Unter kathodischer Stromausbeute wirde der Stromanteil verstanden, der zur gewünschten Abscheidung des Metalls verwendet wird. In diesem Fall ist eine Ausschleusung von Metallsalz durch Überschleppung durchaus erwünscht, weil dadurch die Bilanzüberschüsse aus dem Aktivbad entfernt werden. Da die Ausschleusung von Metallionen über die Spülwässer ohne Spülwasserrecycling dem Prinzip des geschlossenen Kreislaufs nicht entspricht, wurde mit elektronischen Steuerungsmitteln unter Einsatz von Inertanoden versucht, die Metallbilanz in den Bädern zu halten. Anstelle des anodischen Auflösens von z.B. Nickel oder Kupfer wurden einige Anodenflächen mit inerten Anoden besetzt, an denen eine Wasserelektrolyse (Sauerstoffabscheidung) erfolgt. Bild 7-33 zeigt die Metallbalancer genannte Steuerung [158].

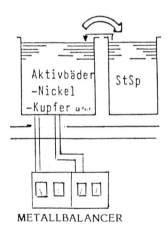

Bild 7-33:
Einsatz eines Metallbalancers zur Badsteuerung [158]

Gleichzeitig mit den Metallsalzen wurden auch die organischen Inhaltsstoffe der Elektrolyte mit ausgeschleust, was durchaus erwünscht war, weil damit gleichzeitig auch Zersetzungsprodukte der Organika (z.B. Glanzbildner) entfernt wurden. Die Unterdrückung der Ausschleusung durch Rückführung des Elektrolyten mit Hilfe einer sich anreichernden Standspüle ist daher nicht die Lösung. Zur Regenerierung der galvanischen Aktivbäder sollte man durchaus eine Ausschleusung durch Überschleppung in Kauf nehmen, und dafür die Metallrückgewinnung über ein Spülbadrecycling betreiben (vgl. Kap. 6).

7.4.1 Chrombäder

Die Verchromung ist ein galvanischer Prozeß, bei dem das abzuscheidende Metall in Form seines Salzes, der Chromsäure, zugeführt wird. Bei der Herstellung von Hartchromschichten, die zum wichtigsten Einsatzgebiet des Chroms gehören, wird in einem galvanischen Prozeß mit hohem Stromfluß gearbeitet, wobei dieser Prozeß eine relativ genaue Einhaltung enger Temperaturgrenzen erfordert. Der hohe Stromfluß führt in Chrombädern zu starker Wärmeentwicklung. Dies hat zur Entwicklung einer ökologisch sehr sinnvollen Nutzung der Überschußwärme geführt. Man verwendet die abzuführende Wärme zum Eindunsten von Spülwässern und kann auf diese Weise abwasserlos verchromen. Zwei Verfahren haben sich dabei herausgebildet:

- Indirekte Kühlung (Bild 7-34) erfolgt so, daß man die Spülwässer durch im Chrombad liegende Titanrohre leitet und anschließend im Absaugkanal versprüht, wobei Wasser verdunstet oder separat eindunstet.

- Direkte Kühlung (Bild 7-35) liegt vor, wenn man die Spülwässer mit einem Teil des Chrombades vermischt und das Gemisch im Abluftkanal versprüht oder separat eindunstet.

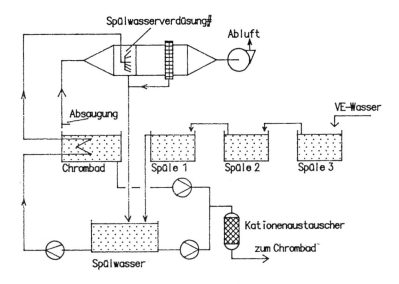

Bild 7-34: Verchromung mit indirekter Kühlung

Beim Hartverchromen muß beachtet werden, daß brauchbare Chromschichten nur in einem Fenster des Stromdichte-/Temperaturdiagramms abgeschieden werden. Hartchrombäder enthalten einen geringen, notwendigen Anteil an Schwefelsäure, Hexafluorkieselsäure H_2SiF_6 und z.B. Fluor-Tenside, daneben aber auch Fremdmetallionen und dreiwertige Chromsalze. Die Rückführung der Badbestandteile durch Eindampfen oder Eindunsten ist ein Weg, um die Überschleppungsverluste zurückzugewinnen. Gibt man einen Teilstrom dieses Materials über einen Kationenaustauscher, gelingt es, die Fremdkationen und dreiwertiges Chrom aus dem Prozeß zu entfernen. Fremdmetalle können auch durch Membranelektrolyse entfernt werden [129]. Störungen treten in Chrombädern aber erst bei > 3 g Cr-III-Ionen/l und bei > 20 g Fe-III-Ionen/l auf. Anstelle der Eindüsung chromathaltiger Lösungen in den Abluftstrom können auchVerdunsteranlagen in Form eines Rieselturms eingesetzt werden.

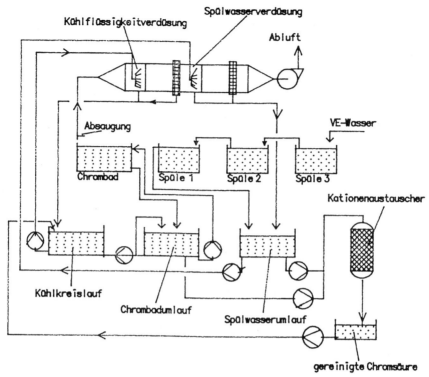

Bild 7-35: Verchromung mit direkter Kühlung

Elektrodialyse wird als Regenerationsverfahren ebenfalls eingesetzt. Bei diesem Verfahren wird der Chromelektrolyt von Fremdmetallionen, die durch die behandelten Werkstücke eingeschleppt werden, befreit. Nachfolgende Tabelle zeigt die Wirksamkeit dieser Methode.

Tabelle 7-6: Entfernen von Fremdkationen aus Chromelektrolyten durch Elektrodialyse [130]

Inhaltsstoff	vor der Elektrodialyse	nach der Elektrodialyse
Chromsäure CrO_3	250 g/l	270 g/l
Cr^{3+}-Ionen	1075 mg/l	130 mg/l
Fe^{3+}-Ionen	250 mg/l	100 mg/l
Cu^{2+} Ionen	850 mg/l	210 mg/l
Ni^{2+}-Ionen	2500 mg/l	875 mg/l

Wie die Tabelle zeigt, geht hierbei auch das dreiwertige Chrom verloren. Chrom ist jedoch in Abfällen nicht gern gesehen. Auch stellt es einen Wertstoff für den Betreiber eines Chrombades dar, weil dieser das verlorengegangene Chrom durch Zukauf vermehrter Mengen an Chromsäure ersetzen muß. Man versucht daher, dreiwertiges Chrom elektrolytisch in sechswertiges umzuwandeln. Die gewünschte Anodenreaktion ist daher

$$2\ Cr^{3+} + 3\ PbO_2 + 6\ H^+ = 2\ Cr^{6+} + 3\ PbO + 3\ H_2O \qquad (7.3)$$

mit der Regenerierungsreaktion

$$3\ PbO + 3\ H_2O = 3\ PbO_2 + 6\ H^+ + 6\ e^° \tag{7.4}$$

Die Reaktion funktioniert also nur über Bleidioxid. Verwendet man platinierte Titananoden in den Chrombädern, muß man darauf achten, daß sich durch Zugabe von etwa 1 g Bleiazetat/l ein dünner Bleidioxidfilm auf der Platinoberfläche bildet, damit schon im Chrombad die III-VI-Umwandlung des Chroms abläuft. Man kann die III-VI-Umwandlung aber auch durch Elektrolyse außerhalb des Chrombades vornehmen und gleichzeitig mit einer Entfernung von Fremdmetallionen verbinden. Dazu teilt man eine Elektrolysezelle durch eine Kationenaustauschermembran (KAM). Als Anode verwendet man eine mit Bleidioxid überzogene Titan-Streckmetall-Elektrode. Als Katholyt wird verdünnte Schwefelsäure eingesetzt. Die Art der Kathode richtet sich nach der Art der Fremdmetallionen.

Bei der Abtrennung von Eisenionen entsteht im Katholyten eine Eisensulfatlösung, die periodisch entsorgt werden muß. Sind z.B. Nickel- oder Kupferionen zu entfernen, werden entsprechende Nickel- oder Kupferkathoden eingesetzt, die periodisch gewechselt werden müssen. Der Stromtransport erfolgt durch die Membran infolge der durchwandernden Kationen. Dies bedingt einen recht hohen inneren Widerstand der Zelle, so daß der Hauptenergieverbrauch auf die Abtrennung der Fremdkationen entfällt. Die Investitionskosten werden für eine Anlage mit einer Kapazität für 1000 g Cr^{3+}/h und einer Abtrennleistung von 100 g Fe^{3+}/h mit 1 Mio DM angegeben [129]. Da es unter Umständen an den Membranen zu pH-Verschiebungen und damit zu Hydroxidausscheidungen kommen kann, sind die Membranen als Verbrauchsmaterial anzusehen. Bild 7-36 zeigt das Verfahrensprinzip. Je kleiner der gewünschte Pegel an Fremdmetallionen im Chrombad ist, desto größer müssen die zu investierenden Anlagen werden. Dies gilt analog auch für den Chrom-III-Gehalt (Bild 7-38 und 39).

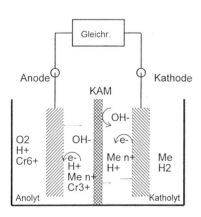

Bild 7-36: Chromsäureregenerierung in einer geteilten Elektrolysezelle [129]

Bild 7-37: Membraneinschübe mit Elektroden zur Chromsäurerückgewinnung [129]

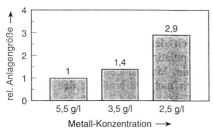

Relative Anlagengröße bei gleicher Anlagenleistung in Abhängigkeit vom Arbeitsbereich der Membranelektrolyse – Überführung der Metallionen von Anolyt in Katholyt bei kontinuierlichem Betrieb an einem Chrombad

Bild 7-38: Zusammenhang Anlagengröße-Metallkonzentration [129]

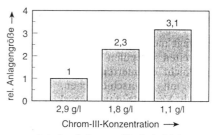

Relative Anlagengröße bei gleicher Anlagenleistung und kontinuierlichem Betrieb einer Membranelektrolysezelle bezogen auf die Cr^{3+}-Oxidation in Abhängigkeit von der Cr^{3+}-Konzentration im einem Chromsäureelektrolyten

Bild 7-39: Zusammenhang Anlagengröße-Chrom-III, Konzentration [129]

7.4.2 Andere galvanische Bäder

Im Normalfall einer galvanischen Schichtbildung werden lösliche Anoden verwendet. Durch Überschleppen mit der Werkstückoberfläche werden mindestens 0,1 l Aktivbadlösung/m² Oberfläche in die Spüle verschleppt [47]. Um den Metallverlust in Grenzen zu halten, verwendet man [159] als erstes Spülbad eine Standspüle (Bild 7-40), d.i. ein Spülbad, dessen Spülwasser keinen Zufluß hat sondern periodisch ausgetauscht wird. Im Standspülbad reichert sich das Metallsalz an. Danach wird vorgeschlagen, restliche Metallionen in einer Fließspüle abzuspülen, die Spülwässer einzudampfen und die Konzentrate (Sumpfprodukt der Eindampfung) über Ionenaustauscher zu entsorgen. Richtigerweise sollte man auf den Einsatz einer Standspüle überhaupt verzichten und das gesamte Spülwasser über Ionenaustauscher von Nickel befreien. Die schwefelsauren Eluate der Ionenaustauscher können dann weitgehend durch Elektrolyse von Schwermetallionen befreit werden. Nickel oder Zink können aus den Regeneraten (Eluaten) der Kationenaustauscher problemlos durch einfache Elektrolyse oder durch Elektrolyse in einer geteilten Elektrolysezelle abgeschieden werden [131, 132], weil diese Lösungen chloridfrei sind.

Tabelle 7-7 gibt die Stromausbeute und die Start- und Endkonzentrationen bei der elektrolytischen Nickelrückgewinnung nach [131] wieder. Zu dem dort aufgeführten Chemisch-Nickel muß angemerkt werden, daß in manchen Bädern der chemischen Nickelabscheidung starke Komplexbildner enthalten sind, die richtigerweise vor der Elektrolyse oxidativ zerstört werden sollten.

Tabelle 7-7: Nickelrückgewinnung durch Elektrolyse im Chargenbetrieb [131]

Basiselektrolyt	Startkonzentration in (g/l)	Endkonzentration in (g/l)	Stromausbeute	Elektrolysetyp
Wattsbad	13	1,8	67	Membranzelle
Wattsbad	13	0,3	45	Membranzelle
Wattsbad	3,5	0,3	25	Membranzelle
Ni-Sulfamat	3,5	0,3	60	Membranzelle
Ni-Sulfatbad	11	0,2	48	ungeteilte Zelle
Ni-Sulfateluat aus Ionenaustauscher	50	1-3	90	ungeteilte Zelle
Chemisch-Ni verschiedener Hersteller	5,5	0,5	30-70	ungeteilte Zelle

Besonders günstig ist bei dieser Betriebsweise, daß die zum Regenerieren des Kationenaustauschers eingesetzte Schwefelsäure durch Elektrolyse gereinigt und damit zurückgewonnen und im Kreislauf eingesetzt werden kann. Verwendet man eine Anionenaustauschermembran in einer geteilten Elektrolysezelle, so transportieren die Sulfationen den elektrischen Strom durch die Membran in den Anodenraum. Es entsteht keine Ansäuerung im Kathodenraum. Im Anodenraum dagegen steigt die Schwefelsäurekonzentration, und es kann eine reine Schwefelsäure zurückgewonnen werden. Bild 7-41 zeigt die Vorgänge in einer durch eine Anionenaustauschermembran geteilten Elektrolysezelle.

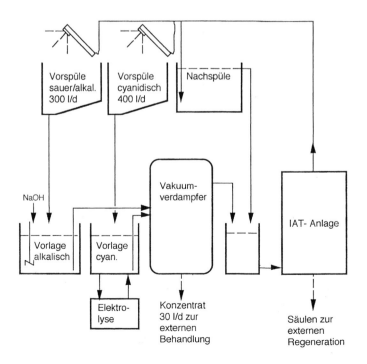

Bild 7-40:
„Abwasserfreie" handwerkliche Galvanik [159]

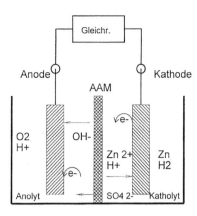

Bild 7-41:
Zinkrückgewinnung aus sulfathaltigem Elektrolyten in einer durch eine Anionenaustauscher-Membran (AAM) geteilten Elektrolysezelle [132]

Bei „Chemisch-Nickelbädern" sind Regenerierversuche unternommen worden, scheiterten jedoch letztlich an der Frage der Wirtschaftlichkeit. „Chemisch-Nickelbäder" müssen auf Grund des anwachsenden Gehaltes an Phosphit im Bad nach einiger Zeit entsorgt werden.

7.4.3 Recycling beim Gleitschleifen und Strahlen

Gleitschleifen ist ein mechanischer Bearbeitungsvorgang, bei dem man das zu bearbeitende Werkstück mit Schleifkörpern mischt und diese Mischung zur intensiven Umwälzung bringt. Dabei wird dieser Mischung eine wäßrige Lösung zugesetzt, die korrosionsschützende und den Schleifvorgang fördernde Inhaltsstoffe besitzt und dazu dient, den erzeugten Abrieb auszutragen.

Strahlen, die mechanische Bearbeitung einer Oberfläche durch Beschuß mit abrasiven Körnern, erzeugt Abrieb an Werkstück und Strahlmittel, wodurch ein mit anorganischen und gegebenenfalls organischen (Lacke, Fette etc.) Bestandteilen verunreinigtes Strahlmittel entsteht.

Zur Regenerierung von Strahlmitteln ist die Siebung oder Sichtung die Normalform der Technik. Feinstmaterial, Bruchkorn etc. können so vom brauchbaren Strahlmittel entfernt werden. Es verbleiben auf dem Strahlmittel dann organische Reste, die eine thermische Nachreinigung des Strahlmittels gegebenenfalls notwendig machen. Gebrauchte Schmelzkammerschlacken werden z.B. zentral entstaubt, thermisch oxidativ behandelt und durch Siebung reklassiert [133].

Gleitschleifabwässer sind chemikalienhaltige Lösungen, die man zunächst über Ultra- oder Mikrofiltration reinigte. Dabei ist der Aufkonzentrierungsgrad auf etwa 20% begrenzt, d.h. trotz Einsatz der Membrantechnologie muß ein meßbarer Anteil der Gleitschleiflösung verworfen werden. Der Abrieb beim Gleitschleifen ist jedoch meist metallischer oder oxidischer Natur und somit spezifisch schwerer als Wasser. Es hat sich daher bewährt, diesen Abrieb durch Einsatz kontinuierlich durchströmter Zentrifugen abzutrennen. Die Entnahme des abgeschiedenen Feststoffs erfolgt periodisch bei Stillstand der Zentrifuge, so daß praktisch keine Gleitschleiflösung verloren gehen kann. Eine geeignete Zentrifuge ist zum Beispiel die in Bild 7-29 gezeigte Zentrifuge mit Wechseleinsatz.

7.5 Recycling beim Phosphatieren und Chromatieren

Phosphatieren ist ein wichtiger Vorbehandlungsschritt vor dem Lackieren oder vor Umformarbeiten wie Drahtziehen etc. Phosphatierbäder bilden dabei Schlamm, der aus der chemischen Reaktion mit dem Werkstoff Eisen entsteht. Um die Bäder in Betrieb halten zu können, muß die Schlammenge im Bad in Grenzen gehalten werden. Zur Schlammentfernung werden seit langer Zeit Filter eingesetzt, weil man nach Möglichkeit die wertvolle und teilweise giftige Phosphatierchemikalie im Betrieb halten will. Bevorzugt eingesetzt werden dabei mit Filterpapier bedeckte Endlosbandfilter, bei denen ein endlos umlaufendes Metallgewebe kontinuierlich mit Filterpapier belegt wird. Es entsteht viel Papier mit wenig Schlamm belegt.

Um die dadurch entstehende große Abfallmenge (vorwiegend Papier) zu vermeiden, kann man Tellerseparatoren einsetzen. Verwendet man selbstentschlammende Separatoren, ist der Prozeß automatisierbar. Zu beachten ist, daß bei vollautomatischer Entleerung des Tellerseparators regelmäßig der gesamte Inhalt des Separators in die Abwasseranlage gegeben wird, so daß es sehr darauf ankommt, den Entleerungszyklus zu optimieren. Da der Schlamm aus Eisenphosphat besteht und eine Dichte von 2,87 g/cm^3 besitzt, muß die beim Auswurf vorhandene kinetische Energie durch Ansetzen eines kleinen Hydrozyklons abgebremst werden. Die In-Process-Entschlammung der Zinkphosphatierung in einem Automobilwerk zeigt Bild 7-43. Normalerweise ist die Standzeit eines Phosphatierbades sehr lang. Sollte das Bad einmal verworfen werden müssen, so muß der Zinkgehalt durch Ausarbeiten bis auf < 1 g/l abgesenkt werden. Ebenso wird der eingesetzte Beschleuniger unter die Nachweisgrenze abgearbeitet. Das Bad wird danach neutralisiert, wodurch die enthaltenen Phosphate (praktisch ausschließlich Eisenphosphat) als schwerlösliche Niederschläge ausfallen.

Chromatierungen dienen dem Korrosionsschutz und der Vorbehandlung von Aluminium- und Zinkwerkstoffen vor dem Lackieren. Chromatierlösungen enthalten im Wesentlichen verdünnte Chromsäure, Salpetersäure, Phosphorsäure, eventuell Salzsäure, je nach Art der Chromatierung in manchen Fällen zusätzliche Kationen. Chromatierbäder werden durch eingeschleppte Ionen und Ionen des Werkstoffs im Laufe der Zeit verunreinigt, so daß bislang eine Badentsorgung notwendig wurde. Man kann die Badentsorgung vermeiden, wenn man die Chromatierlösung über einen Kationenaustauscher leitet, der mit verdünnter Salpetersäure wieder regeneriert werden kann. Man gewinnt dann die saure Chromatierlösung zurück und muß nur bei seltener angewendeten Chromatierverfahren (z.B. Schwarzchromatierung) Zusätze nachstellen.

Auch die Membranelektrolyse kann bei Chromatierbädern zur Badpflege eingesetzt werden [160]. Man verwendet eine durch eine Kationenaustauscher-Membran geteilte Elektrolysezelle und leitet die Prozeßlösung in den Anolytenraum. Dort werden Chrom-III-Verbindungen anodisch zu Chrom-VI-Verbindungen oxidiert. Alle anderen Kationen wandern durch die Membran und können getrennt weiterbehandelt werden (Bild 7-42).

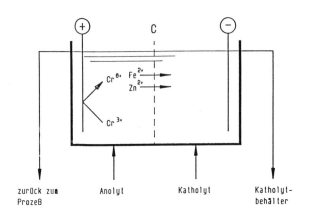

Bild 7-42:
Badpflege für ein Chromatierbad
[160]

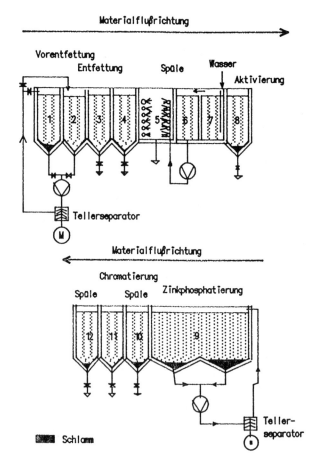

Bild 7-43:
Vorbehandlung in einem
Karosseriewerk

7.6 Reinigungsbäder

In-Process-Recycling von Reinigungsbädern bedeutet, daß man innerhalb des Reinigungsprozesses durch technische Maßnahmen dafür Sorge trägt, daß alle eingeschleppten Öle, Fette, Rost-, Abrieb- und Schmutzpartikel aus dem Prozess wieder entfernt werden, wenn sie von der Werkstückoberfläche abgelöst worden sind. Erste Ansätze dazu waren in deutschen Betrieben schon Ende der sechziger Jahre zu beobachten. Man versuchte damals, durch Überführen der Badoberfläche über einen Überlauf in einen Ölabscheider aufgerahmte Öle aus dem Reinigungsprozeß zu entfernen.

Da das Aufrahmen von Ölen nicht mit genügender Geschwindigkeit erfolgt, wenn der Reiniger wirksame Tenside enthält, ging man dazu über, Reiniger ohne Tenside zu verwenden. Dies war eine dauernde Quelle von Betriebsstörungen, weil sich die Befettungen mit jedem Blecheinkauf ändern, und weil schon der geringste Bedienungsfehler zur Ansammlung von Öl auf der Badoberfläche führte.

Mitte der siebziger Jahre wurden erste Anlagen mit einer Ultrafiltration ausgerüstet. Da die in den Reinigern enthaltenen Tenside zu einem mehr oder weniger großen Teil im Retentat der Ultrafiltration [47] zurückgehalten werden, teilweise sogar eine gewisse Fraktionierung der Tenside erfolgte, weil der großmolekulare Anteil im Retentat, der kleinmolekulare Anteil im Permeat verblieb, führten diese Anlagen zu einer Veränderung des Reinigungsvermögens der Reiniger. Bedeutungsvoller jedoch war, daß eine Vielzahl von Fetten, die beim Umformen verwendet wurden, mit dem Kunststoff der Membran reagierten, wodurch schon nach kurzer Zeit die wirksame Filterfläche der Ultrafiltration halbiert wurde. Deutliche Vorteile bringen die neu entwickelten keramischen Membranen, die pH-stabiler und mechanisch widerstandsfähiger als Kunststoffmembranen [161] sind. Aber auch diese Membranen zeigen eine teilweise Mitabtrennung der Inhaltsstoffe des Reinigerbades (Bild 7-44).

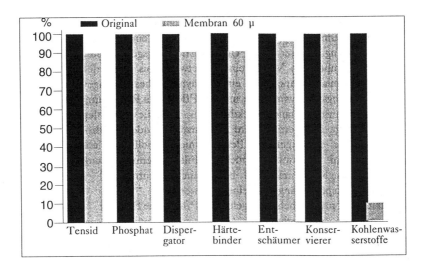

Bild 7-44: Änderung der Badzusammensetzung eines Reinigungsbades durch Ultrafiltration [161]

Tabelle 7-8: Wirtschaftlichkeit des Einsatzes eines Tellerseparators nach [30]

Anlagenparameter	Badinhalt	Temperatur	Behandlungszeit
Bad 1	2,78 m³	80°C	7,5 min.
Bad 2	2,78 m³	80°C	7,5 min.
Ansatzkonzentration	vorher	nachher	Produkt
Bad 1	5 Gew.%	3 Gew.%	Reinigungskonzentrat
Bad 2	3 Gew.%	3 Gew.%	Reinigungskonzentrat
Badwechsel bei	Bad 1		Bad 2
	1 x wöchentlich		1 x in 6 Wochen
Badregenerierung	keine		mit Tellerseparator
Investitionskosten für gebrauchten Tellerseparator	keine		35 000.- DM
Blechdurchsatz:	4000 m²/Tag		4000 m²/Tag

Berechnungen:

Jahresarbeitszeit	220 Arbeitstage	220 Arbeitstage
Jahresansatzvolumen		
Bad 1	122,3 m³	20,4 m³
Bad 2	122,3 m³	20,4 m³
Produktverbrauch für Neuansatz		
Bad 1	6116 kg/a	612 kg/a*
Bad 2	3669 kg/a	612 kg/a*
Nachschärfmenge für		
Bad 1	5500 kg/a	
Bad 2	1540 kg/a*	
Kostenrechnung:	Bad 1	Bad 2
Kosten für Reinigungschemikalien	44 479,- DM/a	9168,- DM/a
Entsorgungskosten **	734,- DM/a	122,- DM/a
Stromkosten für Badrecycling	keine	634.- DM/a (3522 KWh)
Betriebs- und Wartungskosten sonstiger Art für das Badrecycling	keine	3080.- DM/a
Totalkosten	45 213,- DM/a	13 004,- DM/a
Kosten je 1000 m² Blech	51,38 DM	14,78 DM

* Es wurden hier separatortaugliche Produkte eingesetzt
** Es wurden 3.- DM/m³ Abgaben angesetzt

Mitte der achtziger Jahre wurden erstmals Zentrifugen zum internen Badrecycling eingesetzt [47]. Unter den möglichen Zentrifugensystemen wurde ein Tellerseparator ausgesucht. Da auch in Zentrifugen nicht jeder Reiniger stabil ist, wurden spezielle Phosphatreiniger ausgewählt, die sich als zentrifugenfest erwiesen. Ferner wurden für spezielle Anwendungsfälle Zentrifugaldekanter erfolgreich erprobt. Der Einsatz von Tellerseparatoren erwies sich als wirtschaftlich. In Tabelle 7-8 sind die wirtschaftlichen Daten aus einem metallverarbeitenden Betrieb aufgeführt [134, 47].

In neuerer Zeit wurden vermehrt Skimmer und Ringkammerentöler zum In-Process-Recycling eingesetzt, deren Wirksamkeit als Entöler jedoch ein stets genaues Abstimmen zwischen Reiniger und Befettung erforderlich macht, um die Abscheidbarkeit zu garantieren. Insbesondere für Lohnbeschichter sind derartige Ersatzlösungen nicht geeignet.

Zur Behandlung von stark oxidierenden, alkalischen Permanganatentfettungen, wie sie in der Drahtindustrie verwendet werden, können keramische Kerzenfilter eingesetzt werden. In diesen Bädern werden organische Materialien wie Öle und Fette oxidativ durch das Permanganat entfernt, wobei Braunstein entsteht, der als Schwebstoff das Bad verunreinigt. Braunstein hat ein hohes spezifisches Gewicht und kann daher auch in Schlammabsetzern gesammelt werden, wenn eine Beruhigungszone vorhanden ist. Bei Kerzenfiltern, die mit Drücken bis 10 bar betrieben werden, sammelt sich der schwere Filterkuchen auf dem Boden des Filterbehälters, wo er entnommen werden kann.

Trotz aller Fortschritte in der wäßrigen Reinigung ist die Reinigung mit Lösemitteln in Gebrauch. Während halogenierte Lösemittel weitgehend verschwunden sind, werden brennbare Lösemittel, überwiegend mit hohem Flammpunkt der Klasse A III, weiterhin eingesetzt. In allen Fällen ist die Verwendung in geschlossenen Anlagen vorzusehen. Als Lösemittel kommen verschiedene Produkte in Betracht. In Reinigungsanlagen, die zur Teilereinigung eingesetzt werden, wird die Lösemittelrückgewinnung in die Anlage integriert. Bei anderen Reinigungsanlagen wie z.B. solchen für Container (Farbcontainer etc.) sind die zu reinigenden Gegenstände für einen geschlossenen Betrieb zu groß. Man muß daher das Lösemittel oder Lösemittelgemisch auffangen und getrennt destillieren. Da die verwendeten Lösemittel solche mit höherem Flammpunkt der Klasse A III sind, muß die Rückgewinnung günstigerweise unter Vakuum destillativ erfolgen (Bild 7-45). Günstig wird hierzu ein im Vakuum betriebener Rührblasenverdampfer eingesetzt, der mit einem an den Wänden umlaufenden Abstreifer versehen ist, um das Sumpfprodukt in der Destillationsblase, das mit steigender Konzentration immer zähflüssiger wird, vor Überhitzung und Zersetzung zu schützen. Erhitzt wird die mit einem Rührer ausgerüstete Rührblase durch Beheizung mit Thermoöl oder Dampf über einen Doppelmantel. Destilliert wird, bis das Sumpfprodukt eine vorgegebene Viskosität erreicht hat. Die Anlage kann auch als kontinuierlich arbeitende Anlage betrieben werden. Tabelle 7-9 zeigt die Wirtschaftlichkeit des Verfahrens.

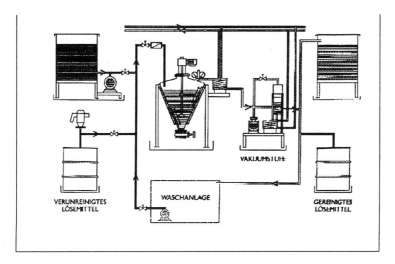

Bild 7-45: Vakuum-Destillationsanlage mit Rührblasenverdampfer [135]

Die Reinigung von Oberflächen von anhaftendem Wasser kann man ebenfalls unter dem Begriff Reinigung oder Trocknung verstehen. In diesem Fall wird die Oberfläche mit Isopropanol gewaschen und getrocknet. Isopropanol ist mit Wasser vollständig mischbar. Das wasserhaltige Lösemittel wird unter Normaldruck bei etwa 82 °C verdampft. Der Dampf durchläuft einen mit Membranmodulen bestückten Behälter, wobei die Wassermoleküle die Membran infolge einer Diffusion durchdringen, die Isopropanol-Moleküle jedoch zurückgehalten werden. Die Permeatseite der Membran steht unter Vakuum, so daß durchtretende Wassermoleküle sofort abgesaugt werden. Nach Kondensation der Dämpfe entsteht ein durch die Membran hindurchgetretenes Permeat aus Wasser und ein Retentat aus Isopropanol, das dem Prozeß wieder zugeführt werden kann. Dieses Verfahren bezeichnet man als „Pervaporation". Die Membran kann als Flachmembran oder Wickelmembran ausgeführt werden.

Tabelle 7-9: Wirtschaftlichkeitsberechnung zur Lösemittelrückgewinnung durch Vakuumdestillation [135]

Das Ziel: „Minimierung der jetzigen Entsorgungskosten"			
Vereinfachtes Beispiel einer Wirtschaftlichkeitsberechnung			
1. Bisherige Kosten (ohne eigene Aufbereitung)			
Entsorgung bei ca. 1 Tonne Lösemittel/Woche (1,50 DM/l)		=	1500 DM
Lösemitteleinkauf ca. 1 t/Woche (1,80 DM/l)		=	1800 DM
2. Kosten (bei eigener Aufbereitung)			
Beispiel für 1000 Liter Lösemittelgemisch mit ca. 10% Feststoffanteil (Lackreste)			
Energieeinsatz	300 kWh × 0,23 DM/kWh	=	69,00 DM
Kühlwasserverbrauch	10 m³ × 2,10 DM/m³	=	21,00 DM
Rückstandsentsorgung 20%	200 l × 1,50 DM/l	=	300,00 DM
Wiederauffüllen mit 20% LM	200 l × 1,80 DM/l	=	360,00 DM
Aufwand pro Tonne LM		=	750,00 DM/t
3. Einsparung gegenüber Entsorgung als Sondermüll		=	2550,00 DM/t
4. Investitionskosten Bsp.		=	40000,00 DM
5. Amortisation			
40000 DM Anschaffungskosten: 2550 DM Einsparung/t		=	15,68 t (Wochen)

Verwendet man zur letzten Spülung einer Oberfläche vollentsalztes Wasser, so kann man Oberflächen bekommen, die fleckenfrei getrocknet sind. Für das Membranmodul werden Lebensdauern von mindestens 2 Jahren angegeben [136]. Bild 7-46 zeigt das Verfahrensfließbild einer Pervaporationsanlage. Als zentrale Einheit enthält diese Anlage eine Vielzahl an Modulen (Bild 7-47), die in dichter Packung zu einem Modulpaket verschraubt wurden (Bild 7-48). Das Modulpaket kann unterschiedliche Form besitzen. Die einzelnen Modulplatten sind gegeneinander abgedichtet und werden durch Distanzhalter auf Abstand gehalten.

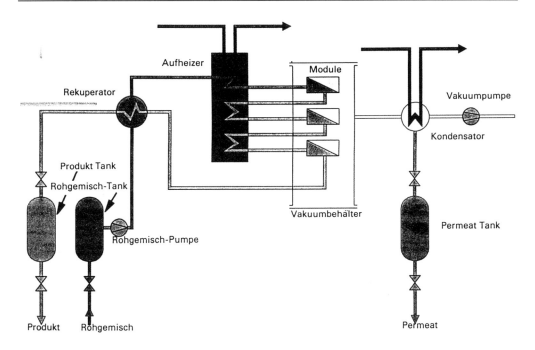

Bild 7-46: Verfahrensfließbild einer Pervaporationsanlage [136]

Bild 7-47: Aufbau eines Pervaporationsmoduls [138]

8 Weitere Umweltaspekte

Innerbetriebliches Lagerwesen, Abfallwirtschaft und weitere sich in ständigem Fluß befindliche gesetzgeberische Maßnahmen sollen nur am Rande behandelt werden. Intensivere Bearbeitung übersteigt den Umfang und das Ziel dieses Buches. Ein Wort sollte jedoch zum Problem Lagern der Hilfs- und Verbrauchsstoffe, wohin mit nicht vermeidbaren Abfällen und zum Thema Umweltmanagement geschrieben werden.

8.1 Innerbetriebliches Lagerwesen

Bei der Planung von Gefahrstofflagern lassen sich Kosten sparen, wenn man auf schlüsselfertig angebotene Systeme zurückgreift und eine individuelle Planung umgeht. Vom Lager darf weder im Falle einer Leckage noch dem eines Brandes eine Gefahr für die Umwelt ausgehen. Die wichtigsten gesetzlichen Regelungen, die bei der Planung eines Gefahrstofflagers zu beachten sind, enthält Bild 8-1. Die wichtigsten Regelungen sind dabei das Wasserhaushaltsgesetz (WHG), die Verordnung zur Lagerung, Abfüllung und Beförderung brennbarer Flüssigkeiten (VbF), Technische Regeln für brennbare Flüssigkeiten (TRbF), Technische Regeln für Gefahrstoffe (TRGS), TRGS 514 für die Lagerung giftiger oder sehr giftiger Stoffe und gegebenenfalls TRGS 515 für die Lagerung brandfördernder Stoffe. Fragen des innerbetrieblichen Lagerwesens sind in metallverarbeitenden Betrieben von unterschiedlicher Bedeutung. Werden in diesem Betrieb nur Halbzeuge gefertigt, ist das Lagerproblem weniger bedeutsam, als wenn im Betrieb viele unterschiedliche Farben beim Lackieren und galvanische Produkte aller Art beim Galvanisieren eingesetzt werden. Für eine derartige Vielfalt an Lagerprodukten wie Laugen, Säuren, Lacke und Verdünner, Öle und Fette, galvanotechnische Produkte, Vorbehandlungschemikalien und Brennstoffe, die im allgemeinen nur in Kleingebinden bis hin zum 1000 l Container oder einem 1000 kg Big Bag geliefert werden, bieten fertige Lagersysteme wie das in Bild 8-2 gezeigte eine preiswerte und schnell zu errichtende Lösung. Außer Säuren und Laugen werden nur Brennstoffe in den Betrieben in größerer Menge gelagert.

Beim Einlagern von Chemikalien sind die Wassergefährdungsklasse und die Lagerklasse der Produkte zu beachten. Die Wassergefährdung durch ein Produkt wird durch Einordnen in die WGK-Gruppe 0 bis 3 beschrieben. WGK 0 beinhaltet nicht wassergefährdende Stoffe, WGK 1 schwach wassergefährdende Stoffe, WGK 2 wassergefährdende Stoffe und WGK 3 stark wassergefährdende Stoffe. Stoffe der Gruppe WGK 0 können in Abhängigkeit von den örtlichen Gegebenheiten manchmal auch wie wassergefährdende Stoffe behandelt werden (Trinkwassereinzugsgebiet). Die Art der Eingruppierung muß dem Bezieher vom Lieferanten mitgeteilt werden. Allgemein gelten Säuren, Laugen, Beizsalze, Mineralöle sowie deren Produkte, Lacklösemittel und -verdünner sowie Gifte als wassergefährdend. Alle Chemikalien sind in einer Liste aufgeführt, in der ihnen eine Kenn-Nummer und die Einstufung nach WGK zugeteilt werden.

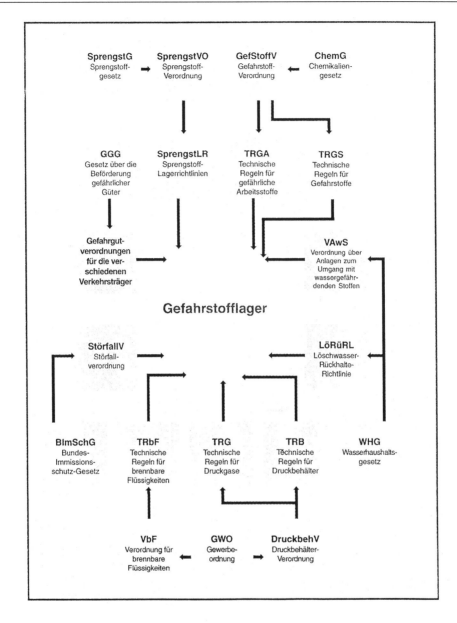

Bild 8-1: Die wichtigsten gesetzlichen Regelungen zur Planung eines Gefahrstofflagers [142]

Gemische sollen grundsätzlich anhand von Testergebnissen eingestuft werden. Wäßrige Lösungen werden vorwiegend nach der Teilkomponente mit der höchsten WGK eingestuft. Dieses Verfahren kann auch für Gemische angewendet werden.

Vorschriften, die für die einzelnen WGK-Klasse gelten, müssen beim Abfüllen, Lagern, Herstellen, Behandeln, Verwenden und Transport beachtet werden. Kurzfristiges Bereitstellen für den Transport gilt nicht als Lagern.

Bei den innerbetrieblichen Anlagen unterscheidet man zwei Anlagengruppen: LAU-Anlagen sind Anlagen zum Lagern, Abfüllen oder Umschlagen wassergefährdender Stoffe. HBV-

Anlagen sind solche zum Herstellen, Behandeln und Verwenden wassergefährdender Stoffe. Als allgemein anerkannte Regeln der Technik gelten insbesondere technische Vorschriften und Baubestimmungen, die durch die zuständigen Behörden öffentlich bekannt gemacht werden, z.B. Normen nach DIN.

Bild 8-2:
Sicherheitslager, System
Dyckerhoff & Widmann
[142]

Zu den HBV-Anlagen gehören zum Beispiel die Produktionsanlagen zur Oberflächenbehandlung von Werkstücken und die Vorratslager. Für Behandlungsanlagen und Lager gilt daher die Mindestforderung, daß Auffangräume dafür geschaffen werden müssen, die so bemessen sein sollen, daß sie im Schadensfall das Badvolumen aufnehmen können. Lagern mehrere Behälter in einer Auffangwanne, muß der Rauminhalt des größten Behälters oder mindestens 10 % des Lagervolumens in der Auffangwanne Platz haben. In Trinkwasserschutzgebieten ist die Forderung strenger. Dort müssen Auffangwannen den gesamten Lagerinhalt aufnehmen können.

Auffangräume dürfen grundsätzlich keine Abläufe haben, damit kein unkontrollierter Flüssigkeitsaustritt entsteht.

Der Anforderungskatalog zum Bau von Lagern wurde 1984 von der Länder-Arbeitsgemeinschaft-Wasser (LAWA) erarbeitet. Dieser Anforderungskatalog muß bei der Errichtung eines Lagers berücksichtigt werden. Die LAWA verabschiedete 1988 auch einen Anforderungskatalog für Umschlags- und Abfüllplätze.

Die Stoffe werden ferner nach Lagerklassen eingruppiert. Für die metallverarbeitende Industrie kommen im Wesentlichen LGK 8 (ätzende Stoffe), LGK 6.1 (giftige Stoffe) und im Falle der Verwendung von Lösemitteln LGK 10 (brennbare Flüssigkeiten) zur Anwendung [139].

Beachtet werden muß, daß jeder Betrieb heute für Auffangbecken für Löschwasser Sorge tragen muß. In Galvanikbetrieben werden Schäden durch Autreten von Schwermetallsalzlösungen etc. dadurch eingegrenzt. Entwürfe für vorbildliche Lagerhaltung veröffentlichte [140]. Danach sind getrennte Lagerräume für basisch ätzende, sauer ätzende und brennbare Stoffe vorzusehen.

Für die Gesamtabsicherung eines Werkes sind nicht nur die Lagerflächen, sondern auch der Anlieferbereich und die einzelnen Produktionsbereiche über Auffangräume abzusichern. Für den Katastrophenfall müssen Überläufe in ein ausreichend dimensioniertes Löschwasser-Rückhaltebecken vorgesehen werden.

8.2 Abfallbeseitigung

Abfälle sind bewegliche Sachen, deren sich ihr Besitzer entledigt, entledigen will oder entledigen muß. Eine Entledigung liegt vor, wenn der Besitzer die Sache einer Verwertung beziehungsweise einer Beseitigung zuführt oder die tatsächliche Sachherrschaft ohne Zweckbestimmung aufgibt [144].

Das Kreislaufwirtschaftsgesetz unterscheidet Verwertung und Beseitigung (Bild 8-3). Erstmalig zum 31.12.1999 müssen die Betriebe folgende Informationen abgeben [144]:

– Angaben über Art, Menge und Verbleib von besonders überwachungsbedürftigen Abfällen zur Verwertung beziehungsweise zur Beseitigung.

– Darstellung der getroffenen und geplanten Maßnahmen zur Vermeidung, Verwertung und Beseitigung von Abfällen.

– Darlegung der Entsorgungswege der nächsten 5 Jahre „Konzeptzeitraum"

Obgleich es das Ansinnen des Buchs ist, die Möglichkeiten zur Abfallvermeidung aufzuzeigen, entstehen doch selbst im vorbildlichsten Betrieb Abfälle. Alle entstehenden Abfälle sollten sortenrein gesammelt und getrennt aufbewahrt werden.

Alle Abfallstoffe sind in einem Abfallkatalog [141] erfaßt und können mit einer Nummer, dem Abfallschlüssel, versehen werden. Die TA Abfall [141] gibt Entsorgungshinweise, d.h., Hinweise, welche Entsorgungsform angeraten ist. Wie man am Beispiel eines Lackierbetriebes erkennt, sind die in einem solchen Betrieb auftretenden Sonderabfälle sehr zahlreich (Bild 8-4). Dazu kommen noch weitere Gewerbeabfälle (Bild 8-5) [143]. Für die fachgerechte Entsorgung gibt es Spezialfirmen, die in einschlägigen Listen erfaßt werden. Diese Listen werden jährlich neu aufgelegt und ergänzt. Kein Betrieb sollte sich auf Billiganbieter einlassen. Man sollte stets eine der dafür zugelassenen Firmen kontaktieren.

Bild 8-3:
Abfallverwertung/
Abfallvermeidung [144]

Klassifizierung der in einem Lackierbetrieb auftretenden Gewerbeabfälle	
Abfallschl.-Nr.	Abfallart
18702	Verunreinigte Zellstofftücher
18708	Verunreinigtes Verpackungsmaterial
31402	Strahlsand
31408	Glasabfälle
31444	Schleifmittel
35103	Schrott
35106	Metallemballagen, -behältnisse
35322	Bleiakkumulatoren
55501	Lackierereiabfälle
57118	Kunststoffemballagen
57119	Verunreinigte Kunststoffolien
57501	Gummiabfälle
91201	Verpackungsmaterial und Kartonagen
-	Papier aus dem Büro
-	Karosserieteile aus Kunststoff

Bild 8-4:
Im Lackierbetrieb anfallende Gewerbeabfälle [143]

Die billigste Form der Entsorgung fester Abfälle ist die oberirdische Deponie. Dazu muß vom Betrieb der Nachweis über die Einhaltung vorgeschriebener Zuordnungswerte (Tabelle 8-1) erbracht werden. Diese Untersuchung, die nicht bei jedem Anfall einer Deponierung des gleichen Abfalls erbracht werden muß, sollte von einschlägigen Fachinstituten durchgeführt werden. Anschließend muß die Entsorgung beantragt und ein Entsorgungsnachweis (Bild 8-6) geführt werden. Die Abfälle sollten dahingehend überprüft werden, inwieweit eine Wiederverwertung im eigenen oder in einem anderen Betrieb erfolgen kann. Man kann z.B. zur Entsorgung eines chemisch Nickel-Bades so vorgehen, daß man dieses Bad getrennt aufarbeitet und einen reinen Nickel-Hydroxid-Schlamm ausfällt. Nach Trocknen dieses Schlamms mit Abwärme ist dieser an Nickelhersteller verkäuflich. Wichtig ist, daß keine Fremdmetalle in den Schlamm geraten. Ebenso kann man ein chemisch Kupfer-Bad dadurch entsorgen, daß man zunächst die Komplexbildner zerstört und anschließend Kupfer durch Elektrolyse abscheidet.

Klassifizierung der in einem Lackierbetrieb auftretenden Sonderabfälle			
Abfallschl.-Nr.	Bezeichnung aus der TA Abfall /7/	Entsorgungshinweise n. TA Abfall	Besondere Bestimmungen, die beachtet werden müssen
18710	Papierfilter mit schädlichen Verunreinigungen, vorwiegend organisch	HMV, SAV	
31440	Strahlmittelrückstände mit schädlichen Verunreinigungen	HMD, SAD, UTD, Monodeponie	
35106	Eisenmetallbehältnisse mit schädlichen Restinhalten	SAV, SAD	
52101	Akkusäuren	CPB	
52102	Anorganische Säuren, Säuregemische und Beizen	CPB	
52402	Laugen, Laugengemische und Beizen	CPB	
54104	Verunreinigte Kraftstoffe (Benzine)	CPB, SAV	Spezialregelung
54112	Verbrennungsmotoren- und Getriebeöle	CPB, SAV	(Altölverordnung) /8/
54202	Fettabfälle	SAV	
54209	Feste fett- und ölverschmierte Betriebsmittel	HMV, SAV	
54405	Kompressorenkondensate	CPB, SAV	
54406	Wachsemulsionen	CPB, SAV	
54701	Sandfangrückstände	CPB, SAV, HMD	Spezialregelung
54702	Öl- und Benzinabscheiderinhalte	CPB, SAV	(Altölverordnung) /8/
54710	Schleifschlamm, ölhaltig	SAV, SAD	
55220	Lösemittelgemische, halogenierte organische Lösemittel enthaltend	SAV	Verordnung über die Entsorgung gebrauchter halogenierter Lösemittel
55303	Ethylenglykole	SAV	
55356	Glykolether	SAV	
55357	Kaltreiniger, frei von halogenierten organischen Lösemitteln	SAV	
55370	Lösemittelgemische ohne halogenierte organische Lösemittel	SAV	
55503	Lack- und Farbschlamm	HMV, SAV	
55512	Altlacke, Altfarben, nicht ausgehärtet	SAV	
55907	Kitt- und Spachtelmassen, nicht ausgehärtet	SAV	
57127	Kunststoffbehältnisse mit schädlichen Restinhalten	SAV	
58201	Filtertücher und Filtersäcke (textil) mit schädlichen Verunreinigungen, vorwiegend organisch	SAD	
59703	Destillationsrückstände, lösemittelhaltig (ohne halogenierte organische Lösemittel)	SAV	
HMV = Hausmüllverbrennung SAV = Sonderabfallverbrennung HMD = Hausmülldeponie		SAD = Sonderabfalldeponie UTD = Untertagedeponie CPB = Chemisch-/physikalische Behandlung	

Bild 8-5: Sonderabfälle in einem Lackierbetrieb [143]

Schlämme aus Eisenphosphatieranlagen werden in manchen Ländern Europas als Düngemittel in der Landwirtschaft eingesetzt. Deshalb sollte darauf geachtet werden, daß in diesen Schlämmen keine Fremdmetalle enthalten sind, die die Verwertung stören.

Tabelle 8-1: Anhang D der TA Abfall. Zuordnungswerte für eine oberirdische Deponierung des Abfalls [141]

Nr.	Parameter[1]	Zuordnungswert	
D1	**Festigkeit[2]**		
D1.01	**Flügelscherfestigkeit**	≥ 25	**kN/m²**
D1.02	**Axiale Verformung**	≤ 20	**%**
D1.03	**Einaxiale Druckfestigkeit (Fließwert)**	≥ 50	**kN/m²**
D2	**Glühverlust des Trockenrückstandes der Originalsubstanz**	≤ 10	**Gew.-%**
D3	**Extrahierbare lipophile Stoffe**	≤ 4	**Gew.-%**
D4	**Eluatkriterien**		
D4.01	**pH-Wert**	$4-13$	
D4.02	**Leitfähigkeit**	$\leq 100\,000$	**µS/cm**
D4.03	**TOC**	≤ 200	**mg/l**
D4.04	**Phenole**	≤ 100	**mg/l**
D4.05	**Arsen**	≤ 1	**mg/l**
D4.06	**Blei**	≤ 2	**mg/l**
D4.07	**Cadmium**	$\leq 0,5$	**mg/l**
D4.08	**Chrom-VI**	$\leq 0,5$	**mg/l**
D4.09	**Kupfer**	≤ 10	**mg/l**
D4.10	**Nickel**	≤ 2	**mg/l**
D4.11	**Quecksilber**	$\leq 0,1$	**mg/l**
D4.12	**Zink**	≤ 10	**mg/l**
D4.13	**Fluorid**	≤ 50	**mg/l**
D4.14	**Ammonium**	$\leq 1\,000$	**mg/l**
D4.15	**Chlorid**	$\leq 10\,000$	**mg/l**
D4.16	**Cyanide, leicht freisetzbar**	≤ 1	**mg/l**
D4.17	**Sulfat**	$\leq 5\,000$	**mg/l**
D4.18	**Nitrit**	≤ 30	**mg/l**
D4.19	**AOX**	≤ 3	**mg/l**
D4.20	**Wasserlöslicher Anteil**	≤ 10	**Gew.-%**

Das größte Problem bei der Abfallentsorgung von Lackieranlagen ist die Entsorgung des bei der Koagulation der Lacke anfallenden Lackschlamms. Dieses Problem tritt insbesondere bei der Verwendung von lösemittelhaltigen Lacken auf, bei denen vielfach kein In-Process-Recycling der Lacke vorgesehen wird, weil die Farbenvielfalt dies nicht erlaubt. Für große Lackverbraucher wurde daher ein Konzept bekannt, bei dem der Lackschlamm thermisch in Feststoff, wäßrige Phase und Lösemittelphase zerlegt wird. Für die flüssigen Abfallstoffe kann dann eine thermische Verwertung vorgesehen werden. Für die festen Abfallstoffe wird außer der thermischen Verwertung ein Einsatz als Füllstoff in verschiedenen Anwendungen vorgesehen (Bild 8-6 und 8-7) [145]. Die zur Durchführung einer Entsorgung notwendigen Papiere sind bei den Entsorgungsbehörden erhältlich. Es muß den Behörden klar gemacht werden, daß eine Entsorgung der einzige Ausweg zur Lösung des Problems ist.

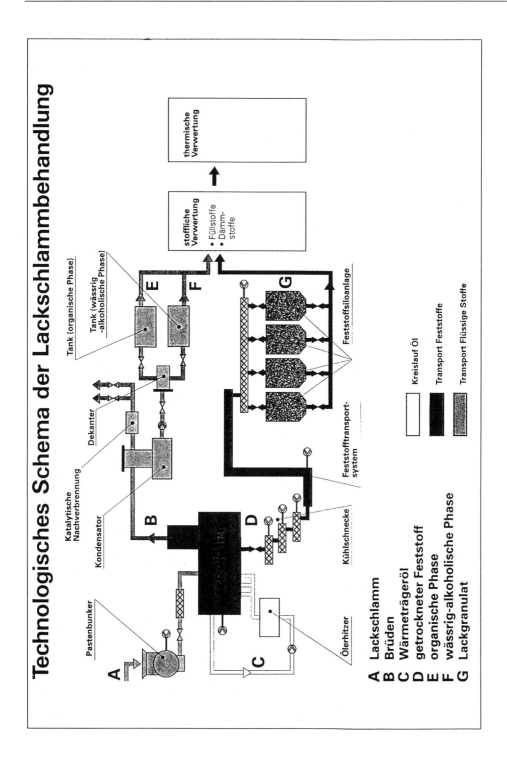

Bild 8-6: Stoffliche Verwertung von getrocknetem Lackschlamm [145]

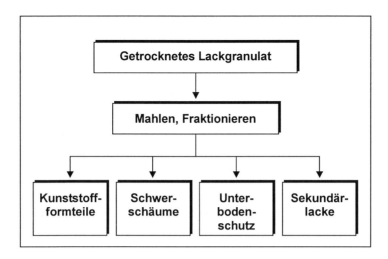

Bild 8-7: Lackschlammbehandlung [145]

8.3 Öko-Audit – DIN/ISO 14001 ff

Die Verordnung des Rates über die freiwillige Beteiligung gewerblicher Unternehmen an einem Gemeinschaftssystem für das Umweltmanagement und die Umweltbetriebsprüfung (Verordnung Nr. 1836/93/EWG), kurz Öko-Auditverordnung, vom 29.6.1993 regelt die freiwillige Teilnahme der in Bild 8-8 aufgeführten Betriebe an einem Umweltmanagementsystem.

Kurz-zeichen	Bedeutung
C	Bergbau und Gewinnung von Steinen und Erden
CA	Kohlenbergbau, Torfgewinnung, Gewinnung von Erdöl und Erdgas, Bergbau auf Uran- und Thoriumerze
CB	Erzbergbau, Gewinnung von Steinen und Erden, sonstiger Bergbau
D	Verarbeitendes Gewerbe
DA	Ernährungsgewerbe und Tabakverarbeitung
DB	Textil- und Bekleidungsgewerbe
DC	Ledergewerbe
DD	Holzgwerbe
DE	Papier-, Verlags- und Druckgewerbe
DF	Kokerei, Mineralölverarbeitung, Herstellung und Verarbeitung von Spalt- und Brutstoffen
DG	Chemische Industrie
DH	Herstellung von Gummi- und Kunststoffwaren
DI	Glasgewerbe , Keramik, Verarbeitung von Steinen und Erden
DJ	Metallerzeugung und -bearbeitung, Herstellung von Metallerzeugnissen
DK	Maschinenbau
DL	Herstellung von Büromaschinen, Datenverarbeitungsgeräten und -einrichtungen
DM	Fahrzeugbau
DN	Herstellung von Möbeln, Schmuck, Musikinstrumenten, Sportgeräten, Spielwaren und sonstigen Erzeugnissen
E	Energie- und Wasserversorgung

Bild 8-8: Industriebetriebe, die am Öko-Audit teilnehmen dürfen [146]

Es wird erwartet, daß insbesondere Dienstleistungsbetriebe in Zukunft mit einbezogen werden.

Der Inhalt der Öko-Auditverordnung läßt sich tabellarisch wie im Bild 8-9 darstellen. Bild 8-10 zeigt den Ablauf bis zur Erstellung der Umwelterklärung bei erstmaliger Beteiligung am Öko-Audit. Die Umweltbetriebsprüfung muß periodisch, spätestens nach 3 Jahren, wiederholt werden, wobei die Erfüllung des Umweltprogramms und neue Umweltziele eingefordert werden.

Das System und seine Ziele	Art. 1	Das Umweltmanagement- und Umweltbetriebssystem und seine Ziele
	Art. 2	Begriffsbestimmung
Das System und seine Schritte	Art. 3	Beteiligung an dem System
	Art. 4	Umweltbetriebsprüfung und Gültigkeitserklärung
	Art. 5	Umwelterklärung
Zugelassene Umweltgutachter	Art. 6	Zulassung der und Aufsicht über die Umweltgutachter
	Art. 7	Liste der zugelassenen Umweltgutachter
Teilnahme am System	Art. 8	Eintragung der Standorte
	Art. 9	Veröffentlichung des Verzeichnisses der eingetragenen Standorte
	Art. 10	Teilnahmeerklärung
	Art. 11	Kosten und Gebühren
Förderung der Teilnahme	Art. 12	Verhältnis zu einzelstaatlichen, europäischen und internationalen Normen
	Art. 13	Förderung der Teilnahme von Unternehmen, insbesondere kleinen und mittleren Unternehmen
	Art. 14	Einbeziehung weiterer Sektoren
	Art. 15	Information
	Art. 16	Verstöße
	Art. 17	Anhänge
Stellen und Kontrollen	Art. 18	Zuständige Stellen
	Art. 19	Ausschuß
	Art. 20	Überprüfung
Inkrafttreten	Art. 21	Inkrafttreten

Anhänge zur Öko-Audit-Verordnung	
I	Vorschriften in Bezug auf Umweltpolitik, -programme und -managementsysteme
II	Anforderungen in Bezug auf die Umweltbetriebsprüfung
III	Anforderungen für die Zulassung der Umweltgutachter und ihre Aufgaben
IV	Teilnahmeerklärung
V	Auskünfte, die den zuständigen Stellen bei der Vorlage des Antrages auf Eintragung in das Verzeichnis oder bei Vorlage einer anschließend für gültig erklärten Umwelterklärung zu erteilen sind.

Bild 8-9: Aufbau und Inhalt der Öko-Auditverordnung

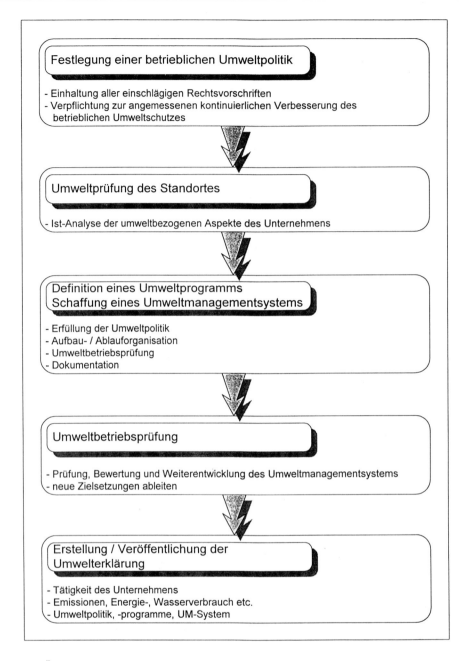

Bild 8-10: Öko-Auditverordnung: Verfahren bei erstmaliger Beteiligung [146]

Die meisten Betriebe, die sich am Öko-Audit beteiligen, ziehen externe Berater heran. Um ein effektives Umweltmanagement aufzubauen, sollten die Betriebe dieses jedoch selbst erarbeiten. Sachdienlich ist es dazu, wenn einschlägige Fachinstitute branchenspezifische Vorentwürfe zur Verfügung stellen [147], mit Hilfe derer der Betrieb mit eigenen Mitarbeitern das Konzept erstellt.

	DIN ISO 14001	EG-Öko-Audit-Verordnung
Umwelt-prüfung	nur empfohlen	vorgeschrieben
Umwelt-erklärung	nicht erforderlich	vorgeschrieben
Interne Audits	Systemaudit-Charakter jährlich durchzuführen, Audits müssen vor der Zertifizierung durchgeführt sein	Umweltbetriebsprüfung mit System- und Compliance-Audit-Charakter; spätestens nach 3 Jahren
Kontinuier-liche Ver-besserung	Zielsetzungen mit Verbesserung von Produktion, Produkten und Dienstleistungen	Kontinuierliche Verringerung der Umweltauswirkungen des Standortes
Teilnehmende Unternehmen	- alle gewerblichen Unternehmen, - auch alle Dienstleister	- nur gewerbliche Unternehmen
Zertifizierbare Organisations-einheiten	- Unternehmen, - Geschäftsbereiche, - Standorte	- nur Standorte
Häufigkeit der Zertifizierung (Validierung)	- jährliche Überwachungsaudits, - alle 3 Jahre Wiederholungsaudits	- Festlegung der Wiederbegutachtung durch den Gutachter, - Begutachtung mindestens alle 3 Jahre
Gutachter	- Durch die Trägergemeinschaft für Akkreditierung (TGA Frankfurt/Main) akkreditierte Organisationen	- Umweltgutachter (Organisation oder Einzelgutachter) - Zulassung durch die Deutsche Gesellschaft zur Akkreditierung von Umweltgutachtern GmbH (DAU) in Bonn

Bild 8-11: Vergleich der Merkmale von ISO 14001 und Öko-Audit [146]

In Konkurrenz zum Öko-Audit steht die Zertifizierung nach ISO 14001. Diese Norm stellt zwei wesentliche Forderungen [148]:

Zunächst muß die Organisation Verfahren einführen und aufrechterhalten, um jene Umweltaspekte ihrer Tätigkeiten, Produkte und Dienstleistungen, die sie lenken kann und bei denen eine Einflußnahme möglich erscheint, zu ermitteln, um daraus diejenigen Umweltaspekte zu bestimmen, die bedeutende Auswirkungen auf die Umwelt haben oder haben können. Die Organisation muß sicherstellen, daß die Umweltaspekte, die mit diesen bedeutenden Auswirkungen verbunden sind, bei der Festlegung ihrer umweltbezogenen Zielsetzungen berücksichtigt werden.

Weiterhin muß sich das Unternehmen in seiner Umweltpolitik zur kontinuierlichen Verbesserung der umweltorientierten Leistung und zur Verhütung von Umweltbelastungen verpflichten. Es sind diejenigen Umweltaspekte, welche bedeutende Umweltauswirkungen haben oder haben können, zu bestimmen und kontinuierlich zu verbessern.

Die Unterschiede zwischen Öko-Audit und Zertifizierung nach EN ISO 14001 zeigt das Bild 8-11.

Das Öko-Audit wird überwiegend in Deutschland angewendet. Die Frage, ob die Kosten sich wirtschaftlich auszahlen, kann nicht eindeutig beantwortet werden. Vielleicht gibt der in Bild 8-12 aufgezeigte Vergleich in der Akzeptanz von Öko-Audit und Zertifizierung nach EN ISO 14001 in verschiedenen europäischen Ländern darüber Auskunft. Gewinn wird für jeden Betrieb vor allem dann gezogen, wenn das gewählte System innerbetriebliche Vorteile erarbeitet, Einsparungen durch Einführung von Verfahrensveränderungen, durch Umweltschutzmaßnahmen, In-Process-Recycling, Abfallvermeidung oder auch durch Klarstellung der Verantwortlichkeiten aufzeigt.

Stand der Umsetzung auf einen Blick

▶ Schon Anfang April des vergangenen Jahres ist die Öko-Audit-Verordnung 1836/93 der EG offiziell in Kraft getreten. Wie nicht anders zu erwarten, gestaltet sich die Umsetzung der Verordnung über die freiwillige Teilnahme an diesem System in den einzelnen EG-Mitgliedsstaaten und angrenzenden Ländern asynchron und in Einzelheiten sehr unterschiedlich. Die Tabelle zeigt den aktuellen Stand (12.1.96) im Überblick.

Land	Nationale Norm zur Öko-Audit-VO	Umsetzung der EMAS in nationalen Recht	Praxis der Validierung bzw. Zertifizierung
Deutschland	Vornorm DIN V 33921 wird zugunsten der ISO 14001 nicht weiterentwickelt.	Das Umweltauditgesetz (UAG) ist am 7.12.95 in Kraft getreten. Rund 10 Organisationen und etwa 50 Personen sind als Umweltgutachter zugelassen. Der Umweltgutachterausschuß (UGA) überwacht das Gutachterwesen.	Keine Zertifizierungen nach ISO 14001. 40 Unternehmen sind validiert (nach EMAS).
Mitgliedsstaaten der Europäischen Union			
Großbritannien	BS 7750 wird zugunsten der ISO 14001 zurückgezogen.	Ein nationales Gesetz zur Umsetzung der EMAS ist nicht vorgesehen. 12 Unternehmen sind als Zertifizierer für BS 7750 zugelassen. Fünf Unternehmen sind als Verifier zugelassen. UKAS* ist für das Gutachterwesen zuständig.	Über 100 Unternehmen sind nach BS 7750 zertifiziert. Pro Monat kommen mehr als 10 Unternehmen hinzu. 6 Unternehmen sind validiert.
Frankreich	AFNOR X 30-200. Kommt wahrscheinlich nicht zur Anwendung, da sich ISO 14001 durchsetzen wird.	Nationales Gesetz zur Umsetzung der EMAS ist nicht vorgesehen. COFRAC* läßt Umweltgutachter zu und überwacht sie.	3 Unternehmen sind nach ISO 14001 zertifiziert. 5 Unt. haben eine Umweltbetriebsprüfung durchgeführt. 1 Unt. hat Antrag auf Validierung gestellt. Pilotprojekte laufen.
Italien	Zugunsten der ISO 14001 nicht vorgesehen.	Nat. Gesetz zur Umsetzung der EMAS ist für 96 geplant. CERTIECO* ist für das Gutachterwesen zuständig.	Noch keine Validierungen. Pilotprojekte laufen.
Österreich	Zugunsten der ISO 14001 nicht vorgesehen.	Nat. Gesetz ist in Kraft getreten. Zwei Gutachterorganisationen sind zugelassen.	3 Validierungen sind erfolgt, weitere 10 stehen zur Validierung an.
Belgien	Zugunsten der ISO 14001 nicht vorgesehen. CEN-Norm wird erwartet.	Nat. Regelung ist durch Verordnung vom 5.4.95 erfolgt. BELCERT* ist für das Gutachterwesen zuständig.	Noch keine Validierungen.
Dänemark	Zugunsten der ISO 14001 nicht vorgesehen.	Nat. Gesetz ist nicht vorgesehen. Gewerbeaufsicht läßt Gutachter zu. Der Umweltmanagement-Rat (DANAK) überwacht das Gutachterwesen.	Über 10 Unternehmen sind nach BS 7750 zertifiziert. Nach Vorlage der Umwelterklärung können sie nach EMAS registriert werden. 2 Untern. sind validiert.
Spanien	Die spanischen Normen UNE 77.801 und 77.802 werden vorauss. zugunsten der ISO 14001 aufgegeben.	Dekret zur Umsetzung der EMAS ist in Vorbereitung. Organisation für das Gutachterwesen wird in Kürze festgelegt.	Noch keine Validierungen. Pilotprojekte laufen.
Portugal	Zugunsten der ISO 14001 nicht vorgesehen.	Nat. Gesetz zur EMAS ist in Vorbereitung. Verantwortlichkeiten für das Gutachterwesen werden diskutiert (DGA, DGI, IPQ).	Noch keine Validierungen. Projekte unter Federführung ausländischer Berater laufen.
Niederlande	Zugunsten der ISO 14001 nicht vorgesehen.	Nat. Gesetz zur EMAS ist nicht vorgesehen. Es sollen nur Organisationen als Umweltgutachter zugelassen werden. Gesetz zur Erstellung von Umweltberichten ist in Vorbereitung. Gesetz zur Auditierung durch Behörden bei Nichteinhaltung von Auflagen ist in Vorbereitung. Der Sachverständigenrat (CCvD) überwacht das Gutachterwesen.	Zertifizierungen nach BS 7750, später nach ISO 14001. Bei bereits zertifizierten Unternehmen nur Prüfung der durch die Norm nicht abgedeckten EMAS-Elemente. 5 Unternehmen sind validiert.
Länder außerhalb der Europäischen Union			
Schweiz	Zugunsten der ISO 14001 nicht vorgesehen.	Übernahme der EMAS wird von staatl. Seite gewünscht, von der Industrie aber als Einmischung des Staates abgelehnt. Vorerst wird nach der ISO 14001 gearbeitet. SAS ist für Akkreditierungen zuständig. Mehrere Zertifizierer-Organisationen wurden für ISO 14001 zugelassen.	1 Unternehmen ist nach ISO 14001 zertifiziert.

* Abkürzung der jeweiligen nationalen Zulassungs- und Überwachungsstellen für Umweltgutachter

Bild 8-12: Stand der Umsetzung der Öko-Audit-Verordnung vom 1.1.1996 [149]

Land	EMAS	ISO 14001[3]
Deutschland	600	ca. 400[1]
Österreich	74	ca. 80
Schweden	62	?
Großbritannien	33	272[2]
Dänemark	27	103
Norwegen	18	?
Niederlande	14	121
Frankreich	9	2
Finnland	4	?
Spanien	4	3
Belgien	3	1
Irland	3	8
Italien	–	28
Portugal	–	3
Griechenland	–	?
Luxemburg	–	?

EMAS = EG-Öko-Audit-Verordnung

1) von den 8 bei der TGA akkreditierten Unternehmen wurden bis Ende 4/97
   170 Standorte bzw. Unternehmen nach ISO 14001 zertifiziert. Die Anzahl der von
   Umweltgutachterorganisationen und Einzelgutachtern zertifizierten Standorte
   bzw. Unternehmen ist nicht bekannt. Wir schätzen sie auf 400. Auch in Öster-
   reich ist die Anzahl der Zertifizierungen nicht bekannt.

2) von englischen Zertifizierungsunternehmen wurden zusätzlich zu den oben
   angegebenen 272 Unternehmen 230 Unternehmen im Ausland nach ISO 14001
   oder BS 7750 zertifiziert.

3) Zertifizierungen nach BS 7750 wurden als Zertifizierungen nach ISO 14001
   gezählt.

Bild 8-13: Validierte und zertifizierte Standorte in der EU (Stand Mai 1998) aus CE Manager 4/98

Bild 8-14: Öko-Audit in Deutschland. Aus Chemie Produktion Mai/98

9 Literaturverzeichnis

[1]   Arasin GmbH., Weseler Str. 100, 46562 Voerde

[2]   NN.: Mechanische Verfahrenstechnik.
        VEB Deutscher Verlag für Grundstoffindustrie, Leipzig 1977, S. 261 ff.

[3]   Kaufmann, M.; Voest-Alpine Krems Finaltechnik: Definierte Pulverrückgewinnung.
        JOT (1994), Nr.4, S. 44-47

[4]   Kalenborn Kalprotect Dr. Mauritz GmbH & C0. KG, D-53558 Vettelschoss

[5]   Lurgi Energie- und Umwelttechnik GmbH, Frankfurt/Main

[6]   Deutsche Filterbau GmbH, Neusser Str. 111, Düsseldorf

[7]   Fritz, W.; Kern, H.: Reinigung von Abgasen.
        Vogel Buchverlag, Würzburg, 3. Aufl. 1992

[8]   Hosokawa Mikropul Ges. f. Staubtechnik, Welser Str. 9-11, 51149 Köln

[9]   WAM GmbH, Dornierstraße 10, 68804 Altlußheim

[10]   MAHLE Industriefilter, KNECHT Filterwerke GmbH., Schleifbachweg 45,
        74613 Öhringen

[11]   Winter, K.: Staub – Reinhaltung der Luft 37 (1977), Nr. 10, S. 390-392

[12]   Löffler, F.: Chem.-Ing.-Techn. 52(1980), Nr. 4, S. 312-323

[13]   Dialer, K.; Onken, U.; Leschonski, K.: Grundzüge der Verfahrenstechnik und Reaktion-
        stechnik. Carl Hanser Verlag, München 1986

[14]   Lurgi-Bischoff, Essen.

[15]   Deutsch, W.: Ann. Physik 68 (1922), S. 335-344

[16]   Fläkt Umwelttechnik GmbH., Schorbachstraße 9, 35510 Butzbach

[17]   Wadenpohl, C.; Peukert, W.: Effiziente Reinigung partikelbeladener Gasströme mit
        Rohrelektrofiltern. Verfahrenstechnik 31 (1997), N.1-2, S.25-27

[18]   EURO-MATIC Heinz H. Steinfeld, Steinbergstraße 11, Witzenhausen 11

[19]   Gebrüder Sulzer AG, CH-8401 Winterthur, Schweiz

[20]   THEISEN GmbH Gasreinigungsanlagen, Friedrich-Herschel-Str. 25, 81679 München

[21]   Friedemann, I.: Entwicklung und Betriebsergebnisse eines neuen Abgas-
        wäschers nach dem ROTA-JET-System. In: Brennstoff-Wärme-Kraft 44 (1992), Nr.11,
        S.491-495

[22]   LAB S.A. Tour Crédit Lyonnais, Lyon Cedex, Frankreich

[23]   Holzer, K.: Chem.-Ing.-Techn. 51(1979), Nr.3, S.200-207

[24]   Kortüm, G.: Einführung in die chemische Thermodynamik.
        Verlag Vandenhoek & Ruprecht, Göttingen 1956

[25]   Brunauer, S.: The adsorption of gases and vapours. Princeton University Press 1943

[26]   Degussa, Weißfrauenstraße, Frankfurt/Main

[27]   Air Industrie Systeme Luft- und Oberflächentechnik GmbH.,
        Mittlerer Pfad 4, 70459 Stuttgart

[28]   Mayer, M.: Kontinuierliche Adsorption – ein wirtschaftlicher Anreiz.
       In: Entsorgungs-Technik 1(1989), Mai/Juni, S.10

[29]   KEUCITEX Energie- und Umwelttechnik, Hälser Str. 410, 47803 Krefeld

[30]   Eisenmann Maschinenbau KG, Postfach 1280, 7030 Böblingen

[31]   Nobel Industries, Box 30, Karlskoga, Schweden

[32]   Lurgi Firmenschrift T 1477/6.84

[33]   LTG Lufttechnische GmbH, Wernerstraße 119-129, 70435 Stuttgart

[34]   Dürr, Stuttgart, Arbeitsbericht 21

[35]   OERTLI Wärmetechnik, CH-8600 Dübendorf, Schweiz

[36]   NN. In: Wasser, Luft und Boden 3 (1997), S.46

[37]   Fette GmbH. Umwelttechnik, Max-Planck-Str. 89, 32107 Bad Salzuflen

[38]   BioFilTec, Rudolf-Diesel-Str. 1, 37308 Heiligenstadt

[39]   Stiefel, R.: Novellierung der Wassergesetze.
       In: Metalloberfläche 41 (1987), H.5, S.203-208

[40]   Hartinger, L.:Handbuch der Abwasser- und Recyclingtechnik.
       2. Aufl., Carl Hanser Verlag, München-Wien 1991

[41]   Nowack, K.H.: Lamellenklärer – eine wirtschaftliche Lösung für sauberes
       Wasser und hohe Eindickung. In: Aufbereitungs-Technik 31(1990),
       H.6, S.304-310

[42]   Chemieanlagenbau Stassfurt AG, Stassfurt

[43]   Winkelhorst Trenntechnik GmbH, Kelvinstr.8, 50996 Köln (Rodenkirchen)

[44]   Knobloch, H.: Kostenreduzierung bei der Kühlschmierstoffreinigung.
       In: Maschinen-Anlagen-Verfahren (1993), H.12, S.64-66

[45]   Zanker, A.: Hydrocyclones: dimensions and performance.
       In: Chemical Engineering May 9, 1977, S.122-125

[46]   Amberger Kaolinwerke GmbH, Hirschau/Oberpfalz

[47]   Müller, K.-P.: Praktische Oberflächentechnik. 2. Aufl., Verlag Vieweg 1996

[48]   Westfalia Separator AG, 59302 Oelde

[49]   Bergedorfer Eisenwerke AG, Astra-Werk, Hamburg-Bergedorf

[50]   Bel Filtration Systems, Bel-Art, Peaquannock, N.J., USA

[51]   LAROX GmbH., Kapellenstr. 45 A, 65830 Kriftel/Ffm

[52]   Rittershaus & Blecher GmbH, Otto-Hahn-Str. 42, 42369 Wuppertal-Ronsdorf

[53]   Bertrams Dehydrat AG, Filtrations-, Trocknungs- & Protesstechnik,
       Eptingerstr. 41, CH-4132 Muttenz 1

[54]   Hager & Elsässer GmbH, Ruppmannstr. 22, 70565 Stuttgart

[55]   Mütze, D.: Diplomarbeit, OT Labor der Märkischen Fachhochschule Iserlohn 1993,
       Leitung Prof. Dr.-Ing. K.-P. Müller

[56]   Schmale, Diplomarbeit, OT Labor der Märkischen Fachhochschule Iserlohn, Leitung
       Prof. Dr.-Ing. K.-P. Müller, 1993

[57]   Waagner-Biró AG, Stadtlauer Str. 54, A-1221 Wien

[58]   Leistner, G.: Abwasserreinigung mit dem Bio-Hoch-Reaktor.
        Umwelt 2 (1979), S. 109-110

[59]   NN. In: Pollution Engineering (1997), S. 27-28

[60]   Sonderschrift des Geschäftsbereichs SN 19033, April 1990,
        Bayer AG, Leverkusen

[61]   Schulz-Walz, A.; Braden, R.: Abwasserreinigung durch Naßoxidation:
        Kosten des Verfahrens. Chem.-Ing.-Tech. 53 (1981), Nr. 4, S. 295

[62]   Wurster, B.: Flach und effizient. Chem. Techn.25 (1996), Nr.7, S. 40-43

[63]   Schilling, R.: Eindampfen mit IR-Strahlen. JOT 34 (1994), Nr.4, S. 80-83

[64]   NN. Reinigende Strahlen. In: Process 5 (1997), S. 110-111

[65]   Gülbas, W.; Götzelmann, W.: Die elektrochemische Zerstörung von Cyanid. Metall-
        oberfläche 43 (1989), Nr. 1, S. 7-11

[66]   EnViRo-cell Umwelttechnik, Oberursel

[67]   Ott, D.; Raub, C.J.: Untersuchung zur Entfernung von Tensiden aus Abwässern der
        metallverarbeitenden Industrie. Galvanotechnik 74 (1983), Nr. 2, S. 130-139

[68]   Sell, M.; Bischoff, M.; Bonse, D.: Katalytische Nitratreduktion in Trinkwasser. Vom
        Wasser 79 (1992), S. 129-144

[69]   Berkefeld-Filter Anlagenbau GmbH, Lückenweg 5, 29227 Celle

[70]   Metzing, P.; Klose, G.; Voigtländer, W.: Ein elektrolytisches Verfahren zur Reinigung
        gewerblicher und industrieller Abwässer.
        Wasser-Abwasser-Praxis 5/93

[71]   Dohse, D.; Dold, A.; Czeska, B.: Elektrochemische Abwasserreinigung.
        Metalloberfläche 49(1995), Nr. 5, S. 365-367

[72]   Kalbertodt, S.: Weniger Reststoffe durch kombiniertes Verfahren.
        Chemie-Umwelt-Technik 1995/96, Sonderausgabe der Chemie Technik, Hüthig Verlag,
        Mai 1995

[73]   Steuler GmbH, Georg-Steuler-Str. 175, 56203 Höhr-Grenzhausen

[74]   Nitsche, M.: Arbeitsblatt der Ges. für Verfahrens-, Wärme- und Umwelttechnik GmbH,
        Kösliner Weg 14, 22850 Norderstedt

[75]   Krupp MaK Maschinenbau GmbH, 24143 Kiel, Postfach

[76]   Große Ophoff, M.; Hirsch, N.; Plehn, W.: Neue Lackieranlagenverordnung für
        nichtgenehmigungsbedürftige Anlagen. JOT 36 (1996), Nr. 2, S. 46-51

[77]   KERAMCHEMIE GmbH, 56425 Siershahn

[78]   Siemens AG, Bereich Energieerzeugung KWU KPW-PK 1, 99084 Erlangen, Postfach

[79]   Eisenmann Maschinenbau KG,Postfach 1280, 7030 Böblingen

[80]   Ing.-Büro E. Fiedler, Siedlungsweg 13, 45549 Sprockhövel 1

[81]   Apparatebau Rothemühle Brand und Kritzler GmbH, Wenden 5 (Rothemühle)

[82]   Handtke Umwelttechnik, Jakob Handtke & Co. GmbH. Maschinenfabrik,
        78507 Tuttlingen, Information 21

[83]   Thißen, N.; Herzog, H.; Biber, F.: Wirtschaftlich und sicher: Biologische Reinigung der
        Trocknerabluft. JOT 37 (1997), Nr. 4, S. 70-74

[84]   Penth, W.: Emulsionsspaltung mit Kohlendioxid – Verfahren der Zukunft.
       Umwelt & Technik (7-8), (1991), S. 10-12

[85]   Kraftanlagen AG, Im Breitspiel 7, 69126 Heidelberg

[86]   Lohmeyer, S.: Emulsionstrennung. Galvanotechnik 64 (1973), Nr.7, 9 und 10

[87]   Faudi Feinbau GmbH., Im Diezen 4, 61440 Oberursel

[88]   Paul, H.: Entsorgung wassergemischter Kühlschmierstoffe.
       Tribologie und Schmierungstechnik 41 (1994), H.5, S. 256-262

[89]   Teckentrup, A.; Pahl, M.H.: Entsorgungsverfahren verbrauchter Kühlschmierstoff-
       Emulsionen. Tribologie und Schmierungstechnik 43 (1996), Nr.1, S. 14-19

[90]   Oswald, E.: Ultrafiltration in der Abwasserbehandlung. Metalloberfläche 28 (1974),
       H.5, S. 165-167

[91]   Buss SMS GmbH Verfahrenstechnik, 35510 Butzbach

[92]   Eisenmann, Daimlerstr. 5, 71088 Holzgerlingen

[93]   Dr. Baer Verfahrenstechnik, Frankfurt/Main

[94]   Knieling, M.: Die Preise geraten aus den Fugen. Process 3 (1997), S.14-16

[95]   Westfalia Separator AG, Werner-Habig-Str. 1, 59302 Oelde

[96]   Reinigungs- und Recyclingsysteme Metzger, Rappenfeldstr. 4, 86653 Monheim

[97]   Penth, B.: Standzeitplus mit Elektrodialyse. Maschinen-Anlagen-Verfahren 38 (1997),
       S. 28-29

[98]   Taschenbuch Maschinenbau Teil 2, S. 779-781. VEB Verlag Technik, Berlin 1967

[99]   KMU Umweltschutz GmbH, Landstr. 20 79585 Steinen-Höllstein

[100] A. Tieser Recyclingtechnik, Rosenweg 7, 89347 Bubesheim

[101] Mannesmann Anlagenbau AG,
       Theodorstraße 90, 40472 Düsseldorf

[102] Goema Dr. Götzlemann Physikalisch-Chemische Prozeßtechnik,
       Steinbeisstr. 41-43, 71665 Vaihingen/Enz

[103] Hager und Elsässer GmbH., Ruppmannstr. 22, 70525 Stuttgart: Sonderdruck.

[104] NN. Recyling-Anlage für Spülwässer in Eloxierbetrieben. Fachbericht für
       Metallbearbeitung (1981), Nr. 3/4, S. 137

[105] Marquardt, K.: Frisch- und Abwasseraufbereitung mit umgekehrter Osmose und Ultra-
       filtration im Vergleich mit oder zur Ergänzung der Ionenaustauschtechnik. Metallober-
       fläche 27 (1973), S. 169-182

[106] Dürr Anlagenbau GmbH, Spitalwaldstr. 8, 70435 Stuttgart

[107] Marquardt, K.: Membranprozesse in der Frisch- und Abwasseraufbereitung. Bundesver-
       einigung der Firmen im Gas- und Wasserfach e.V.,
       Köln: Sonderdruck aus Galvanotechnik 8/87

[108] Rituper, R.; Simon, H.J.: Beiztechnik – integriertes Recycling senkt Betriebs-
       kosten. Metalloberfläche 48 (1994), H. 6, S. 374-378

[109] Recon Verfahrenstechnik GmbH, Waldenbuch

[110] Rituper, R.: Wirtschaftliche Regenerierung saurer Prozeßlösungen bei der Oberflächen-
       behandlung nach dem KCH-RMR-Verfahren. Metall (1989), H.9, S. 3-7

[111] Minuth, W.: Umweltverträgliche Wasserentsalzung.
Chemie-Technik (1992), Nr. 5, S. 60

[112] haco Wassertechnik GmbH, Tratteilstr. 20, 86415 Meringen

[113] Gülbas, M.: Abwasser- und Recyclingtechnik; Metalloberfläche 42 (1988), H.4

[114] Teworte, W.; Rabben, H.J.: Kupfer-Verbindungen. Ullmanns Encyclopädie der
technischen Chemie, Bd. 15, S. 559-578. Verlag Chemie, Weinheim-New York 1978

[115] Dembeck, H.; Meuthen, B.: Löslichkeit von Eisen in schwefelsauren und salzsauren
Beizbädern. Bänder Bleche Rohre 5 (1964), S.320-325

[116] Asahi Glass Co., Tokyo. SELEMION Ion-Exchange Membranes, 1974

[117] Abwasser – Loseblattsammlung

[118] Rituper, R.; Simon, H.J.: Beiztechnik – integriertes Recycling senkt Betriebskosten. Metalloberfläche 48 (1994), Nr. 6, S. 374-378

[119] Nagasubramanian, K.; Chlande, F.; Liu, Kang-Jen: Bipolar membrane technology: an
engineering and economic analysis. AIChE Symposium Series 76 (1992), S. 97-104

[120) Mani, K.N.; Chlanda, F.P; Byszewski, C.H.: Aquatech Membrane Technology for Reco-
very of Acid/Base Values from Salt Streams. Desalination 68 (1988), S. 149-166

[121] Strathmann, H.; Bell, C.-M.: Entwicklung von bipolaren Membranen und ihre
technische Nutzung. GVC Jahrestreffen 1990 der Verfahrensingenieure,
Stuttgart, 3.-5.101990. Poster und Kurzfassung des Vortrags.

[122] Schneider, D.: Die Abwasserbehandlung bei Wasserlacken.
JOT 28 (1988), H.9, S.61-64

[123] Range und Heine GmbH, Im Bärengarten 14, 72116 Mössingen

[124] Informationsdienst Umweltschutz des Deutschen Email Verbandes e.V.,
In: Mitteilungen des DEV 45 (1997), H. 7/8, S. 89-95

[125] NN.: Ein Jungbrunnen für Hydrauliköl
Maschinen Anlagen Verfahren 3 (1997), S. 70-71

[126] Turbo-Separator AG, CH-9620 Lichtensteig. Betriebsanleitung

[127] Fries GmbH, Monheim

[128] Synthesechemie, St. Barbarastr. 1, 66822 Lebach

[129] Blatt, W.; Schneider, L.: Geteilte Elektrolysezelle. Online-Regenerierung von
Chromelektrolyten. Metalloberfläche 50 (1996), H.9, S. 694-696

[130] Linnhoff, F.: Anwendung der Elektrodialyse zur Rückgewinnung von Galvano-
Elektrolyten. Metalloberfläche 34 (1982), S. 1-5

[131] Blatt, W.; Schneider, L.: Elektrolytische Rückgewinnung von Nickel aus konzentrierten
galvanotechnischen Prozeßwässern bzw. aufkonzentrierten Eluaten. Galvanotechnik 87
(1996), Nr.4, S. 1118-1124

[132] Blatt, W.; Schneider, L.: Möglichkeiten und Grenzen der elektrochemischen Zinkrückgewinnung aus sauren Prozeßlösungen.
Galvanotechnik 87 (1996), Nr. 9, S. 3028-3030

[133] Semisch, C.; Dohmen, G.: Strahlmittelabfälle minimieren – Teil II., JOT 36 (1995),
Nr.11, S. 62-64

[134] Müller, K.-P.: Reinigen und Entfetten von Eisen und Stahl vor dem Emaillieren.
Metalloberfläche 40 (1986), S.1151-1152

[135] Kargol, D.: Recycling verschmutzter Lösemittel durch Vakuumdestillation. Verfahrenstechnik 31 (1997), Nr. 6, S. 118-119 (ORFU Recycling, Babenhausen/Hessen)

[136] Strohmeyer, U.: Wirtschaftliche Teiletrocknung: Den Alkohol zurückgewinnen. JOT (1996), Nr. 8, S. 40-41

[137] CM-Celfa Membrantrenntechnik AG, Bahnhofstraße, CH-6423 Seewen/Schwyz, Schweiz

[138] Deutsche Carbone AG, Geschäftseinheit GFT, Friedrichsthaler Str. 19, 66540 Neunkirchen-Heinitz

[139] Bauer, J.: Integrierte Umwelttechnik. Ecomed Verlagsges. AG & Co.KG, Rudolf-Diesel-Str.3, 86899 Landsberg/Lech. Loseblattsammlung, 1. Erg.Lief. 11/93, S. 21

[140] Bauer, J.: Integrierte Umwelttechnik. Ecomed Verlagsges. AG & Co. KG, Rudolf-Diesel-Str. 3, 86899 Landberg/Lech. Loseblattsammlung 2. Erg. Lief. 8/94, S. 37-38

[141] TA Abfall, Verlag Franz Rehm, München 1991

[142] Wieczorek, I.: Gefahrstoffe in Sicherheit. Chemie Technik 25 (1996), Nr. 12, S. 22-23

[143] Relovsky, H.; Rupp, M.: Richtige Abfallentsorgung in Lackierbetrieben. JOT 34 (1994), Nr. 1, S. 22-25

[144] Czetsch, A.: Das neue Kreislaufwirtschafts- und Abfallgesetz in der Reinigungstechnik. JOT (1997), Nr. 7, S. 32-34

[145] VW Kraftwerk GmbH., Berliner Ring 2, Wolfsburg

[146] Lenaerts, M.: Ermittlung von Kostensenkungspotentialen durch Einführung eines Umweltmanagementsystems in der Klein- und mittelständischen Industrie. Diplomarbeit, Labor für Oberflächentechnik und Umweltschutz der Märkischen FH, Leitung Prof. Dr.-Ing. K.-P. Müller, Iserlohn 1997.

[147] Müller, K.-P.: Öko-Audit-Vorbereitung für Emaillierbetriebe. Vortrag, Jahrestagung des Deutschen Email Verbandes e.V., Titisee, Mai 1997

[148] EN ISO 14001 (1996)

[149] Umwelt Magazin Nr. 1/2, (1996) Vogel-Verlag, Würzburg

[150] Arbeitskreis Umweltschutz im Deutschen Email Verband e.V., In: Mitteilungen des DEV 45(1997), S. 4-12

[151] Knauer, W.: Tempo ist angesagt. Chemie Technik 26 (1997), Nr. 5, S. 22-25

[152] Strunz, H.: Mineralogische Tabellen. 7. Aufl., Akademische Verlagsges. Geest & Portig, Leipzig 1978

[153] ChemTec GmbH, Ernst-Mey-Straße 3, 70771 Leinfelden-Echterdingen

[154] INOVAN-Stroebe GmbH & Co. KG, Industriestraße 44, Pforzheim

[155] Deuschle, A.: Regenerieren. Maschinenmarkt 99 (1993), Nr. 28

[156] Ransburg GEMA, CH-9015 St. Gallen

[157] Zucht, F.: Lack in Lack oder Ultrafiltration. JOT 34 (1994), Nr. 12, S. 26-28

[158] Technochem GmbH, Julius-Kronenberg-Str. 19, 5653 Leichlingen 1

[159] Linnhoff, F.: Abwasserfreie Galvanik – vier Beispiele.
       Galvanotechnik 88 (1997), Nr. 4, S. 1291-1294

[160] OSMOTA Membrantechnik GmbH., Johnstr. 4/1, Korntal-Muenchingen

[161] Ferber, K.-P.: Ultrafiltration in der Teilereinigung – Wie sind Störungen auszuschlie-
       ßen? JOT 35 (1995), Nr. 1, S. 22-26

[162] Gassner, E.: TA Abfall. Verlag Franz Rehm, München 1991

[163] Solvay SA, Rue du Prince Albert 33, B-1050 Bruxelles

[164] H. Seus GmbH & Co. Systemtechnik KG, Banter Weg 13,
       26389 Wilhelmshaven

[165] Gerhard Bock GmbH, Volksparkstraße 39, 22525 Hamburg 54

Sachwortverzeichnis

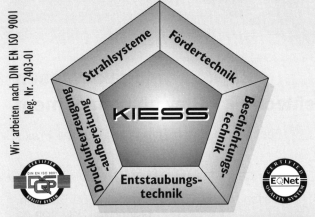